U0161818

Linux系统编程

[瑞典] 杰克-本尼·佩尔松 著
(Jack-Benny Persson)

杨伟 张健 范继云 谢宝友 黄自江 唐华敏 译

机械工业出版社
China Machine Press

图书在版编目（CIP）数据

Linux 系统编程 /（瑞典）杰克 - 本尼·佩尔松（Jack-Benny Persson）著；杨伟等译 . —北京：机械工业出版社，2022.9
（Linux/Unix 技术丛书）
书名原文：Linux System Programming Techniques
ISBN 978-7-111-71661-7

I. ①L⋯   II. ①杰⋯ ②杨⋯   III. ① Linux 操作系统 - 程序设计   IV. ① TP316.85

中国版本图书馆 CIP 数据核字（2022）第 176918 号

Linux 系统编程

出版发行：机械工业出版社（北京市西城区百万庄大街 22 号　邮政编码：100037）
责任编辑：王春华　　　　　　　　　　　　责任校对：贾海霞　　张　薇
印　　刷：北京铭成印刷有限公司　　　　　版　　次：2023 年 1 月第 1 版第 1 次印刷
开　　本：186mm×240mm　1/16　　　　　印　　张：19.75
书　　号：ISBN 978-7-111-71661-7　　　　定　　价：109.00 元

客服电话：（010）88361066　68326294

  Linux 操作系统是目前最为流行的一款开源操作系统，从服务器系统到嵌入式设备，Linux 的身影无处不在。云计算、物联网、大数据、人工智能等一系列技术领域，其背后同样离不开 Linux。现如今，越来越多的开发者以及爱好者投入了 Linux 系统维护和 Linux 系统编程等领域。然而，Linux 因其复杂性，让无数新手望而却步。

  技术的学习之路大多是艰难而枯燥的，Linux 系统编程的学习之路更是困难重重。一方面，它需要我们了解基本的编程技术，特别是 C 语言编程技术；另一方面，它还需要我们了解 Linux 操作系统的底层技术知识。进程是如何创建的？进程间是如何进行通信的？文件系统是如何运行的？ systemd 是如何管理守护进程的？如何编写静态库与动态库？编译器是如何工作的？如何对程序进行调试？……一系列技术问题让人应接不暇。

  如何了解 Linux 操作系统？如何在 Linux 系统下进行编程开发？从什么地方开始着手学习？这些问题困扰了很多人，让人踟蹰不前，不知如何下手，而本书会给予我们一些指引。

  从 Linux 开发环境的安装与配置，到编写第一个 Linux 小程序，再到编译器工作原理、进程与线程、动态库、文件系统以及进程间通信等一系列与 Linux 系统编程密切相关的主题内容，本书由浅入深，层层递进，一步一步地引导着我们步入 Linux 系统编程的大门。

  本书的内容非常丰富，但书中并没有晦涩难懂的纯理论堆砌，我们无须担心会迷失在技术的海洋中。我们只需要跟随作者的脚步，在一页页文字的指引下，去编码，去思考，去融会贯通。书中的每一小节都包含详细的准备工作和实践步骤，让我们可以快速地开始编码，上手操作，并且在实际编码中体会 Linux 系统编程的奥秘。同时，在实践操作基础之上，作者会对实践环节中的代码程序进行深入细致的理论知识介绍，包括每段代码所涉及的核心技术、其背后的工作原理以及其中所体现的 Linux 编程思想，让我们既能"知其然"，又能"知其所以然"。在理论与实践的密切结合中，我们都能有所收获。

  虽然在本书的翻译过程中，每一位译者都曾多次核对校正译文，力求符合原著，但书中仍旧难免存在错漏，欢迎每一位热心的读者朋友提出建议并指正。

为了翻译本书，大家都在忙碌的工作之余分秒必争，是大家共同的努力，才让这本译著成功完成。感谢出版社的各位老师，本书的出版离不开他们的努力与支持。

范继云

2022 年 2 月

Preface 前 言

Linux 系统编程是指为 Linux 操作系统开发系统程序。Linux 是世界上最流行的开源操作系统，它可以运行在所有设备上——从大型服务器到小型**物联网**（IoT）设备。了解如何为 Linux 编写系统程序将使你能够扩展操作系统，并将其与其他程序和系统相连接。

我们首先介绍如何使程序易于脚本化，并易于与其他程序交互。当我们为 Linux 编写系统程序时，应该始终努力使它们变小，同时使它们只做一件事，并且将这件事做好。这是 Linux 中的关键概念之一：创建能够以简单方式与其他程序进行数据交换的小程序。

随着学习的不断深入，我们将深入研究 C 语言，并了解编译器是如何工作的、链接器是做什么的、如何编写 Makefile，等等。

我们将学习所有关于创建进程和守护进程的知识。我们还将创建自己的守护进程，并将守护进程置于 systemd 的控制之下。这将让我们能够使用内置的 Linux 工具启动、停止和重启守护进程。

我们还将学习如何使用不同类型的**进程间通信**（IPC）使进程进行信息交换；并了解如何编写线程化程序。

在本书的最后，我们将介绍如何使用 GNU 调试器（GDB）和 Valgrind 调试程序。

最终，你将能够为 Linux 编写各种各样的系统程序——从过滤器到守护进程。

目标读者

本书是为那些想为 Linux 开发系统程序，并想深入了解 Linux 系统的人准备的。任何遇到了与 Linux 系统编程的特定部分相关的问题，并且正在寻找一些特定的范例或解决方案的人，都可以从本书获益。

本书内容

第 1 章向你展示如何安装本书中所需的工具。同时，在该章中，我们还编写了第一个程序。

第 2 章介绍我们应该如何（以及为什么）使程序易于脚本化，并易于被系统上的其他程序所使用。

第 3 章带领我们深入了解 Linux 中 C 编程的内部工作原理。我们将学习如何使用系统调用、编译器的工作原理、如何使用 Make 工具、如何指定不同的 C 标准，等等。

第 4 章向我们展示如何优雅地处理错误。

第 5 章介绍如何使用文件描述符和流来进行文件的读取和写入。该章还介绍了如何使用系统调用来创建和删除文件以及读取文件权限。

第 6 章介绍如何创建进程、如何创建守护进程、什么是父进程，以及如何将作业发送到后台和前台。

第 7 章向我们展示如何将守护进程置于 systemd 的控制之下。该章还教我们如何将日志写入 systemd 的日志以及如何读取这些日志。

第 8 章向我们展示什么是共享库、为什么它们很重要，以及如何创建自己的共享库。

第 9 章介绍如何以不同的方式修改终端，例如，如何禁用密码提示的回显。

第 10 章介绍关于 IPC 的内容，即如何使进程在系统上相互通信，内容包括 FIFO、UNIX 套接字、消息队列、管道和共享内存。

第 11 章解释什么是线程、如何编写线程化程序、如何避免竞态条件，以及如何优化线程化程序。

第 12 章介绍使用 GDB 和 Valgrind 进行调试。

充分利用本书

为了充分利用本书，你需要对 Linux 有一些基本的了解：了解一些基本的命令、熟悉文件系统的运行、学会安装一些新的程序。如果你对编程（尤其是 C 语言）也有一些基本的了解，那么将更有帮助。

你需要一台具有 root 访问权限的 Linux 计算机（通过 su 或 sudo）才能完成所有的范例。你还需要安装 GCC 编译器、Make 工具、GDB、Valgrind 以及一些其他的小工具。关于 Linux 发行版本，这并不重要。本书提供了关于这些程序在 Debian、Ubuntu、CentOS、Fedora 和

Red Hat 发行版本中的安装说明。

如果你使用的是本书的数字版本，我们建议你自己键入代码或者通过 GitHub 存储库访问代码（下一节提供链接）。这样做将帮助你避免与复制粘贴代码相关的任何潜在错误。

下载示例代码文件

你可以从 GitHub 下载本书的示例代码文件，下载路径为：https://GitHub.com/PacktPublishing/ Linux-System-Programming-technologies。如果代码有更新，现有的 GitHub 存储库中的代码也将进行更新。

我们还提供了其他的代码包，包括丰富的书籍和视频：https://github.com/PacktPublishing/。可以看看他们！

代码动画视频

可以通过以下链接，以动画视频的方式查看本书代码：https://bit.ly/39ovGd6。

下载彩色图像

我们还提供了一个 PDF 文件，其中包含了本书中使用到的屏幕截图、图表的彩色图像。你可以在这里下载：http://www.packtpub.com/sites/default/files/downloads/9781789951288_ColorImages.pdf。

本书约定

本书中使用了以下文本约定。

文本中的代码：表示文本中的代码字、目录、文件名、文件扩展名、路径名、虚拟 URL、用户输入等。下面是一个示例："将 libprime.so.1 文件复制到 /usr/local/lib。"

代码块如下所示：

```c
#include <stdio.h>
int main(void)
{
    printf("Hello, world!\n");
    return 0;
}
```

当我们想提醒你注意代码块的特定部分时，相关行或条目会以粗体显示：

```c
#include <stdio.h>
int main(void)
{
    printf("Hello, world!\n");
    return 0;
}
```

任何命令行输入或输出都以如下方式书写：

```
$> mkdir cube
$> cd cube
```

在编号列表中，命令行输入以粗体显示。$> 字符表示提示，并非你应该编写的内容。

1. 这是一个编号列表的示例：

```
$> ./a.out
Hello, world!
```

不适合单行的长命令行将使用 \ 字符分隔。这与你在 Linux shell 中用来打断长行的字符是相同的。这一行的下面有一个 > 字符，表示该行是前一行的延续。> 字符不是你应该编写的内容。当最后一行用 \ 字符分隔时，Linux shell 将自动把此字符添加在新行上。例如：

```
$> ./exist.sh /asdf &> /dev/null; \
> if [ $? -eq 3 ]; then echo "That doesn't exist"; fi
That doesn't exist
```

组合键用斜体书写。这里展示了一个示例："按 Ctrl+C 退出程序。"

粗体： 表示一个新术语、一个重要的单词，或者你在屏幕上看到的单词。

> **提示或重要说明**
> 展示方式看起来像这样。

小节安排

在本书中，你会发现几个经常出现的标题（准备工作、实践步骤、它是如何工作的、更多，以及参考）。

准备工作

该节会告诉你范例的内容，并介绍如何设置该范例所需的任何软件或任何初步设置。

实践步骤

该节包含实现范例所需的步骤。

它是如何工作的

该节通常包含对上一节内容的详细解释。

更多

该节包含关于范例的附加信息，以便使你更加了解范例。

参考

该节提供了关于范例的其他有用信息的链接。

About the author 关于作者

Jack-Benny Persson 是一位来自瑞典的技术顾问和作家。他撰写了多本 Linux 和编程方面的书籍。他对 Linux 和其他类 UNIX 系统的热情始于 20 年前的一个爱好。从那时起，他就把大部分业余时间花在了阅读 Linux 技术资料、完善 Linux 服务器以及撰写 Linux 管理相关的书籍上。如今，他在瑞典拥有自己的 IT 和媒体公司，该公司主要聚焦于 Linux 技术。

作为一名 Linux 系统专家，Jack-Benny 拥有 Advanced Higher Vocational Education Diploma。他还学习了电子、网络和安全方面的知识。

我想特别感谢本书的技术审校者 Ramon Fried。如果没有他，一些编码错误将会被遗漏。每当我依赖于旧的做事方式时，他总会为我指出更现代化的功能和系统调用。我还要感谢帮助我完成本书的 Packt 团队的成员：Sankalp Khattri、Shazeen Iqbal、Ronn Kurien、Romy Dias 和 Neil D'mello。

关于审校者 *About the revisor*

Ramon Fried 拥有计算机科学学士学位。作为一名系统开发者和内核开发者，他从事 Linux 相关工作已经有 15 年了。他的日常工作主要围绕嵌入式设备、设备驱动程序和引导加载程序。他会定期为 Linux 内核做贡献，并且是 U-Boot 项目网络子系统的维护人员。除了工作之外，他还有很多爱好——他是音乐家（会弹钢琴和吉他）、木工、焊工。

我要感谢我的妻子 Hadas 和我们的三个孩子 Uri 、Anat 和 Ayala ，感谢他们的爱和支持。

$\mathcal{Contents}$ 目　　录

XIV

第 1 章 *Chapter 1*

获取必要的工具并编写
第一个 Linux 程序

在本章中，我们将在 Linux 系统中安装并使用 GCC、GNU Make、GDB 和 Valgrind 等工具。知道如何使用这些工具是成为一名快速高效的开发人员的关键。然后，我们将编写第一个 Linux 风格的程序。通过理解 **C 程序**的不同部分，你可以很轻松地以最佳实践的方式与系统的其余部分进行交互。最后，我们将学习如何使用内置的手册页（简称**手册页**）来查找**命令、库**和**系统调用**——这是我们在本书中需要掌握的一项技能。知道如何在相关的内置手册页中查找信息比在网上搜索答案更快、更精准。

本章涵盖以下主题：

❏ 安装 GCC 和 GNU Make
❏ 安装 GDB 和 Valgrind
❏ 在 Linux 中编写一个简单的 C 程序
❏ 编写一个解析命令行选项的程序
❏ 在内置手册页中查找信息
❏ 搜索手册以获取信息

让我们开始吧！

1.1　技术要求

在本章中，你需要一台已经安装好 Linux 的计算机，无论是本地机器还是远程机器。你可以选择任何发行版。我们将研究如何在基于 Debian 的发行版以及基于 Fedora 的发行版中安装必要的软件。大多数主流的 Linux 发行版基于 Debian 或 Fedora。

你还将经常用到**文本编辑器**。你可以基于个人喜好选择任何文本编辑器。最常见的两种文本编辑器是 vi 和 nano，它们几乎可以在任何场景下使用。不过，我们不会在本书中介绍如何使用文本编辑器。

本章的 C 文件可以从 https://github.com/PacktPublishing/Linux-System-Programming-Techniques/tree/master/ch1 进行下载。GitHub 上的文件名与本书中的文件名是相对应的。

你还可以将整个代码库复制到你的计算机中。本章的文件在 ch1 目录中。你可以使用以下命令克隆代码库：

```
$> git clone https://github.com/PacktPublishing/Linux-System-
Programming-Techniques.git
```

如果你的计算机上没有安装 Git，则需要按照安装说明来安装 Git，具体的安装命令取决于你的发行版。

安装 Git 以下载代码库

只有在你想将本书的整个代码库复制（下载）到你的计算机时，你才需要安装 Git。以下步骤中，假定你的用户具有 sudo 权限。如果没有，可以先运行 su 以切换到 root 用户并省略 sudo（假设你知道 root 密码）。

基于 Debian 的发行版
此操作适用于大多数基于 Debian 的发行版，例如 Ubuntu。

1. 更新存储库缓存：

```
$> sudo apt update
```

2. 使用 apt 安装 Git：

```
$> sudo apt install git
```

基于 Fedora 的发行版
此操作适用于所有较新的基于 Fedora 的发行版，例如 CentOS 和 Red Hat（如果你使用的是旧版本，则需要使用 yum 替换 dnf）。

❏ 使用 dnf 安装 Git 包：

```
$> sudo dnf install git
```

1.2　安装 GCC 和 GNU Make

本节，我们将安装 GCC 和 GNU Make。GCC 是一种**编译器**，可以将 C 源码转换成可以在系统上运行的**二进制程序**。我们编写的所有 C 代码都需要进行编译。GNU Make 是一种我们后续将会使用到的工具，用于自动编译包含多个源文件的项目。

1.2.1 准备工作

由于我们需要在系统上安装软件，因此需要使用 **root 用户**或具有 `sudo` 权限的用户。我将在本范例中使用 `sudo`，但是如果你的系统上没有 `sudo`，你可以在执行命令前使用 `su` 切换到 root 用户（然后省略 `sudo`）。

1.2.2 实践步骤

我们将会安装一个功能包集或功能包组，也就是一个包含其他包集合的包。这个功能包集包含 GCC、GNU Make、一些手册页，以及一些其他的程序和库，它们对于开发非常有用。

1.2.2.1 基于 Debian 的系统

以下操作适用于所有基于 Debian 的系统，例如 Debian、**Ubuntu** 和 **Linux Mint**。

1. 更新存储库缓存以获取下一步中所需的最新版本：

```
$> sudo apt-get update
```

2. 安装 `build-essential` 包，并在提示时回答 `y`：

```
$> sudo apt-get install build-essential
```

1.2.2.2 基于 Fedora 的系统

以下操作适用于所有基于 Fedora 的系统，例如 Fedora、**CentOS** 和 **Red Hat**。

❑ 安装 Development Tools 软件套件：

```
$> sudo dnf group install 'Development Tools'
```

1.2.2.3 基于 Debian 和 Fedora 系统验证安装

以下操作同时适用于 Debian 和 Fedora 系统。

1. 通过查询安装的版本来验证安装是否成功。请注意，确切的版本信息可能会因系统不同而存在差异，这是正常现象：

```
$> gcc --version
gcc (Debian 8.3.0-6) 8.3.0
Copyright (C) 2018 Free Software Foundation, Inc.
This is free software; see the source for copying
conditions.  There is NO
warranty; not even for MERCHANTABILITY or FITNESS FOR A
PARTICULAR PURPOSE.
$> make --version
GNU Make 4.2.1
Built for x86_64-pc-linux-gnu
Copyright (C) 1988-2016 Free Software Foundation, Inc.
License GPLv3+: GNU GPL version 3 or later http://gnu.
org/licenses/gpl.html
This is free software: you are free to change and
redistribute it. There is NO WARRANTY, to the extent
permitted by law.
```

2. 通过编译一个小型 C 程序来试用 GCC 编译器。请在编辑器中输入源代码并将其保存为 first-example.c。该程序将在终端上打印 "Hello, world!"：

```
#include <stdio.h>
int main(void)
{
    printf("Hello, world!\n");
    return 0;
}
```

3. 使用 GCC 编译它。此命令将会生成一个名为 a.out 的文件：

```
$> gcc first-example.c
```

4. 尝试运行该程序。为了在 Linux 上运行常用二进制文件目录外（/bin、/sbin、/usr/bin 等）的程序，你需要在文件名前键入一个特殊的 ./ 序列。这将从当前路径执行程序：

```
$> ./a.out
Hello, world!
```

5. 重新编译程序。这一次，我们将使用 -o 选项（-o 表示输出）为程序编译生成的文件指定一个名字。这一次，程序编译所生成的文件名为 first-example：

```
$> gcc first-example.c -o first-example
```

6. 重新运行程序，这一次使用新名字 first-example：

```
$> ./first-example
Hello world!
```

7. 使用 Make 来编译程序：

```
$> rm first-example
$> make first-example
cc      first-example.c    -o first-example
```

8. 再次运行程序：

```
$> ./first-example
Hello, world!
```

1.2.3　它是如何工作的

在系统上安装软件总是需要 root 权限，要么通过一个常规的 root 用户，要么通过 sudo。例如，Ubuntu 系统使用 sudo 并禁用了常规的 root 用户。而 Debian 系统在默认安装中并不使用 sudo。如果要使用 sudo，你需要自行设置。

Debian 系统和 Ubuntu 系统都使用 apt 包管理器安装软件。如果想要获取存储库中可用的最新版本，你需要更新缓存。这也是我们要在安装软件包之前运行 apt-get update 命令的原因。

基于 Fedora 的系统使用**红帽包管理（RPM）**系统来安装软件。在较新的版本上，我们使用 dnf 安装软件包。如果你使用的是旧版本，则可能需要使用 yum 代替 dnf。

在以上两种情况下，我们都安装了一组包，其中包含本书所需的一些实用程序、手册页和编译器。

安装完成后，在尝试编译任何代码之前，我们查询了 GCC 和 Make 的版本。

我们编译了一个简单的 C 程序。首先，我们直接使用 GCC 进行编译，随后使用了 Make。第一个关于 GCC 的示例生成了一个名为 a.out 的程序，a.out 代表汇编器输出（assembler output）。这个名字历史悠久，可以追溯至 1971 年 UNIX 的第一个版本。尽管文件格式 a.out 已经不再使用，但这个名字今天仍然存在。

然后，我们使用 -o 选项指定了一个程序名称，其中 -o 代表输出。这将会生成一个具有自定义名称的程序。我们将程序命名为 first-example。

当我们使用 Make 时，不需要输入源代码的文件名，只需要写下想要编译器生成的二进制程序的名称。Make 程序足够聪明，可以确定源代码具有与 .c 结尾的文件相同的名称。

当我们执行程序时，运行 ./first-example。./ 序列告诉 shell 我们想要在当前目录下运行程序。如果省略 ./，程序将无法正常**执行**。默认情况下，shell 只执行 $PATH 变量所指定目录下的程序，通常是 /bin、/usr/bin、/sbin 和 /usr/sbin。

1.3 安装 GDB 和 Valgrind

GDB 和 Valgrind 是两个非常有用的**调试**工具，我们将在本书后续章节中使用它们。

GDB 是一个 GNU 调试器，可以用来单步调试程序，并查看程序运行过程中发生了什么。我们还可以监控变量，查看它们在运行过程中是如何变化的，也可以在希望程序暂停的地方设置断点，甚至更改变量。**程序错误**是无法避免的，但是通过 GDB，我们可以找到这些程序错误。

Valgrind 也是一个用来查找程序错误的工具，但是它是为查找**内存泄漏**而设计的。如果没有一个像 Valgrind 之类的程序，程序中的内存泄漏可能很难被识别出来。你的程序也许能够按预期的方式运行数周，但是程序可能会突然出现错误，这可能是存在内存泄漏。

了解如何使用这些工具将使你成为更好的开发人员，并使你的程序更加安全。

1.3.1 准备工作

由于我们将继续进行软件安装，因此以下命令的执行同样需要 root 权限。如果系统有一个传统的 root 用户，那么我们可以通过 su 切换到 root 用户。如果系统包含 sudo，并且普通用户具有管理权限，那么你可以使用 sudo 来执行命令。在这里，我将使用 sudo。

1.3.2 实践步骤

如果你在使用 Debian 或者 Ubuntu 系统，则需要使用 apt-get 工具安装软件。如果你使用基于 Fedora 的系统，则需要使用 dnf 工具安装软件。

1.3.2.1 基于 Debian 的系统

这些步骤适用于所有 Debian、Ubuntu 和 Linux Mint。

1. 在安装软件包之前，更新存储库缓存：

```
$> sudo apt-get update
```

2. 使用 apt-get 安装 GDB 和 Valgrind，并在提示时回答 y：

```
$> sudo apt-get install gdb valgrind
```

1.3.2.2 基于 Fedora 的系统

这些步骤适用于所有基于 Fedora 的系统，例如 CentOS 和 Red Hat。如果你使用了较旧的系统，可能需要使用 yum 代替 dnf：

❑ 使用 dnf 安装 GDB 和 Valgrind，并在提示时回答 y：

```
$> sudo dnf install gdb valgrind
```

1.3.2.3 验证安装

以下步骤同时适用于基于 Debian 的系统和基于 Fedora 的系统：

❑ 验证 GDB 和 Valgrind 的安装：

```
$> gdb --version
GNU gdb (Debian 8.2.1-2+b3) 8.2.1
Copyright (C) 2018 Free Software Foundation, Inc.
License GPLv3+: GNU GPL version 3 or later http://gnu.
org/licenses/gpl.html
This is free software: you are free to change and
redistribute it.
There is NO WARRANTY, to the extent permitted by law.
$> valgrind --version
valgrind-3.14.0
```

1.3.3 它是如何工作的

GDB 和 Valgrind 是两个调试工具，它们并未包含在上一个范例所安装的功能包中。这就是需要单独安装它们的原因。在基于 Debian 的系统中，安装软件的工具是 apt-get；在基于 Fedora 的系统上，则通过 dnf 安装软件。我们在系统上安装软件时，需要以 root 权限执行命令。这就是为什么需要使用 sudo。请记住，如果你的用户或者你的系统无法使用 sudo，那么你需要使用 su 切换成 root。

最后，我们通过查询所安装的版本来验证安装。但是，在不同的系统上，所安装的版本可能并不相同。

之所以会存在安装不同版本的现象，是由于每个 Linux 发行版有它自己的软件存储库，并且每个 Linux 发行版都将自己的软件版本设置为"latest"。这意味着在一个特定的 Linux 发行版上，一个程序的最近版本不一定是最新版本。

1.4 在 Linux 中编写一个简单的 C 程序

在本范例中，我们将构建一个小型的 C 程序，该程序会将传递给程序的**参数**相加求和。此 C 程序将包含一些 Linux 编程需要了解的基本元素：**返回值**、**参数**和**帮助信息**。掌握这些元素是编写优秀的 Linux 软件的第一步。

1.4.1 准备工作

在本范例中，你唯一需要做的事情就是编写 C 代码 sum.c，并用 GCC 编译它。你可以自己编写这部分代码，也可以从 GitHub 上下载代码。

1.4.2 实践步骤

按照以下步骤编写你的第一个 Linux 程序。

1. 打开文本编辑器并输入以下代码，并将代码文件命名为 sum.c。该程序会对所有程序入参进行求和。程序的入参包含在 argv 数组中，我们可以使用 atoi() 函数将参数转换为整数：

```c
#include <stdio.h>
#include <stdlib.h>
void printhelp(char progname[]);

int main(int argc, char *argv[])
{
    int i;
    int sum = 0;

    /* Simple sanity check */
    if (argc == 1)
    {
        printhelp(argv[0]);
        return 1;
    }

    for (i=1; i<argc; i++)
    {
        sum = sum + atoi(argv[i]);
    }
    printf("Total sum: %i\n", sum);
    return 0;
}

void printhelp(char progname[])
{
    printf("%s integer ...\n", progname);
    printf("This program takes any number of "
        "integer values and sums them up\n");
}
```

2. 使用 GCC 编译源代码：

```
$> gcc sum.c -o sum
```

3. 运行程序，别忘记在程序名前添加 ./：

```
$> ./sum
./sum integer …
This program takes any number of integer values and sums
them up
```

4. 在做进一步的操作之前，先检查程序的退出码：

```
$> echo $?
1
```

5. 再次运行程序，这一次需要传入一些**整数**。程序会对这些整数进行求和：

```
$> ./sum 45 55 12
Total sum: 112
```

6. 再次检查程序的退出码：

```
$> echo $?
0
```

1.4.3 它是如何工作的

我们先研究一下代码的基本内容，以便了解代码中不同部分的作用以及它们之所以重要的原因。

源代码

首先，我们包含一个名叫 `stdio.h` 的**头文件**，该文件被 `printf()` 函数所需要。stdio 这个名字表示**标准输入输出**。由于 `printf()` 会在屏幕上打印字符，因此它被归类为一个 stdio 函数。

代码中包含的另一个头文件是 `stdlib.h`，表示**标准库**。标准库中涵盖大量的函数，包括 `atoi()` 函数，该函数可以用来将**字符串**或者**字符**转变成整数。

在此之后，我们添加了一个名为 `printhelp()` 的**函数原型**。对于这一部分，没有什么需要特殊说明的，将**函数体**放在 `main()` 之下，并将函数原型放在开始位置，是一种很好的 C 编程实践。函数原型会告诉程序的其余部分该函数采用了哪些参数，以及它的返回值类型是什么。

然后，我们声明了 `main()` **函数**。为了能够解析程序**参数**，我们将其声明为 `int main (int argc, char *argv[])`，这在 Linux 中是很常见的。

`main()` 的两个变量 argc、argv 都具有特殊的含义。第一个变量 argc 是一个整数，表示传给程序的参数个数。它的最小值为 1，即使没有参数传递给程序。第一个参数就是程序本身的名称。

第二个变量（更准确地说是数组）是 argv，它包含**命令行**传给程序的所有参数。正如刚才所提到的，第一个参数 argv[0] 就是程序名，也就是执行程序的命令行。举个例子，如果以 ./sum 的方式执行程序，那么 argv[0] 将包含字符串 ./sum。如果以 /home/jack/sum 的方式执行程序，那么 argv[0] 将包含字符串 /home/jack/sum。

我们将这个参数（更准确地说是程序名）传递给了 printhelp() 函数，从而让该函数打印出程序名以及帮助信息。在 Linux 和 UNIX 环境上，这是一种很好的做法。

随后，我们进行了简单的**合法性检查**。它会检查参数个数是否为 1。如果是，那么说明用户没有为程序输入任何参数，这将被视为一种错误的操作。因此，我们使用构建的 printhelp() 函数在屏幕上打印出错误消息。紧接着，main() 函数将会返回 1，告诉 **shell** 或者其他程序这里出现了错误。每当我们使用 return 语句从 main() 函数返回时，都会向 shell 发送退出码并退出程序。这些退出码都具有特殊的含义，我们将在本书后续内容中进行更深入的探讨。简单来说，0 表示程序执行正常，而非 0 则表示程序执行出错。在 Linux 中，必须使用返回值，这是向其他程序以及 shell 通知程序执行情况的一种方式。

继续往下，我们执行了 for() **循环**。在这里，我们通过 argc 获取参数的个数，并遍历参数列表。i=1 表示从 1 开始遍历。不从 0 开始是因为 argv[] 数组中的索引 0 对应的是程序名。索引 1 表示第一个参数，也就是传给程序的整数。

在 for() 循环中，我们编写了 sum = sum + atoi(argv[i];)。在这里，我们需要重点关注 atoi(argv[i])。我们通过命令行传给程序的所有参数都是字符串类型。为了能够对它们进行计算，我们需要将它们转换为整数，而 atoi() 函数的主要工作就是进行从字符串到整数的转换。atoi() 这个函数名正是代表的整数（integer）。

一旦通过 printf() 将程序的执行结果输出到屏幕上，main 函数将返回 0，表示程序执行正常。从 main() 返回时，将从整个进程返回到 shell，换句话说，就是返回到程序的**父进程**。

程序执行和返回值

当我们在 $PATH 环境变量所设置的目录之外执行程序时，需要在文件名前加上 ./。

当程序执行完成，它会将返回值返回给 shell，而 shell 会将该返回值保存在变量 ? 中。当另一个程序执行结束后，这个变量的值又会被另一个程序的最新返回值所覆盖。我们通常使用 echo 来打印**环境变量**的值，echo 是一个直接从 shell 打印文本和变量到屏幕上的实用小程序。如果要打印环境变量，需要在变量名前添加 $ 符号，例如 $?。

1.4.4　更多

有另外三个与 atoi() 类似的函数，即 atol()、atoll() 和 atof()。以下内容将对这几个函数进行简要描述：

❑ atoi() 将字符串转换为整数。
❑ atol() 将字符串转换为长整型。
❑ atoll() 将字符串转换为长长整型。
❑ atof() 将字符串转换为浮点数（double 类型）。

如果你想探索其他程序的返回值，可以执行一些其他程序，例如使用 ls 列出一个已存在的目录，并执行 echo $? 打印返回值。然后，你可以尝试使用 ls 列出一个不存在的目录，并再次使用 $? 打印返回值。

> **提示**
>
> 在本章中，我们已经多次接触 $PATH 环境变量这一对象。如果你想知道这个变量包含哪些内容，可以执行 echo $PATH 打印其值。如果你想在 $PATH 变量中临时添加一个新目录，比如 /home/jack/bin，可以执行 PATH=${PATH}:/home/jack/bin 命令。

1.5 编写一个解析命令行选项的程序

在本范例中，我们将创建一个更高级的程序：一个解析命令行**选项**的程序。在上一个范例中，我们编写了一个使用 argc 和 argv 解析参数的程序。本节，我们将继续使用这些变量，但是，我们会将这些变量用于选项。所谓选项，就是带有连字符的字母，例如 -a 或 -v。

这个程序与上一个程序类似，不同之处在于这个程序可以实现使用 -s 表示"求和"，使用 -m 表示"相乘"。

在 Linux 下，几乎所有程序都使用了不同的选项。我们必须知道如何解析你所创建程序的选项，这也是用户改变程序行为的一种方式。

1.5.1 准备工作

你只需要准备一个文本编辑器、GCC 编译器以及 Make。

1.5.2 实践步骤

由于源代码比较长，所以我们将其分为三个部分进行介绍。不过，整个代码都是在同一个文件中。完整的代码可以从 GitHub 下载，下载地址为：https://github.com/PacktPublishing/Linux-System-Programming-Techniques/blob/master/ch1/new-sum.c。让我们开始吧。

1. 打开文本编辑器，输入以下代码，并将代码文件命名为 new-sum.c。第一个部分与上一个范例的程序是非常相似的，新增了一些额外的变量以及代码顶部的**宏**：

```
#define _XOPEN_SOURCE 500
#include <stdio.h>
#include <stdlib.h>
#include <unistd.h>
void printhelp(char progname[]);

int main(int argc, char *argv[])
{
```

```
    int i, opt, sum;

    /* Simple sanity check */
    if (argc == 1)
    {
        printhelp(argv[0]);
        return 1;
    }
```

2. 继续在同一个文件中输入以下代码。这部分代码将解析命令行选项，计算并打印结果。我们使用 `getopt()` 和一个 `switch` 语句来解析选项。请注意，这一次，我们还实现了数字相乘的功能。

```
/* Parse command-line options */
while ((opt = getopt(argc, argv, "smh")) != -1)
{
    switch (opt)
    {
        case 's': /* sum the integers */
            sum = 0;
            for (i=2; i<argc; i++)
                sum = sum + atoi(argv[i]);
            break;
        case 'm': /* multiply the integers */
            sum = 1;
            for (i=2; i<argc; i++)
                sum = sum * atoi(argv[i]);
            break;
        case 'h': /* -h for help */
            printhelp(argv[0]);
            return 0;
        default: /* in case of invalid options*/
            printhelp(argv[0]);
            return 1;
    }
}
printf("Total: %i\n", sum);
return 0;
}
```

3. 继续在同一个文件的末尾添加 `printhelp()` 函数。该函数将打印帮助消息，有时被称之为用法消息。当用户使用 `-h` 选项或者出现某些错误时（例如，当没有输入参数），将会显示输出此消息：

```
void printhelp(char progname[])
{
    printf("%s [-s] [-m] integer ...\n", progname);
    printf("-s sums all the integers\n"
        "-m multiplies all the integers\n"
        "This program takes any number of integer "
        "values and either add or multiply them.\n"
        "For example: %s -m 5 5 5\n", progname);
}
```

4. 保存并关闭代码文件。

5. 现在，是时候编译程序了。这次，我们尝试使用 Make 进行编译：

```
$> make new-sum
cc      new-sum.c   -o new-sum
```

6. 测试程序：

```
$> ./new-sum
./new-sum [-s] [-m] integer ...
-s sums all the integers
-m multiplies all the integers
This program takes any number of integer values and
either add or multiply them.
For example: ./new-sum -m 5 5 5
$> ./new-sum -s 5 5 5
Total: 15
$> ./new-sum -m 5 5 5
Total: 125
```

1.5.3 它是如何工作的

第一部分与上一个范例的代码非常相似，除了我们**声明**了更多变量。除此之外，我们还包含了另外一个头文件 unistd.h，getopt() 函数需要该头文件。我们使用 getopt() 函数来解析程序的选项。

还有另一个看起来很奇怪的新增内容，也就是代码的第一行：

```
#define _XOPEN_SOURCE 500
```

我们将在本书后续内容中详细介绍这一点。目前，我们只需要知道它是我们用来遵守 XOPEN 标准的功能宏。当然，并非必须包含这一行。如果没有这一行，程序也可以在 Linux 下正常工作。但是如果我们编译程序并显示所有的警告消息（后续我们将学习如何操作）同时设置特定的 C 标准，那么，如果不包含这行代码，我们将会看到关于函数 getopt 隐式声明的警告。好的编程做法是添加这一行代码。当然，你可能会问，我怎么知道这些？这是因为在 getopt() 的手册页中有相关说明，我们将在下一个范例中进行详细的介绍。

getopt() 函数

本范例的第二步是最令人兴奋的部分。在这一步，我们将使用 getopt() 函数来解析选项。函数 getopt() 代表获取选项。

使用 getopt() 的方法是在 while 循环中遍历所有参数，并使用 switch 语句捕获选项。让我们仔细看看 while 循环并将其分解为更小的部分：

```
while ((opt = getopt(argc, argv, "smh")) != -1)
```

getopt() 函数返回它所解析的选项的实际字母。这意味着 opt = getopt 这一部分会将选项保存到 opt 变量中，不过仅仅保存实际字母。例如，-h 将被保存为 h。

然后，我们需要给 getopt() 函数传递参数，也就是 argc（参数个数）、argv（实际参数）。最后是应该接受的选项（这里是 smh，转换一下就是 -s、-m 和 -h）。

最后一点，!= -1 被用于 while 循环。当 getopt() 没有更多选项返回时，它将返回 -1，表示已完成选项解析。这种情况下，while 循环将结束执行。

while 循环内部

在循环内部，我们使用 switch 语句为每个选项执行特定操作。在每个分支（case）下，我们执行计算并在计算完成后执行 break 退出分支。就像上一个范例一样，我们使用 atoi() 将参数字符串转换为整数。

在 h 分支下（-h 选项，寻求帮助），我们打印帮助消息并返回代码 0。我们请求帮助信息，因此它不是错误。但在 h 分支之下有一个默认分支，如果没有其他选项匹配，那么默认分支将会捕获这种情况，也就是说，用户输入了一个不被接受的选项。这确实是一个错误，所以在这里，我们返回代码 1，表示出现了错误。

帮助信息函数

帮助消息应该显示程序所使用的各种选项、参数，以及简单的示例。使用 printf()，我们可以在代码中将较长的行拆分为多个较短的行，就像我们在范例中所做的那样。唯一的字符序列 \n 是一个换行符。无论换行符位于什么位置，都会将对应的行换行。

编译和运行程序

在这个范例中，我们使用 Make 编译程序。相应地，Make 实用程序使用了 cc（一个链接到 gcc 的符号链接）。在本书的后续内容中，我们将学习如何通过在 Makefile 中编写规则来改变 Make 的行为。

我们尝试运行这个程序。首先，我们在没有任何选项或参数的情况下运行它，导致程序退出并显示帮助文本（返回值为 1）。

我们尝试两个选项：-s 对所有整数求和，-m 将所有整数相乘。

1.6 在内置手册页中查找信息

在这个范例中，我们将学习如何在内置手册页中查找信息，以及如何为命令、系统调用和**标准库函数**查找帮助内容。一旦你习惯了使用它们，手册页将变得非常强大。与其在网上搜索答案，不如通过查看手册页以便更快速、更准确地获取答案。

1.6.1 准备工作

在 Debian 和 Ubuntu 中，一些手册页（基础库调用和系统调用）将会作为 build-essential 包的一部分被安装。在基于 Fedora 的发行版中，例如 CentOS，手册页通常作为手册页包的一部分被安装在基本系统中。如果你的系统缺少一些手册页，请确保你已经安装了这些软件包。关于如何安装软件包，可以查看本章的第一个范例以了解更多信息。

如果你的系统所使用的是最小安装或精简安装，那么可能没有安装 man 命令，此时你需要使用分发包管理器安装两个包。其中一个包是 man-db（几乎所有发行版中都是一样的），对应 man 命令。另一个包是 manpages（在基于 Debian 的系统中），或者 man-pages（在基于 Fedora 的系统中），对应实际的手册页。在基于 Debian 的系统上，你还需要安装 build-essential 包。

1.6.2　实践步骤

让我们一步步地探索手册页，如下所示：

1. 在控制台中输入 man ls。你可以查看 ls 命令手册页。

2. 按下 Enter 键可以上下滚动手册页，一次一行。

3. 按空格键一次向下滚动一整页（一页为一个窗口大小）。

4. 按字母 b 向上滚动一整页。继续按 b 可以一直向上滚动直至顶部。

5. 按下 / 可以打开搜索提示。

6. 在搜索提示中输入 human-readable，然后按回车键，手册页会自动向前滚动到这个词第一次出现的位置。

7. 现在，你可以按 n 以跳转到这个单词下一次出现的位置（如果该单词还存在的话）。

8. 按 q 退出手册。

研究不同的节

有时，存在多个名字相同但是位于不同节的手册页。在这里，我们将调查这些节并学习如何指定我们感兴趣的节：

1. 在命令提示符中键入 man printf。你将看到 printf 命令的手册页，而不是同名的 C 函数。

2. 按 q 退出手册。

3. 现在，在控制台中输入 man 3 printf。这将显示 C 函数 printf() 的手册页。3 表示手册的节 3。查看手册页的标题，你将看到当前所查看的是哪个节。此时应该是 PRINTF(3)。

4. 让我们列出所有的节。先退出你正在查看的手册页，然后在控制台中键入 man man。向下滚动，直到找到列出所有节的表格。在那里，你还可以查看到每个节的简要说明。正如你所见，节 3 对应于库调用，printf() 正是一个库函数。

5. 通过在控制台中输入 man 2 unlink，可以查找 unlink() 系统调用的手册。

6. 退出手册页并在控制台中输入 man unlink。这一次，你将看到 unlink 命令的手册。

1.6.3　它是如何工作的

手册总是从节 1 开始，然后打开它所找到的第一个手册。这就是为什么当我们省略节编号时，你会得到 printf 和 unlink 命令的手册页，而不是 C 函数和系统调用的手册。

查看所打开的手册页的标题是一个好主意，它可以验证你是否正在阅读正确的手册。

1.6.4 更多

还记得吗？在上一个范例中，我"只知道"在没有更多选项可供解析时，getopt() 返回 -1。通过输入 man 3 getopt 可以打开 getopt() 的手册。向下滚动到返回值这一标题处。在那里，你可以阅读有关 getopt() 返回值的所有信息。几乎所有的手册页（包括库函数和系统调用在内）都包含标题：名称、概要、描述、返回值、环境、属性、遵循规范、提示、示例和参考。

概要列出了为使用特定函数需要包含的头文件。这非常有用，因为我们无法记住每个函数及其相应的头文件。

> **提示**
>
> 手册中有很多关于手册本身的有用信息，所以至少浏览一下 man man。在本书中，我们将大量地使用手册页来查找有关库函数和系统调用的信息。

1.7 搜索手册以获取信息

如果我们不知道特定命令、函数或系统调用的确切名称，也可以在系统上的所有手册中搜索正确的那个。在这个范例中，我们将学习如何使用 apropos 命令来搜索手册页。

1.7.1 准备工作

本节的要求和上一范例相同。

1.7.2 实践步骤

让我们在手册中搜索不同的词，缩小每一步的结果：

1. 输入 apropos directory，一长串的手册页将会出现。在每个手册后面都有一个括号括起来的数字。这个数字正是手册页所在的节。

2. 要将搜索范围缩小到仅搜索节 3（基础库调用），请键入 apropos -s 3 directory。

3. 让我们进一步缩小搜索范围。输入 apropos -s 3 -a remove directory。-a 选项代表"与"。

1.7.3 它是如何工作的

apropos 命令可以搜索手册页的描述和关键字。当我们使用 apropos -s 3 -a remove directory 缩小搜索范围时，-a 选项代表"与"，表示 remove 和 directory 都必须存在。如果省略 -a 选项，它将同时搜索两个关键字，而不管它们是只存在一个，还是两个都存在。

在手册页（man apropos）中有更多关于 apropos 如何工作的信息。

1.7.4　更多

如果我们只想知道特定命令或函数的作用，可以使用 whatis 命令来查找它的简短描述，如下所示：

```
$> whatis getopt
getopt (1)              - parse command options (enhanced)
getopt (3)              - Parse command-line options
$> whatis creat
creat (2)               - open and possibly create a file
$> whatis opendir
opendir (3)             - open a directory
```

第 2 章　*Chapter 2*

使你的程序易于脚本化

Linux 以及其他 UNIX 系统具有非常强大的脚本支持功能。从一开始，UNIX 的整个想法就是让系统易于开发。其中一项特性就是将一个程序的输出作为另一个程序的输入，从而支持使用现有的程序构建新的工具。编写 Linux 程序时，我们应该始终牢记这一点。UNIX 的哲学是让一个小程序只做一件事，并且做好。通过拥有很多只做一件事的小程序，我们可以自由选择如何组合它们。并且通过组合小程序，我们可以编写 shell 脚本——这在 UNIX 和 Linux 系统上都很常见。

本章将告诉我们如何创建易于脚本化且易于与其他程序交互的程序，从而使得程序更加受欢迎，也更易于使用。

本章涵盖以下主题：

❑ 返回值以及如何读取它们

❑ 使用有意义的返回值退出程序

❑ 重定向标准输入、标准输出和标准错误

❑ 使用管道连接程序

❑ 写入标准输出和标准错误

❑ 从标准输入读取

❑ 编写一个管道友好的程序

❑ 将结果重定向到文件

❑ 读取环境变量

让我们开始吧！

2.1 技术要求

你只需要一台安装了 GCC 和 Make 的 Linux 计算机。最好通过在第 1 章中所提到的功能包或功能包集进行安装。为了获得最佳的兼容性，更可取的方式是使用 Bash。虽然大多数的示例同样适用于其他 shell，但是我们无法保证在所有可能的 shell 上所有程序都能以相同的方式工作。你可以通过在终端运行 echo $SHELL 来检查你所使用的是哪个 shell。如果你使用的是 Bash，那么它将会显示 /bin/bash。

你可以从 https://github.com/PacktPublishing/Linux-System-Programming-Techniques/tree/master/ch2 下载本章所有代码。

2.2 返回值以及如何读取它们

返回值在 Linux 和其他 UNIX 以及类 UNIX 系统中非常重要，在 C 程序中也同样很重要。C 程序中的大多数函数都会通过 return 语句返回一些数值。这和我们用来从 main() 返回一个值到 shell 的 return 语句是相同的。最初的 UNIX 操作系统和 C 语言都是同一时期出现在同一地方的。在 20 世纪 70 年代早期 C 语言刚刚出现时，UNIX 就用 C 语言重写了。在这之前，只能用汇编语言编写 UNIX。因此，C 和 UNIX 被紧密地结合在了一起。

返回值之所以在 Linux 中如此重要，是因为我们可以用它构建 shell 脚本。这些 shell 脚本可以使用其他程序，并且希望将我们的程序作为脚本中的一部分。为了让 shell 脚本能够检查程序是否执行成功，它需要能够读写这些程序的返回值。

在本范例中，我们将编写一个程序来告诉用户某一个文件或目录是否存在。

2.2.1 准备工作

建议你使用 Bash 来完成本范例的内容。我无法保证其他 shell 是否和本范例完全兼容。

2.2.2 实践步骤

在该范例中，我们将编写一个小型的 shell 脚本，以演示返回值的作用、如何读取返回值以及如何解释返回值。让我们开始吧：

1. 在编写代码之前，我们必须研究脚本中程序会使用哪些返回值。执行以下命令，并记录得到的返回值。test 命令是一个小型实用程序，用于测试某些条件是否成立。在这个例子中，我们将使用 test 命令来检测一个文件或目录是否存在。选项 -e 表示存在。test 命令不会给我们任何输出信息，它只是以某个返回值退出：

```
$> test -e /
$> echo $?
0
$> test -e /asdfasdf
$> echo $?
1
```

2. 现在，我们知道 test 程序会返回哪些值了（0表示文件或目录存在，除此之外，返回1），我们可以开始编写脚本了。在一个文件中编写以下代码，并将文件保存为 exist.sh。你也可以通过访问 https://github.com/PacktPublishing/Linux-System-Programming-Techniques/blob/master/ch2/exist.sh 下载代码文件。该 shell 脚本使用 test 命令检测一个指定的文件或目录是否存在：

```
#!/bin/bash

# Check if the user supplied exactly one argument
if [ "$#" -ne 1 ]; then
    echo "You must supply exactly one argument."
    echo "Example: $0 /etc"
    exit 1 # Return with value 1
fi

# Check if the file/directory exists
test -e "$1" # Perform the actual test
if [ "$?" -eq 0 ]; then
    echo "File or directory exists"
elif [ "$?" -eq 1 ]; then
    echo "File or directory does not exist"
    exit 3 # Return with a special code so other
           # programs can use the value to see if a
           # file dosen't exist
else
    echo "Unknown return value from test..."
    exit 1 # Unknown error occured, so exit with 1
fi
exit 0 # If the file or directory exists, we exit
       # with
```

3. 你需要执行以下命令为 shell 脚本添加可执行权限：

```
$> chmod +x exist.sh
```

4. 尝试运行脚本。我们尝试使用已存在的目录和不存在的目录运行脚本。我们还会在每次脚本运行后检查其退出码：

```
$> ./exist.sh
You must supply exactly one argument.
Example: ./exist.sh /etc
$> echo $?
1
$> ./exist.sh /etc
File or directory exists
$> echo $?
0
$> ./exist.sh /asdfasdf
File or directory does not exist
$> echo $?
3
```

5. 现在，我们知道该脚本可以正常工作，并且能够返回正确的退出码。我们可以编写

一行程序来使用这个脚本。例如，通过 echo 命令打印一行文字以描述文件或目录是否存在：

```
$> ./exist.sh / && echo "Nice, that one exists"
File or directory exists
Nice, that one exists
$> ./exist.sh /asdf && echo "Nice, that one exists"
File or directory does not exist
```

6. 我们还可以编写一个更复杂的一行程序——利用脚本中一个特殊的错误码 3，该错误码表示"文件未发现"。请注意，你不需要在第二行起始位置输入 >。当你在第一行结束位置添加反斜杠时，shell 会自动插入这个字符，表示继续编辑一个较长的行：

```
$> ./exist.sh /asdf &> /dev/null; \
> if [ $? -eq 3 ]; then echo "That doesn't exist"; fi
That doesn't exist
```

2.2.3　它是如何工作的

test 是一个小型实用程序，用于测试文件和目录、比较数值等。在我们的例子中，用它来测试指定的文件或目录是否存在（-e 表示存在）。

test 程序不会打印任何输出，只会默默地执行完成并退出。但是，它会留下一个返回值。我们可以使用变量 $? 检查返回值。而脚本里的 if 语句检查的正是该变量。

在脚本中，我们还使用了一些其他的特殊变量。第一个是 $#，它表示传递给脚本的**参数**个数。它的工作原理和 C 语言中的 argc 类似。在脚本的开始位置，我们比较了 $# 是否不等于 1（-ne 代表不等于）。如果 $# 不等于 1，则打印一个错误消息，脚本终止，并返回退出码 1。

把 $# 放在引号里是一种安全机制。在某些不可预见的事件中，如果 $# 包含空格，我们希望仍然将其内容作为单个值计算，而不是两个值。脚本中其他变量添加引号也是出于相同原因。

下一个特殊变量是 $0。这个变量表示第 0 个参数，也就是程序的名称，类似于我们在第 1 章中所介绍的 C 语言里的 argv[0]。

如 test 语句所显示的那样，程序的第一个参数存储在 $1 中。在我们的例子中，第一个参数是我们所提供的想要进行测试的文件名或目录。

与 C 程序一样，我们希望脚本以一个有意义的返回值（即**退出码**）退出。我们使用 exit 来退出脚本并设置一个返回值。如果用户没有明确地提供一个参数，我们将使用代码 1 退出脚本，这是一个通用的错误码。如果脚本按照正常的方式执行，并且文件或目录存在，那么退出码为 0。如果脚本按正常的方式执行，但是文件或目录不存在，则设置退出码为 3，该退出码并非为了特定用途而保留，但仍表示一个错误（所有非 0 的退出码都是错误码）。这样，其他脚本就可以获取到脚本的返回值并对其进行操作。

在第 5 步中，我们就是这样做的——使用以下命令对脚本的退出码进行操作：

```
$> ./exist.sh / && echo "Nice, that one exists"
```

&& 意味着"与"。我们可以将这一行命令视为一个 if 语句。如果 exist.sh 返回真，即退出码为 0，则执行 echo 命令；如果退出码不为 0，那么 echo 命令将永远不会被执行。

在步骤 6 中，我们将脚本的所有输出重定向到 /dev/null，然后使用一个完整的 if 语句来检查错误码 3。如果脚本返回错误码 3，则使用 echo 命令打印一条语句。

2.2.4　更多

我们可以用 test 程序做更多的测试和比较。man 1 test 手册中罗列了详细内容。

如果你并不熟悉 Bash 和 shell 脚本，可以查询手册页 man 1 bash 获取大量的有用信息。

&& 的反义词是 ||，表示"或"。所以，与上述范例相反的做法就是：

```
$> ./exist.sh / || echo "That doesn't exist"
File or directory exists
$> ./exist.sh /asdf || echo "That doesn't exist"
File or directory does not exist
That doesn't exist
```

2.2.5　参考

如果你想深入了解 Bash 和 shell 脚本，在 *The Linux Documentation* (https://tldp.org/LDP/Bash-Beginners-Guide/html/index.html) 中有很好的使用指南。

2.3　使用有意义的返回值退出程序

在本范例中，我们将学习如何使用有意义的返回值退出 C 程序。我们将看看使用返回值退出程序的两种不同的方式，并从更广泛的角度来看，返回值如何与系统结合在一起。我们还将了解一些常见返回值的含义。

2.3.1　准备工作

针对本范例的内容，我们只需要 GCC 编译器和 Make 工具。

2.3.2　实践步骤

我们将编写两个不同版本的程序，以展示两种不同的程序退出方法。

1. 首先，我们使用 return 语句编写第一个版本的程序，该方式在前面的内容中已经进行过展示。但是这一次，我们将在**函数**中使用 return 返回，一直返回到 main()，最终返回到**父进程**，也就是 shell。将下面的程序保存到一个名为 functions_ver1.c 的文件中。下面的代码中，所有的 return 语句已被突出显示：

```
#include <stdio.h>
int func1(void);
```

```
    int func2(void);

    int main(int argc, char *argv[])
    {
        printf("Inside main\n");
        printf("Calling function one\n");
        if (func1())
        {
            printf("Everything ok from function one\n");
            printf("Return with 0 from main - all ok\n");
            return 0;
        }
        else
        {
            printf("Caught an error from function one\n");
            printf("Return with 1 from main - error\n");
            return 1;
        }
        return 0; /* We shouldn't reach this, but
                        just in case */
    }

    int func1(void)
    {
        printf("Inside function one\n");
        printf("Calling function two\n");
        if (func2())
        {
            printf("Everything ok from function two\n");
            return 1;
        }
        else
        {
            printf("Caught an error from function two\n");
            return 0;
        }
    }

    int func2(void)
    {
        printf("Inside function two\n");
        printf("Returning with 0 (error) from "
            "function two\n");
        return 0;
    }
```

2. 编译程序：

```
$> gcc functions_ver1.c -o functions_ver1
```

3. 运行程序。尝试跟踪整个过程，查看哪些函数被调用了并返回到了其他哪些函数：

```
$> ./functions-ver1
Inside main
Calling function one
Inside function one
```

```
Calling function two
Inside function two
Returning with 0 (error) from function two
Caught an error from function two
Caught an error from function one
Return with 1 from main - error
```

4. 检查程序的返回值：

```
$> echo $?
1
```

5. 现在，我们重写前面的程序，改为在函数内部使用exit()。一旦exit()被调用，程序将以指定的值退出。如果在另一个函数中调用了exit()，该函数将不会返回到main()。将下面的程序保存到一个新文件中，并将文件命名为functions_ver2.c。在以下代码中，所有的return语句和exit语句已被突出显示：

```c
#include <stdio.h>
#include <stdlib.h>
int func1(void);
int func2(void);

int main(int argc, char *argv[])
{
    printf("Inside main\n");
    printf("Calling function one\n");
    if (func1())
    {
        printf("Everything ok from function one\n");
        printf("Return with 0 from main - all ok\n");
        return 0;
    }
    else
    {
        printf("Caught an error from funtcion one\n");
        printf("Return with 1 from main - error\n");
        return 1;
    }
    return 0; /* We shouldn't reach this, but just
                in case */
}

int func1(void)
{
    printf("Inside function one\n");
    printf("Calling function two\n");
    if (func2())
    {
        printf("Everything ok from function two\n");
        exit(0);
    }
    else
    {
        printf("Caught an error from function two\n");
```

```
            exit(1);
        }
    }
```

6. 编译这个版本：

```
$> gcc functions_ver2.c -o functions_ver2
```

7. 运行该程序，看看会发生什么（并和上一个程序的输出进行比较）：

```
$> ./functions_ver2
Inside main
Calling function one
Inside function one
Calling function two
Inside function two
Returning with (error) from function two
```

8. 检查程序的返回值：

```
$> echo $?
1
```

2.3.3 它是如何工作的

请注意，在 C 语言中，0 被视为假（或错误），而其他任何值都被视为真（或正确）。这恰恰与 shell 的返回值相反。一开始这可能会有点让人困惑。但不管怎样，就 shell 而言，0 表示"一切正常"，而其他值则表示错误。

上述两个版本的区别在于函数和整个程序的返回方式。在第一个版本中，每个函数会依次返回到调用它的函数中——按照它们被调用的顺序。而在第二个版本中，每个函数使用 exit() 函数退出，这意味着程序将直接退出，并将指定的值返回给 shell。第二个版本的做法不是很好，最好的做法是返回到调用它的函数。究其原因，如果其他人在另一个程序中使用了你的函数，而它突然使整个程序退出了，这将会是一个巨大的"惊喜"。我们通常不会这么做。但是，我仍旧想在这里演示一下 exit() 和 return 的区别。

我还想另外说明一点：就像一个函数使用 return 返回到调用它的函数一样，一个程序也是以同样的方式返回到它的父进程（通常是 shell）。因此，在某种程度上，Linux 系统中的程序也被视为程序中的一个函数。

图 2.1 展示了 Bash 如何调用一个程序（如上方的箭头所示），从 main() 开始，main() 调用下一个函数（如右边的箭头

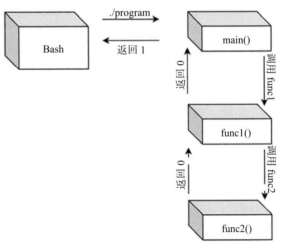

图 2.1　调用与返回

所示），以此类推。左边返回的箭头显示了每个函数如何返回到调用它的函数，最后返回到
Bash。

2.3.4　更多

我们可以使用更多的返回码。最常见的返回码就是 0 表示成功，1 表示错误。然而，除
了 0 之外的所有其他代码其实都意味着某种形式的错误。1 表示一般性错误，而其他错误码
也都有具体的含义。退出码及其含义并没有确切的标准，但是存在一些常用的退出码，如
图 2.2 所示。

退出码	含义
0	执行成功
1	一般性错误
2	shell 内建命令使用错误
126	命令无法执行
127	命令未发现
128	无效的退出参数
128+n	信号，128+ 信号编号
130	程序捕捉到一个中断信号（128+2）
137	程序捕捉到一个杀死信号（128+9）

图 2.2　Linux 和其他类 UNIX 系统中的常见错误码

除了这些退出码，在 /usr/include/sysexit.h 文件末尾还列出了一些其他退出
码。文件中列出了 64 ~ 78 的退出码及其对应的错误含义，如数据格式错误、服务不可用、
I/O 错误等。

2.4　重定向标准输入、标准输出和标准错误

在本节中，我们将学习如何将标准输入、标准输出和标准错误**重定向**到文件。将数据
重定向到文件是 Linux 和其他 UNIX 系统的基本原理之一。

stdin、**stdout** 和 **stderr** 分别是**标准输入**、**标准输出**和**标准错误**的简写。

2.4.1　准备工作

考虑到兼容性，我们在本节中使用 Bash shell。

2.4.2　实践步骤

为了掌握重定向的诀窍，我们将在这里进行一系列的实验。我们将反复进行重定向，
并看到 stdout、stderr 和 stdin 以各种方式运行。

1. 让我们从保存根目录的文件和目录开始。我们可以通过将 ls 命令的标准输出重定向到一个文件中来实现此功能：

```
$> cd
$> ls / > root-directory.txt
```

2. 通过 cat 命令查看该文件内容：

```
$> cat root-directory.txt
```

3. 我们尝试使用 wc 命令来统计行、单词和字符的个数。记得在信息输入完成后按下 *Ctrl+D* 组合键：

```
$> wc
hello,
how are you?
Ctrl+D
      2     4    20
```

4. 现在，我们已经知道 wc 命令是如何工作的了，可以将它的输入重定向为一个文件——我们所创建的记录文件列表的文件：

```
$> wc < root-directory.txt
29  29 177
```

5. 标准错误是命令自己的输出流，与标准输出相分离。如果我们重定向标准输出，同时产生一个错误，那么仍然会在屏幕上看到错误信息。让我们试试看：

```
$> ls /asdfasdf > non-existent.txt
ls: cannot access '/asdfasdf': No such file or directory
```

6. 就像标准输出一样，我们也可以重定向标准错误。请注意，此处我们没有得到任何错误信息：

```
$> ls /asdfasdf 2> errors.txt
```

7. 错误信息已经被保存在了 errors.txt 中：

```
$> cat errors.txt
ls: cannot access '/asdfasdf': No such file or directory
```

8. 我们甚至可以将标准输出和标准错误同时重定向到不同的文件：

```
$> ls /asdfasdf > root-directory.txt 2> errors.txt
```

9. 为了方便，我们还可以将标准输出和标准错误重定向到同一个文件：

```
$> ls /asdfasdf &> all-output.txt
```

10. 我们甚至可以同时重定向这三个对象（stdin、stdout 和 stderr）：

```
$> wc < all-output.txt > wc-output.txt 2> \
> wc-errors.txt
```

11. 我们还可以从 shell 写入标准错误，从而编写自己的错误消息：

```
$> echo hello > /dev/stderr
hello
```

12. 另外一种从 Bash 打印消息到标准错误的方法如下：

```
$> echo hello 1>&2
hello
```

13. 然而，这并不能证明我们的 hello 消息被打印到标准错误中。我们可以通过将标准输出重定向到一个文件来证明这一点。如果我们仍然能看到错误消息，就可以说明该消息的确被打印在了标准错误上。要实现该功能，我们需要将第一条语句放置在括号中，从而将该语句和最后一个重定向分割开：

```
$> (echo hello > /dev/stderr) > hello.txt
hello
$> (echo hello 1>&2) > hello.txt
hello
```

14. 标准输入、标准输出和标准错误都由 /dev 目录中的某个文件来表示。这意味着我们甚至可以直接基于文件来重定向标准输入。这个实验并没有做什么有用的事情，我们完全可以只输入 wc，但它可以证明这一点：

```
$> wc < /dev/stdin
hello, world!
Ctrl+D
      1       2      14
```

15. 所有这些都意味着我们甚至可以将标准错误的信息重定向到标准输出：

```
$> (ls /asdfasdf 2> /dev/stdout) > \
> error-msg-from-stdout.txt
$> cat error-msg-from-stdout.txt
ls: cannot access '/asdfasdf': No such file or directory
```

2.4.3　它是如何工作的

程序的所有正常输出将打印到 stdout。stdout 也称为**文件描述符** 1。

程序的所有错误消息将被打印到 stderr。stderr 也称为文件描述符 2。这也正是我们将 stderr 重定向到文件时使用 2> 的原因。如果我们想表达得更加清楚，在重定向标准输出时可以使用 1> 代替 >。但 > 默认表示重定向标准输出，因此也无须如此书写。

在第 9 步中，当同时重定向标准输出和标准错误时，我们使用了 & 符号。这表示"标准输出和标准错误"。

标准输入是读取所有输入数据的地方。标准输入也称为文件描述符 0。使用 < 重定向标准输入，但与标准输出和标准错误一样，我们也可以将其写成 0<。

区分标准输出和标准错误这两种输出的原因是，当我们将程序输出重定向到文件时，应该仍然能够在屏幕上看到错误消息。我们也不希望文件被错误消息弄得乱七八糟。

此外，将输出分离还可以实现将一个文件用于实际输出，并将另一个文件作为错误消息的日志文件。这在脚本中使用特别方便。

你可能听说过"在 Linux 中，一切都是文件或进程"这句话。

这句话是真的。Linux 中没有除文件或进程之外的其他东西了。我们针对 /dev/stdout、/dev/stderr 和 /dev/stdin 的实验也证明了这一点。文件甚至代表了程序的输入和输出。

在第 11 步中，我们将输出重定向到 /dev/stderr 文件，也就是标准错误。因此，输出的消息将打印在标准错误上。

在第 12 步中，我们几乎做了同样的事情，只是没有使用实际的设备文件。看起来很有趣的 1>&2 重定向可以被理解为"将标准输出发送到标准错误"。

2.4.4 更多

举个例子，我们可以使用 /dev/fd/2 代替 /dev/stderr，其中 **fd** 代表**文件描述符**。类似地，可以使用 /dev/fd/1 表示 stdout，使用 /dev/fd/0 表示 stdin。例如，以下操作会将列表信息打印到 stderr：

```
$> ls / > /dev/fd/2
```

就像我们可以通过 1>&2 将标准输出发送到标准错误一样，也可以通过 2>&1 将标准错误发送到标准输出。

2.5 使用管道连接程序

在本节中，我们将学习如何使用**管道**连接程序。当我们编写 C 程序时，总是希望努力使它们能更容易与其他程序一起使用。有时，通过管道连接的程序被称为**过滤器**。这是因为很多时候，当我们使用管道连接程序时，都是为了过滤或者转换一些数据。

2.5.1 准备工作

本节建议使用 Bash shell。

2.5.2 实践步骤

按照以下步骤来探索 Linux 中的管道：

1. 通过上一个范例，我们已经熟悉了 wc 和 ls。在这里，我们将它们与管道一起使用来计算系统根目录中文件和目录的数量。管道是一个竖线符号：

```
$> ls / | wc -l
29
```

2. 让事情变得更有趣一些吧。这一次，我们只想列出根目录中的**符号链接**（通过使用以管道相链接的两个程序）。实际输出的结果因系统而异：

```
$> ls -l / | grep lrwx
lrwxrwxrwx  1 root root    31 okt 21 06:53 initrd.img ->
boot/initrd.img-4.19.0-12-amd64
lrwxrwxrwx  1 root root    31 okt 21 06:53 initrd.img.
```

```
old -> boot/initrd.img-4.19.0-11-amd64
lrwxrwxrwx   1 root root    28 okt 21 06:53 vmlinuz ->
boot/vmlinuz-4.19.0-12-amd64
lrwxrwxrwx   1 root root    28 okt 21 06:53 vmlinuz.old
-> boot/vmlinuz-4.19.0-11-amd64
```

3. 现在，我们只想要实际的文件名，而不是有关它们的信息。所以，这一次，我们将在末尾添加另一个名为 awk 的程序。在这个例子中，我们会告诉 awk 打印第 9 个字段。每个字段由一个或多个空格分隔：

```
$> ls -l / | grep lrwx | awk '{ print $9 }'
initrd.img
initrd.img.old
vmlinuz
vmlinuz.old
```

4. 我们可以添加另外一个"**过滤器**"，在每个链接前添加一些文本。这可以使用 sed - s 来完成，sed - s 表示替代（substitute）。然后，我们告诉 sed 用文本 This is a link 替换行首（^）：

```
$> ls -l / | grep lrwx | awk '{ print $9 }' \
> | sed 's/^/This is a link: /'
This is a link: initrd.img
This is a link: initrd.img.old
This is a link: vmlinuz
This is a link: vmlinuz.old
```

2.5.3　它是如何工作的

本节介绍了很多内容，如果你没有完全了解，也无须气馁。本节的重点在于演示如何使用管道（竖线符号"|"）。

在第 1 步中，我们使用 wc 来计算文件系统根目录中文件和目录的数量。当我们以交互方式运行 ls 时，会得到一个跨越终端宽度的漂亮列表。输出内容也很有可能是彩色编码的。但是，当我们运行 ls 的时候，通过管道重定向其输出，ls 并没有真正的终端可以进行输出，所以它回退到每行输出一个文件或目录的文本信息，且没有任何颜色。如果你愿意，可以尝试运行以下命令：

```
$> ls / | cat
```

由于 ls 命令每行输出一个文件或目录，所以我们可以使用 wc（-l 选项）命令计算行数。

在第 2 步中，我们使用 grep 命令仅仅列出 ls -l 输出中的链接文件。ls -l 输出中的链接文件其行首都是以字母 l 开头。之后是访问权限，每个链接文件的访问权限都是 rwx。因此，通过 grep 和 lrwx 进行搜索，将能搜索出链接文件。

我们只想要实际的文件名，所以添加了一个名为 awk 的程序。awk 工具让我们可以在输出中挑出特定的列或字段。我们挑出了第 9 列（$9），也就是文件名所对应的那一列。

通过使用其他两个工具对 ls 输出信息进行处理，我们创建了一个仅包含根目录下所有链接的列表。

在第 3 步中，我们添加了另外一个工具，有时称之为过滤器。这个工具就是 sed，它是一个流编辑器。使用这个程序，我们可以对文本进行更改。在本例中，我们在每个链接文件前面添加了文本 This is a link:。以下内容是该行代码的简短说明：

```
sed 's/^/This is a link: /'
```

s 意味着"代替"，也就是说，我们希望修改一些文本。前两个斜杠（/）中的内容是与我们想要修改的内容相匹配的文本或表达式。在本例中，我们设置的是行首：^。在第二个斜杠之后，一直到最后一个斜杠为止，二者之间的内容是我们想要替换所匹配部分的文本，在本例中为 This is a link:。

2.5.4 更多

当心不必要的管道；我们很容易陷入无尽的管道中。一个愚蠢但很有启发性的例子是：

```
$> ls / | cat | grep tmp
tmp
```

我们可以省略 cat 并且仍然能得到相同的结果：

```
$> ls / | grep tmp
tmp
```

这个例子也是一样的：

```
$> cat /etc/passwd | grep root
root:x:0:0:root:/root:/bin/bash
```

我们完全没有理由使用前面的例子。grep 实用程序可以以文件名为参数，如下所示：

```
$> grep root /etc/passwd
root:x:0:0:root:/root:/bin/bash
```

2.5.5 参考

如果你对 UNIX 的历史和管道的发展感兴趣，可以上网搜索相关内容。

2.6 写入标准输出和标准错误

在本节中，我们将学习如何在 C 程序中将文本打印到标准输出和标准错误。前面，我们已经了解了标准输出和标准错误是什么、它们存在的原因，以及如何重定向它们。现在，我们编写一个正确的程序，该程序会在标准错误上输出错误消息，并在标准输出上输出常规消息。

2.6.1 实践步骤

我们将按照以下步骤来学习如何在 C 程序中将输出写入标准输出和标准错误中：

1. 在一个名为 output.c 的文件中写入以下代码并保存。在这个程序中，我们将使用三个不同的函数进行信息输出：printf()、fprintf() 和 dprintf()。使用 fprintf()，我们可以指定一个文件流，例如 stdout 或 stderr；使用 dprintf()，我们可以指定文件描述符（1 表示 stdout，2 表示 stderr）：

```
#define _POSIX_C_SOURCE 200809L
#include <stdio.h>

int main(void)
{
    printf("A regular message on stdout\n");

    /* Using streams with fprintf() */
    fprintf(stdout, "Also a regular message on "
        "stdout\n");
    fprintf(stderr, "An error message on stderr\n");

    /* Using file descriptors with dprintf().
     * This requires _POSIX_C_SOURCE 200809L
     * (man 3 dprintf)*/
    dprintf(1, "A regular message, printed to "
            "fd 1\n");
    dprintf(2, "An error message, printed to "
            "fd 2\n");
    return 0;
}
```

2. 编译程序：

```
$> gcc output.c -o output
```

3. 运行程序：

```
$> ./output
A regular message on stdout
Also a regular message on stdout
An error message on stderr
A regular message, printed to fd 1
An error message, printed to fd 2
```

4. 为了证明常规消息的确被打印到了标准输出，我们可以将错误消息发送到 /dev/null，/dev/null 是 Linux 系统中的一个黑洞。这样做之后，将只会显示打印到标准输出的消息：

```
$> ./output 2> /dev/null
A regular message on stdout
Also a regular message on stdout
A regular message, printed to fd 1
```

5. 现在，我们将做相反的事情：将打印到标准输出的消息发送到 /dev/null，仅显示打印到标准错误的错误消息：

```
$> ./output > /dev/null
```

```
An error message on stderr
An error message, printed to fd 2
```

6. 最后，让我们将来自标准输出和标准错误的所有消息全都发送到 /dev/null。这将不会显示任何内容：

```
$> ./output &> /dev/null
```

2.6.2 它是如何工作的

在第一个例子中，我们使用了 printf()，该函数并未包含任何新的或者独特的内容。使用常规的 printf() 函数，所有输出都会被打印到标准输出。

然后，我们看到了一些新的例子，包括使用了 fprintf() 的两行代码。fprintf() 函数允许我们指定一个**文件流**来打印文本。我们将在本书后续内容中介绍什么是流。简而言之，文件流就是当我们想要读取或写入文件时，在 C 程序中使用标准库打开的对象。请记住，在 Linux 中，一切皆是文件或进程。当一个程序在 Linux 中运行时，会自动打开三个文件流——stdin、stdout 和 stderr（假设程序已经包含了 stdio.h）。

然后，我们可以看到一些使用了 dprintf() 的例子。函数 dprintf() 允许我们指定**文件描述符**以打印输出信息。我们已经在本章前面的范例中介绍了文件描述符，在本书后续内容中将更加深入地讨论它们。在 Linux 上编写的每一个程序，有三个文件描述符始终是处于打开状态的——0（标准输入）、1（标准输出）和 2（标准错误）。在这里，我们将常规消息打印到文件描述符（简称 fd）1，将错误消息打印到文件描述符 2。

为了使我们的代码编写正确，由于 dprintf()，我们需要在代码中包含第一行（#define 那一行）。我们可以在手册页（man 3 dprintf）Feature Test Macro Requirements 一节中查阅到所有相关内容。我们定义**宏** _POSIX_C_SOURCE，是为了 **POSIX** 标准和兼容性。我们将在本书后续内容中更加深入地介绍这一点。

当我们对程序进行测试时，将错误消息重定向到一个名为 /dev/null 的文件，只显示打印到标准输出的消息，通过此操作，我们可以验证常规消息是否被打印到标准输出。然后，我们反过来验证错误消息是否被打印为标准错误。

在 Linux 和其他 UNIX 系统中，/dev/null 是一个特殊的文件，它充当黑洞。我们发送到该文件的所有内容都会消失。例如，我们可以执行 ls / &> /dev/null 进行测试。由于所有输出内容都被重定向到黑洞，因此屏幕上不会显示任何输出。

2.6.3 更多

我曾提到过，在一个程序中打开三个文件流，假设程序包含 stdio.h，同时还打开了三个文件描述符。不过，即使程序没有包含 stdio.h，三个文件描述符也总是被打开的。此外，如果程序包含了 unistd.h，我们还可以为三个文件描述符使用宏名称。

图 2.3 显示了这些文件描述符，以及它们所对应的宏名称和文件流，便于将来参考。

名称	文件描述符编号	文件流（stdio.h）	文件描述符（unistd.h）
标准输入	0	stdin	STDIN_FILENO
标准输出	1	stdout	STDOUT_FILENO
标准错误	2	stderr	STDERR_FILENO

图 2.3　Linux 中的文件描述符和文件流

2.7　从标准输入读取

在本范例中，我们将学习如何用 C 编写一个读取标准输入的程序。这样做可以使你的程序能够通过管道从其他程序中获取输入，使程序更易于作为过滤器使用，从长远来看，将会使程序更加有用。

2.7.1　准备工作

在本范例中，你需要 GCC 编译器，并且最好使用 Bash shell，尽管本范例应该适用于任何 shell。

为了完全理解我们将要编写的程序，你需要查看一下 ASCII 表，关于 ASCII 的示例可以通过以下 URL 查看：`https://github.com/PacktPublishing/Linux-System-Programming-Techniques/blob/master/ch2/ascii-table.md`。

2.7.2　实践步骤

在本范例中，我们将编写一个程序，该程序将单个单词作为输入，然后转换单词的大小写，并将结果打印到标准输出。

1. 将以下代码写入文件，并将文件保存为 `case-changer.c`。在这个程序中，我们使用 `fgets()` 从 `stdin` 中读取字符。然后，我们使用 `for` 循环逐个字符地循环读取输入。在我们接收下一行输入，并开始进行下一次循环之前，必须使用 `memset()` 将数组清零：

```
#include <stdio.h>
#include <string.h>
int main(void)
{
    char c[20] = { 0 };
    char newcase[20] = { 0 };
    int i;
    while(fgets(c, sizeof(c), stdin) != NULL)
    {
        for(i=0; i<=sizeof(c); i++)
        {
            /* Upper case to lower case */
            if ( (c[i] >= 65) && (c[i] <= 90) )
            {
```

```
            newcase[i] = c[i] + 32;
        }
        /* Lower case to upper case */
        if ( (c[i] >= 97 && c[i] <= 122) )
        {
            newcase[i] = c[i] - 32;
        }
    }
    printf("%s\n", newcase);
    /* zero out the arrays so there are no
       left-overs in the next run */
    memset(c, 0, sizeof(c));
    memset(newcase, 0, sizeof(newcase));
    }
    return 0;
}
```

2. 编译程序：

```
$> gcc case-changer.c -o case-changer
```

3. 通过在其中键入一些单词来尝试运行一下。按下 *Ctrl+D* 组合键退出程序：

```
$> ./case-changer
hello
HELLO
AbCdEf
aBcDeF
```

4. 现在，尝试通过管道将一些输入传递给程序，例如，将 ls 的前 5 行信息作为程序的输入：

```
$> ls / | head -n 5 | ./case-changer
BIN
BOOT
DEV
ETC
HOME
```

5. 让我们尝试通过管道从手册页传递一些大写单词到程序中：

```
$> man ls | egrep '^[A-Z]+$' | ./case-changer
name
synopsis
description
author
copyrigh
```

2.7.3 它是如何工作的

我们创建了两个字符**数组**，每个数组都包含 20 个字节，并且都被初始化为 0。

在 while 循环中，我们使用 fgets() 函数从标准输入中读取字符。fgets() 函数会一直读取字符，直到遇到换行符或**文件结尾（EOF）**。读取的字符存储在数组 c 中，读取完成后函数返回。

为了读取更多的输入，在 while 循环的帮助下，我们可以持续读取输入。while 循环会一直运行，直到我们按下 *Ctrl+D* 组合键或输入流为空，此时才会结束。

fgets() 函数执行成功时返回读取的字符，在执行出错时返回 NULL，在发生 EOF 同时没有可读取字符（即没有更多输入）时也返回 NULL。让我们分解一下 fgets() 函数以便更好地理解它：

```
fgets(c, sizeof(c), stdin)
```

第一个参数 c 是存储数据的地方。在我们的范例中，c 就是字符数组。

第二个参数 sizeof(c) 是我们想要读取的最大字符数。fgets() 函数在这里是安全的，它会读取指定的大小减 1 个字符。在我们的范例中，它只会读取 19 个字符，并为**空字符**预留出存储空间。

第三个参数 stdin 是我们想要读取的流——在我们的范例中，正是对应的标准输入。

在 while 循环内部，for 循环会一个字符一个字符地进行大小写转换。在第一个 if 语句中，我们检查当前字符是否是大写的。如果是，那么我们将对字符执行加 32 操作。例如，如果字符是 A，那么它在 **ASCII 表**中用 65 表示，加上 32，就得到 97，也就是对应字符 a。整个字母表都是如此规律。大写版本和小写版本之间总是间隔 32 个字符。

下一个 if 语句正好相反。如果字符是小写的，我们将减去 32，然后得到对应字符的大写版本。

由于我们只检查 65 ～ 90，以及 97 ～ 122 的字符，因此其他所有字符将被忽略。

一旦在屏幕上打印了结果，就使用 memset() 将字符数组重置为全零。如果我们不这样做，将会在下一次运行时用到上一次运行所残留下来的字符。

使用程序

我们以交互式方式运行该程序，并向程序输入单词。每一次按下回车键，单词就会被转换，大写字母将变为小写，反之亦然。

然后，我们通过 ls 命令向程序传输数据。ls 命令的输出将被转换为大写字母。

随后，我们尝试从手册页（标题）中向程序传递一些大写单词。手册页中的所有标题都是大写的，并且都是从行首开始的。我们使用 egrep 命令查询出标题信息，然后通过管道将数据传递到 case-changer 程序。

2.7.4　更多

有关 fgets() 的更多信息，可参考手册页 man 3 fgets。

你可以编写一个小程序来打印一个包含字母 a ～ z 和 A ～ Z 的最小 ASCII 表。这个小程序同时也演示了每个字符都是由一个数字来表示的：

ascii-table.c

```
#include <stdio.h>

int main(void)
```

```
{
    char c;
    for (c = 65; c<=90; c++)
    {
        printf("%c = %d    ", c, c); /* upper case */
        printf("%c = %d\n", c+32, c+32); /* lower case */
    }
    return 0;
}
```

2.8 编写一个管道友好的程序

在本范例中，我们将学习如何编写一个**管道友好**的程序。该程序将从标准输入中获取输入，并在标准输出上输出结果。任何错误消息都将打印在标准错误上。

2.8.1 准备工作

在本范例中，我们需要 GCC 编译器、GNU Make，最好使用 Bash shell。

2.8.2 实践步骤

在本范例中，我们将编写一个程序，该程序会将英里 / 小时转换为公里 / 小时。作为测试，我们将从一个文本文件中将数据传输给程序，该文本文件包含以平均速度试运行的汽车测量值。文本文件以英里 / 小时（mph）为单位，但我们希望它们以公里 / 小时（kph）为单位。

1. 创建以下文本文件，或者从 Github 中（https://github.com/PacktPublishing/Linux-System-Programming-Techniques/blob/master/ch2/avg.txt）下载该文件。如果你自己创建文件，请将其命名为 avg.txt。该文件的文本内容将作为程序的输入。该文本模拟了汽车试运行的测量值：

```
10-minute average: 61 mph
30-minute average: 55 mph
45-minute average: 54 mph
60-minute average: 52 mph
90-minute average: 52 mph
99-minute average: nn mph
```

2. 创建实际的程序。输入以下代码，并将代码文件保存为 mph-to-kph.c，或者从 GitHub 中下载代码：https://github.com/PacktPublishing/Linux-System-Programming-Techniques/blob/master/ch2/mph-to-kph.c。该程序会将英里 / 小时转换为公里 / 小时。转换操作在 printf() 语句中执行：

```
#include <stdio.h>
#include <stdlib.h>
#include <string.h>
```

```
int main(void)
{
    char mph[10] = { 0 };

    while(fgets(mph, sizeof(mph), stdin) != NULL)
    {
        /* Check if mph is numeric
         * (and do conversion) */
        if( strspn(mph, "0123456789.-\n") ==
            strlen(mph) )
        {
            printf("%.1f\n", (atof(mph)*1.60934) );
        }
        /* If mph is NOT numeric, print error
         * and return */
        else
        {
            fprintf(stderr, "Found non-numeric"
                " value\n");
            return 1;
        }
    }
    return 0;
}
```

3. 编译程序：

```
$> gcc mph-to-kph.c -o mph-to-kph
```

4. 以交互式方式运行程序，对程序进行测试，输入一些英里/小时数值，然后在每个值后按下回车键，程序将会打印出相应的公里/小时数值：

```
$> ./mph-to-kph
50
80.5
60
96.6
100
160.9
hello
Found non-numeric value
$> echo $?
1
$> ./mph-to-kph
50
80.5
Ctrl+D
$> echo $?
0
```

5. 现在，是时候将程序作为过滤器，将包含英里/小时的表格转换为公里/小时了。首先，必须对数据进行过滤，仅保留 mph 值。我们可以通过 awk 做到这一点：

```
$> cat avg.txt | awk '{ print $3 }'
61
```

```
55
54
52
52
nn
```

6. 现在我们有一个只包含数值的列表了，可以在末尾添加 mph-to-kph 程序来对数值
进行转换：

```
$> cat avg.txt | awk '{ print $3 }' | ./mph-to-kph
98.2
88.5
86.9
83.7
83.7
Found non-numeric value
```

7. 由于最后一个值是 nn，一个非数字值，这是测量中的一个错误，而我们并不想在输
出中显示错误消息。因此，我们将标准错误重定向到 /dev/null。请注意在重定向
之前，表达式周围的括号：

```
$> (cat avg.txt | awk '{ print $3 }' | \
> ./mph-to-kph) 2> /dev/null
98.2
88.5
86.9
83.7
83.7
```

8. 现在的效果更加漂亮了！但是，我们还想在每行的末尾添加 km/h 以了解这些数值
的含义。我们可以使用 sed 来实现：

```
$> (cat avg.txt | awk '{ print $3 }' | \
> ./mph-to-kph) 2> /dev/null | sed 's/$/ km\/h/'
98.2 km/h
88.5 km/h
86.9 km/h
83.7 km/h
83.7 km/h
```

2.8.3 它是如何工作的

这个程序和上一个范例中的程序类似。不过，在该程序中，我们添加了一个检查输入
数据是否为数字的特性，如果不是，程序将会中止执行并向标准错误输出错误消息。只要
没有出现错误，常规输出仍旧会被打印到标准输出。

该程序仅打印了数值，并未输出其他信息。这使得它更适合作为过滤器，因为用户可
以使用其他程序添加 km/h 文本。这样，该程序便可以应用于更多场景。

检查数字输入的那一行代码可能需要进一步解释：

```
if( strspn(mph, "0123456789.-\n") == strlen(mph) )
```

　　strspn() 函数只读取我们在函数的第二个参数中所指定的字符，然后返回读取到的字符个数。然后我们可以将 strspn() 读取到的字符个数与 strlen() 函数返回的字符串的总长度进行比较。如果二者相匹配，那么我们就会知道字符串中每个字符都是数字、点、减号或者换行符。如果它们不匹配，则意味着在字符串中存在非法字符。

　　为了使 strspn() 和 strlen() 能够正常工作，我们在代码中包含了 string.h。为了使 atof() 能够正常工作，我们在代码中包含了 stdlib.h。

传输数据到程序

　　在第 5 步中，我们仅选择了第 3 个字段——即 mph 值——通过使用 awk 程序。awk 中的 $3 变量表示字段编号 3。每个字段都是一个用空格进行分隔的新单词。

　　在第 6 步中，我们将 awk 程序的输出——即 mph 值——重定向到 mph-to-kph 程序中。其结果是，程序在屏幕上打印了 km/h 值。

　　在第 7 步中，我们将错误消息重定向到 /dev/null，以便使得程序的输出是干净的。

　　在第 8 步中，我们在输出中的 kph 值之后添加了文本 km/h。我们通过使用 sed 程序做到了这一点：

```
sed 's/$/ km\/h/'
```

　　这里的 sed 脚本与我们之前看到的类似。但是这一次，我们用 $ 符号表示行尾，而并非像之前的脚本一样用 ^ 符号表示开头。所以，我们在这里所做的操作是用文本 "km/h" 替换行尾。但是，请注意，我们需要使用反斜杠转义 "km/h" 中的斜杠。

2.8.4　更多

　　在相应的手册页中有很多关于 strlen() 和 strspn() 的有用信息。你可以使用 man 3 strlen 和 man 3 strspn 来查阅相关信息。

2.9　将结果重定向到文件

　　在本范例中，我们将学习如何将程序的输出重定向到两个不同的文件，我们还将在编写过滤器的过程中学习一些最佳实践。这里的**过滤器**其实是指一个通过管道与其他程序进行连接的程序。

　　我们在本范例中构建的程序是上一个程序的新版本。上一个范例中的 mph-to-kph 程序有一个缺点：当程序发现一个非数字字符时，将会停止执行。通常，当我们对一段很长的输入数据运行过滤时，希望程序能持续运行，即使它检测到一些错误的数据。这也正是我们将在这一版本中修复的内容。

　　与之前的范例一样，我们将保持程序的默认行为，也就是说，程序在遇到非数字值时会停止执行。但是，我们将添加一个选项（-c），使得程序即使检测到非数字值也可以继续运行。然后，由最终的用户决定想要如何运行程序。

2.9.1 准备工作

2.1 节列出的所有要求都适用于本节（GCC 编译器、Make 工具，以及 Bash shell）。

2.9.2 实践步骤

这个程序会有点长，但是如果你喜欢，可以从 GitHub 中下载该程序：https://github.com/PacktPublishing/Linux-System-Programming-Techniques/blob/master/ch2/mph-to-kph_v2.c。由于代码有点长，我将把它分成几个步骤。但是，所有代码都会放入一个名为 mph-to-kph_v2.c 的单个文件中。

1. 让我们从功能宏和所需的头文件开始。由于我们将使用 getopt()，因此需要 _XOPEN_SOURCE 宏，以及 unistd.h 头文件：

```
#define _XOPEN_SOURCE 500
#include <stdio.h>
#include <stdlib.h>
#include <string.h>
#include <unistd.h
```

2. 我们将为帮助函数添加函数原型。此外，我们还将开始编写 main() 函数主代码：

```
void printHelp(FILE *stream, char progname[]);

int main(int argc, char *argv[])
{
    char mph[10] = { 0 };
int opt;
int cont = 0;
```

3. 我们将在 while 循环中添加 getopt() 函数。这类似于第 1 章中我们所编写的解析命令行选项的程序范例：

```
/* Parse command-line options */
    while ((opt = getopt(argc, argv, "ch")) != -1)
    {
        switch(opt)
        {
        case 'h':
            printHelp(stdout, argv[0]);
            return 0;
        case 'c':
            cont = 1;
            break;
        default:
            printHelp(stderr, argv[0]);
            return 1;
    }
}
```

4. 我们必须创建另外一个 while 循环，我们将使用 fgets() 从 stdin 中获取数据：

```
    while(fgets(mph, sizeof(mph), stdin) != NULL)
      {
         /* Check if mph is numeric
          * (and do conversion) */
         if( strspn(mph, "0123456789.-\n") ==
              strlen(mph) )
         {
            printf("%.1f\n", (atof(mph)*1.60934) );
         }
         /* If mph is NOT numeric, print error
          * and return */
         else
         {
            fprintf(stderr, "Found non-numeric "
              "value\n");
            if (cont == 1) /* Check if -c is set */
            {
               continue; /* Skip and continue if
                          * -c is set */
            }
            else
            {
               return 1; /* Abort if -c is not set */
            }
         }
      }
      return 0;
   }
```

5. 编写帮助（help）函数的函数主代码：

```
void printHelp(FILE *stream, char progname[])
{
   fprintf(stream, "%s [-c] [-h]\n", progname);
   fprintf(stream, " -c continues even though a non"
      "-numeric value was detected in the input\n"
      " -h print help\n");
}
```

6. 使用 Make 编译程序：

```
$> make mph-to-kph_v2
cc     mph-to-kph_v2.c   -o mph-to-kph_v2
```

7. 让我们尝试运行一下程序，运行时不带任何选项，并给程序提供一些数值以及一个非数字值。结果应该和我们之前看到的一样：

```
$> ./mph-to-kph_v2
60
96.6
40
64.4
hello
Found non-numeric value
```

8. 现在，让我们尝试使用 -c 选项运行程序，这样即使检测到非数字值，我们也可以继续运行程序。向程序输入一些数字和非数字值：

```
$> ./mph-to-kph_v2 -c
50
80.5
90
144.8
hello
Found non-numeric value
10
16.1
20
32.2
```

9. 目前程序已经可以工作得很好了！现在，让我们向 avg.txt 文件添加更多数据并将其保存为 avg-with-garbage.txt。这一次，文件中有更多行包含了非数字值。你也可以从链接 https://github.com/PacktPublishing/Linux-System-Programming-Techniques/blob/master/ch2/avg-with-garbage.txt 中下载该文件：

```
10-minute average: 61 mph
30-minute average: 55 mph
45-minute average: 54 mph
60-minute average: 52 mph
90-minute average: 52 mph
99-minute average: nn mph
120-minute average: 49 mph
160-minute average: 47 mph
180-minute average: nn mph
error reading data from interface
200-minute average: 43 mph
```

10. 再次对该文件执行 awk，仅查看数值：

```
$> cat avg-with-garbage.txt | awk '{ print $3 }'
61
55
54
52
52
nn
49
47
nn
data
43
```

11. 在命令的末尾添加 mph-to-kph_v2 程序，并为程序指定 -c 选项。这应该会将所有的 mph 值转换为 kph 值，且程序仍会继续运行，即使遇到非数字值：

```
$> cat avg-with-garbage.txt | awk '{ print $3 }' \
> | ./mph-to-kph_v2 -c
```

```
98.2
88.5
86.9
83.7
83.7
Found non-numeric value
78.9
75.6
Found non-numeric value
Found non-numeric value
69.2
```

12. 代码可以正常工作！即使存在非数字值，程序仍会继续运行。由于错误消息会被打印到标准错误，且值会被打印到标准输出，因此我们可以将这些输出重定向到两个不同的文件。这将会给我们留下一个干净的输出文件和一个单独的错误文件：

```
$> (cat avg-with-garbage.txt | awk '{ print $3 }' \
> | ./mph-to-kph_v2 -c) 2> errors.txt 1> output.txt
```

13. 查看这两个文件：

```
$> cat output.txt
98.2
88.5
86.9
83.7
83.7
78.9
75.6
69.2
$> cat errors.txt
Found non-numeric value
Found non-numeric value
Found non-numeric value
```

2.9.3　它是如何工作的

除了添加 getopt() 和帮助函数之外，代码本身与我们在上一个范例中的所介绍的代码类似。我们在第 1 章中详细介绍了 getopt()，因此这里无须再次介绍。

为了使程序在找到非数字值时仍旧可以继续从标准输入中读取数据（使用了 -c 选项的情况下），我们使用 continue 跳过循环的一次迭代。我们并未直接中止程序，而是向标准错误中打印了一条错误消息，然后继续进行下一次迭代，让程序继续运行。

另外，请注意，我们向 printHelp() 函数传递了两个参数。第一个参数是一个 FILE 指针。我们使用它来将标准错误或标准输出传递给函数。标准输出和标准错误都是流，可以通过它们的 FILE 指针进行访问。这样，我们可以选择是将帮助消息打印到标准输出（如果用户请求帮助）还是打印到标准错误（如果出现了错误）。

正如我们已经看到的，第二个参数是程序的名称。

我们编译并测试了程序。如果没有 -c 选项，程序会像以前一样工作。

之后，我们使用一些数据来运行该程序，数据来自包含了一些垃圾的文件。

这是数据比较常见的样子，它通常不是"完美的"。这就是为什么我们添加了继续的选项，即使发现了非数字值。

与上一个范例一样，我们使用 awk 从文件中仅选择第三个字段（print $3）。

令人兴奋的是第 12 步，我们重定向了标准错误和标准输出。我们将两类输出分成两个不同的文件，这样就有了一个干净的输出文件，其中只有 km/h 值。然后我们可以使用该文件进行进一步处理，因为它不包含任何错误消息。

我们可以编写程序来完成所有步骤，例如从文本文件中过滤值，并进行转换，然后将结果写入新文件。但这在 Linux 和 UNIX 中是一种**反模式**。与之相反的，我们想要编写一个只做一件事的小工具——而且做得很好。这样，该程序可以用于具有不同结构的其他文件，或者用于完全不同的目的。如果我们愿意，甚至可以直接从设备或调制解调器中获取数据并将数据传输到程序中。从文件（或设备）中提取正确字段的工具已经被创建了，没有必要重新造轮子。

请注意，在重定向输出和错误消息之前，我们需要将整个命令、管道和所有内容括起来。

2.9.4 更多

Eric S. Raymond 编写过一些 Linux 和 UNIX 软件开发时需要遵守的最佳规则，这些规则都可以在他的书 *The Art of Unix Programming* 中找到。有两条规则适用于这个范例：模块化规则，即我们应该编写能和干净的接口相连接的简单部件；组合规则，也就是说编写一个能够连接到其他程序的程序。

他的书可以在网上免费在线获得：http://www.catb.org/~esr/writings/taoup/html/。

2.10　读取环境变量

与 shell 通信并配置程序的另一种方法是通过**环境变量**。默认情况下，已经设置了很多环境变量。这些变量涵盖了关于用户和设置的任何信息。比如用户名、你所使用的终端类型、路径变量、你首选的编辑器、你首选的区域设置和语言等。

了解如何读取这些变量将使你更轻松地使程序适应用户环境。

在本范例中，我们将编写一个程序来读取环境变量，然后调整其输出，并打印有关用户和会话的一些信息。

2.10.1　准备工作

对于这一范例，我们几乎可以使用任何 shell。此外，还需要 GCC 编译器。

2.10.2　实践步骤

按照以下步骤编写一个读取环境变量的程序。

1. 将以下代码保存到名为 env-var.c 的文件中。你也可以从以下地址中下载整个程序：
   https://github.com/PacktPublishing/Linux-System-Programming-
   Techniques/blob/master/ch2/env-var.c。该程序将使用 getenv() 函数从你
   的 shell 中读取一些常见的环境变量。代码中有些一些奇怪的数字序列（\033[0;31），
   它们用于为输出信息设置颜色：

```c
#include <stdio.h>
#include <stdlib.h>
#include <string.h>

int main(void)
{
    /* Using getenv() to fetch env. variables */
    printf("Your username is %s\n", getenv("USER"));
    printf("Your home directory is %s\n",
        getenv("HOME"));
    printf("Your preferred editor is %s\n",
        getenv("EDITOR"));
    printf("Your shell is %s\n", getenv("SHELL"));

    /* Check if the current terminal support colors*/
    if ( strstr(getenv("TERM"), "256color")  )
    {
        /* Color the output with \033 + colorcode */
        printf("\033[0;31mYour \033[0;32mterminal "
            "\033[0;35msupport "
            "\033[0;33mcolors\033[0m\n");
    }
    else
    {
        printf("Your terminal doesn't support"
            " colors\n");
    }
    return 0;
}
```

2. 使用 GCC 编译程序：

```
$> gcc env-var.c -o env-var
```

3. 运行程序。你打印出来的信息与我所打印的会有所不同。如果你的终端支持，最后
   一行也可能是彩色的。如果不支持，则表明你的终端不支持设置颜色：

```
$> ./env-var
Your username is jake
Your home directory is /home/jake
Your preferred editor is vim
Your shell is /bin/bash
Your terminal support colors
```

4. 让我们通过使用 echo 来查看所使用的环境变量。记录下 $TERM 变量。美元符号（$）将告诉 shell 我们想要打印 TERM 变量，而不是单词 TERM：

```
$> echo $USER
jake
$> echo $HOME
/home/jake
$> echo $EDITOR
vim
$> echo $SHELL
/bin/bash
$> echo $TERM
screen-256color
```

5. 如果我们将 $TERM 变量更改为常规的并不支持颜色设置的 xterm，将会从程序中得到不一样的输出：

```
$> export TERM=xterm
$> ./env-var
Your username is jake
Your home directory is /home/jake
Your preferred editor is vim
Your shell is /bin/bash
Your terminal doesn't support colors
```

6. 在继续执行之前，我们应该将终端重置为修改前的值。在你的计算机上，其值可能是其他内容：

```
$> export TERM=screen-256color
```

7. 也可以在程序运行期间临时设置环境变量。我们可以通过在同一行命令上设置变量并执行程序来实现这一点。请注意，当程序结束时，变量仍与程序执行前相同。我们只是在程序执行过程中覆盖了变量的值：

```
$> echo $TERM
xterm-256color
$> TERM=xterm ./env-var
Your username is jake
Your home directory is /home/jake
Your preferred editor is vim
Your shell is /bin/bash
Your terminal doesn't support colors
$> echo $TERM
xterm-256colo
```

8. 我们还可以使用 env 命令打印所有环境变量的完整列表。该列表可能有几页长。所有变量都可以使用 C 函数 getenv() 访问：

```
$> env
```

2.10.3 它是如何工作的

我们使用 getenv() 函数从 shell 的环境变量中获取值，并将这些环境变量打印到屏幕上。

在程序结束时，我们检查当前的终端是否支持彩色。

如果支持彩色，那么相应环境变量的值通常被设置为 xterm-256color、screen-256color 等。随后，我们使用 strstr() 函数（来自 string.h）来检查 $TERM 变量是否包含 256color 子字符串。如果包含，则说明终端支持彩色，我们将在屏幕上打印一条彩色信息。如果不包含，我们将会打印提示终端不支持彩色，且打印的语句中不使用任何颜色。

所有这些变量都是 shell 的环境变量，可以用 echo 命令打印出来，例如，echo $TERM。我们也可以在 shell 中设置自己的环境变量，例如，export FULLNAME=Jack-Benny。同样地，我们可以通过覆盖它们来修改现有的环境变量，就像我们对 $TERM 变量所做的那样。我们也可以通过在程序运行过程中设置来覆盖它们，就像我们所执行的命令 TERM=xterm ./env-var 那样。

使用 FULLNAME=Jack-Benny 语法设置的常规变量仅适用于当前 shell，因此称为**局部变量**。当我们使用 export 命令设置变量时，它们将成为**全局变量**或环境变量（一个更为常见的名称），所设置的值适用于**子终端**（subshell）和子进程。

2.10.4　更多

我们还可以使用 setenv() 函数在 C 程序中更改环境变量以及创建新的环境变量。但是，当我们这样做时，这些变量在启动程序的 shell 中将不可用。我们运行的程序是 shell 的一个**子进程**，因此它不能改变 shell（也就是它的**父进程**）的变量。但是从我们自己的程序内部启动的任何其他程序都将能够看到这些变量。我们将在本书后续内容中更深入地讨论父进程和子进程。

这是一个关于如何使用 setenv() 的简短示例。setenv() 的第三个参数 1 意味着我们想要覆盖已经存在的变量。如果我们将其更改为 0，则可以防止覆盖：

env-var-set.c
```
#define _POSIX_C_SOURCE 200112L
#include <stdio.h>
#include <stdlib.h>

int main(void)
{
    setenv("FULLNAME", "Jack-Benny", 1);
    printf("Your full name is %s\n", getenv("FULLNAME"));
    return 0;
}
```

如果我们编译并运行程序，然后尝试从 shell 中读取 $FULLNAME，会注意到该变量并不存在：

```
$> gcc env-var-set.c -o env-var-set
$> ./env-var-set
Your full name is Jack-Benny
$> echo $FULLNAME
```

第 3 章

深入探索 Linux 中的 C 语言

本章将深入探索 Linux 中的 C 语言。在本章中，我们将学到更多关于编译器、从源码到二进制程序的 4 个步骤、如何使用 Make 工具以及系统调用和 C 标准库函数的差别的知识。我们也将学习一些 Linux 中的基础头文件、C 语言标准以及可移植操作系统（POSIX）标准，C 语言是和 Linux 紧密结合的，掌握 C 语言可以帮你更好地学习 Linux。

这本章中，我们将会学习如何开发 Linux C 语言程序和库，学习如何编写通用的 Makefile 以及为一些重要的项目编写高级的 Makefile。在学习的过程中，我们也会学到各种 C 语言标准、它们的区别以及对程序有哪些影响。

本章涵盖以下主题：

❑ 使用 GNU 编译器套件（GCC）链接库
❑ 切换 C 标准
❑ 使用系统调用
❑ 何时不使用它们
❑ 获取 Linux 和类 UNIX 头文件信息
❑ 定义功能测试宏
❑ 编译过程的 4 个步骤
❑ 使用 Make 编译
❑ 使用 GCC 选项编写一个通用的 Makefile
❑ 编写一个简单的 Makefile
❑ 编写一个更高级的 Makefile

3.1　技术要求

在开始学习之前，你需要 GCC 编译器、Make 工具。

本章中的所有代码示例都可以从 GitHub 下载：`https://github.com/Packt-Publishing/Linux-System-Programming-Techniques/tree/master/ch3`。

3.2　使用 GNU 编译器套件链接库

本节中，你将会学到如何把程序链接到一个外部库——一个安装在系统层面，另一个安装在主目录中。在链接库之前，我们需要创建它，这也是本节中我们要学习的内容。学习如何链接库可以让你复用库提供的大量现成函数，无须编写所有内容，就可以使用库文件已提供的功能。通常来说，没有必要重新发明轮子，这可以节约大量的时间。

3.2.1　准备工作

在本范例中，你只需要用到 3.1 节中列出的工具。

3.2.2　实践步骤

我们开始学习如何链接系统中的共享库以及主目录中的库。我们从已有的标准库开始：math 库。

3.2.2.1　链接到 math 库

我们会编写一个计算银行账户复利的小程序，会用到 math 库中的 pow() 函数：

1. 把下面的代码写入文件，并将其命名为 interest.c。注意，文件顶部包含 math.h，pow() 函数的第一个参数是基数，第二个参数是指数：

```c
#include <stdio.h>
#include <math.h>

int main(void)
{
    int years = 15; /* The number of years you will
                     * keep the money in the bank
                     * account */
    int savings = 99000; /* The inital amount */
    float interest = 1.5; /* The interest in % */

    printf("The total savings after %d years "
        "is %.2f\n", years,
        savings * pow(1+(interest/100), years));
    return 0;
}
```

2. 编译并链接程序。链接库的选项是 -l，库的名称是 m（更多信息请参阅 man 3 pow 手册页：

```
$> gcc interest.c -o interest -lm
```

3. 运行程序：

```
$> ./interest
The total savings after 15 years is 123772.95
```

3.2.2.2 创建自己的库

我们开始学习创建自己的共享库。下一节，我们会链接一个进程到这个库。这个库的作用是确定一个数是否为素数。

1. 我们从创建一个简单的头文件开始，这个文件只包含一行：函数原型。把以下内容写入文件并将其命名为 prime.h：

```
int isprime(long int number);
```

2. 现在开始编写库文件中的实际函数，把以下代码写入文件并将其命名为 prime.c：

```
int isprime(long int number)
{
    long int j;
    int prime = 1;

    /* Test if the number is divisible, starting
     * from 2 */
    for(j=2; j<number; j++)
    {
        /* Use the modulo operator to test if the
         * number is evenly divisible, i.e., a
         * prime number */
        if(number%j == 0)
        {
            prime = 0;
        }
    }
    if(prime == 1)
    {
        return 1;
    }
    else
    {
        return 0;
    }
}
```

3. 我们需要通过一些手段把其转换成库。第一步是把它编译成一个叫目标文件的对象。我们还需要向编译器传递一些额外的参数使其作为库运行。更具体一些，我们需要使其成为**位置无关的代码**（PIC）。运行以下编译命令会生成一个叫 prime.o 的文件，使用 ls -l 命令来查看文件，我们将在本章后面学到更多关于目标文件的知识：

```
$> gcc -Wall -Wextra -pedantic -fPIC -c prime.c
$> ls -l prime.o
-rw-r--r-- 1 jake jake 1296 nov 28 19:18 prime.o
```

4. 现在，我们将目标文件打包成一个库，在下面的命令中，-shared 参数创建一个共享库。-Wl、-soname、libprime.so 参数用于链接器。它告诉链接器这个共享库的名字（soname）叫 libprime.so。-o 参数指定输出文件名，即 libprime.so。这是动态链接库的标准命名约定，结尾的 so 代表共享对象。当库要在系统范围内使用时，通常会添加一个数字来指示版本。在命令的最后，我们加上需要被包含在共享库中的目标文件 prime.o：

```
$> gcc -shared -Wl,-soname,libprime.so -o \
> libprime.so prime.o
```

3.2.2.3 链接到主目录中的库

有时，你想要链接到主目录（或其他目录）中的共享库。它可能是你从网上下载的库或者你自己构建的库。我们将会在本书的后续章节学习更多创建共享库的知识。这里，我们使用刚刚创建的 libprime.so 共享库。

1. 把以下代码写入文件并将其命名为 is-it-a-prime.c。这个程序将会使用到刚才创建的共享库。程序代码中必须包含刚刚创建的头文件 prime.h。请注意包含本地头文件的不同语法（不是系统级别的头文件）：

```c
#include <stdio.h>
#include <stdlib.h>
#include <string.h>
#include "prime.h"
int main(int argc, char *argv[])
{
   long int num;
   /* Only one argument is accepted */
   if (argc != 2)
   {
      fprintf(stderr, "Usage: %s number\n",
         argv[0]);
      return 1;
   }
   /* Only numbers 0-9 are accepted */
   if ( strspn(argv[1], "0123456789") !=
      strlen(argv[1]) )
   {
      fprintf(stderr, "Only numeric values are "
         "accepted\n");
      return 1;
   }
   num = atol(argv[1]); /* String to long */
   if (isprime(num)) /* Check if num is a prime */
   {
      printf("%ld is a prime\n", num);
   }
```

```
    else
    {
        printf("%ld is not a prime\n", num);
    }

    return 0;
}
```

2. 编译并把它链接到 libprime.so。由于共享库在主目录中，因此需要指定共享库的路径：

```
$> gcc -L${PWD} is-it-a-prime.c \
> -o is-it-a-prime -lprime
```

3. 在运行程序之前，我们需要设置环境变量 $LD_LIBRARY_PATH 为当前目录（也就是共享库所在的目录）。原因是这个库是动态链接的，它并不在系统库所在的路径：

```
$> export LD_LIBRARY_PATH=${PWD}:${LD_LIBRARY_PATH}
```

4. 运行程序。用一些不同的数字测试一下，看看它们是否为素数：

```
$> ./is-it-a-prime 11
11 is a prime
$> ./is-it-a-prime 13
13 is a prime
$> ./is-it-a-prime 15
15 is not a prime
$> ./is-it-a-prime 1000024073
1000024073 is a prime
$> ./is-it-a-prime 1000024075
1000024075 is not a prime
```

我们可以通过 ldd 命令查看程序依赖哪些共享库，如果我们检查 is-it-a-prime 程序，会看到它依赖 libprime.so 库。当然它也还有其他依赖项，例如 libc.so.6，这是标准的 C 库：

```
$> ldd is-it-a-prime
    linux-vdso.so.1 (0x00007ffc3c9f2000)
    libprime.so => /home/jake/libprime.so
(0x00007fd8b1e48000)
    libc.so.6 => /lib/x86_64-linux-gnu/libc.so.6
(0x00007fd8b1c4c000)
    /lib64/ld-linux-x86-64.so.2 (0x00007fd8b1e54000)
```

3.2.3 它是如何工作的

在"链接到 math 库"一节中使用的 pow() 函数需要链接标准库中的 math 库 libm.so。你可以在系统库路径中找到这个库文件，它通常位于 /usr/lib 或 /usr/lib64。对于 Debian 和 Ubuntu 发行版来说，它通常位于 /usr/lib/x86_64-linux-gnu（对于 64 位系统来说）。由于这个文件位于系统默认的库文件路径，因此我们可以仅使用 -l 参数来包含它。math 库文件的全称是 libm.so，但是当我们指定库文件时，只写了 m（即我们删除了 lib 和 .so 的扩展名），-l 和 m 之间不应该有空格，所以链接时，使用 -lm。

我们需要链接到 math 库才能使用 pow() 函数的原因是 math 库和标准 C 库 libc.so 是分开的。我们之前使用的函数都是标准库 libc.so 提供的，这个库默认就被链接，所以不需要指定，如果想在编译时显示指定 libc.so 的链接，可以执行 gcc -lc some-program.c -o some-program。

pow() 函数接受 2 个参数：x 和 y，例如 pow(x,y)。函数返回 x 的 y 次幂值。比如 pow(2,8) 返回 256。返回值类型和参数 x、y 的类型都是 double 浮点数。

计算复利的公式如下所示：

$$P \times \left(1 + \frac{r}{100}\right)^{y}$$

这里，P 是你存入账户的起始资本，r 是利率（以百分比表示），y 是资金存在银行的年数。

链接到主目录中的库

在 C 程序 is-it-a-prime.c 中，我们需要包含 prime.h 头文件。头文件只有一行 isprime() 的函数原型。实际的 isprime() 函数在 prime.o 创建的 libprime.so 库文件中。.so 文件叫作**共享库**或**共享对象文件**。共享库包含已编译的函数目标文件。我们将在本章后面介绍什么是目标文件。

当我们链接到自己下载或者创建的共享库时，会比链接系统库麻烦一点，因为它们没有安装在系统库的默认路径。

首先，我们需要指定共享库的名字和路径，路径通过 -L 参数指定。本章的例子中，我们指定路径为当前目录，也就是我们创建库文件的地方。我们通过 ${PWD} 来指定当前目录，${PWD} 是一个 shell 环境变量，它表示当前目录的绝对路径。你可以尝试执行 echo ${PWD} 看看输出。

现在还不能运行程序，我们还需要设置另外一个环境变量 $LD_LIBRARY_PATH，把 $LD_LIBRARY_PATH 设置为当前目录（同时必须包含变量中已有的路径）。原因是这是一个**动态链接库**，库文件并不包含在程序中，意味着程序运行时需要找到共享库。环境变量 $LD_LIBRARY_PATH 的作用，就是告诉程序到哪里找这个库文件。同时我们也不想覆盖 $LD_LIBRARY_PATH 已有的内容，因此设置时需要包含原有内容。如果没有设置这个环境变量，在执行程序时会收到一条错误消息，即"error while loading shared libraries：libprime.so"。当我们使用 ldd 查看程序依赖时，可以看到 libprime.so 位于主目录中，而不是系统的路径。

3.2.4 更多

如果你对标准 C 库有兴趣，可以阅读 libc 的 man 手册。想了解 pow() 函数，可以阅读 man 3 pow。

我也鼓励你通过 man ldd 阅读 ldd 的手册，并使用 ldd 查看进程的依赖，比如在本节中编写的 interest 进程。你会看到 libm.so 库及其系统路径。你也可以尝试用 ldd 查看系统二进制，比如 /bin/ls。

3.3　切换 C 标准

在本范例中，我们会学习不同的 **C 标准**，它们是什么、为什么重要，以及它们如何影响程序。我们还会学习如何在编译时选择 C 标准。

现在几种最通用的 C 标准是 **C89**、**C99** 和 **C11**（C89 是 1989 年发布的，C11 是 2011 年发布的，以此类推）。很多编译器仍然默认使用 C89 标准，因为它是兼容性最好，使用最广泛，实现最完整的。不过，C99 是一种更加灵活和更加现代化的实现。通常在较新的 Linux 版本里，默认使用 **C18** 标准以及一些 POSIX 标准。

在本范例中，我们会编写 2 个进程，并分别用 C89 和 C99 编译，看看它们的区别。

3.3.1　准备工作

在本范例中你只需要一台安装有 Linux 系统的计算机，并且安装 GCC，最好通过我们在第 1 章中介绍的软件包来安装。

3.3.2　实践步骤

我们继续探索不同 C 标准的差异。

1. 把下面的代码写入文件，并将其命名为 no-return.c。注意，代码中缺少 return 语句：

```
#include <stdio.h>

int main(void)
{
    printf("Hello, world\n");
}
```

2. 用 C89 标准编译程序：

```
$> gcc -std=c89 no-return.c -o no-return
```

3. 运行程序并检查退出码：

```
$> ./no-return
Hello, world
$> echo $?
13
```

4. 仍然使用 C89 标准编译程序，但是开启所有类型警告、扩展语法警告，以及 pedantic 检查（-W 表示警告参数，all 表示警告类型，所以用 -Wall），注意 GCC 输出的错

误消息:

```
$> gcc -Wall -Wextra -pedantic -std=c89 \
> no-return.c -o no-return
no-return.c: In function 'main':
no-return.c:6:1: warning: control reaches end of non-void
function [-Wreturn-type]
 }
 ^
```

5. 改用 C99 标准重新编译程序，并开启所有类型警告和 pedantic 检查。现在就不会显示错误:

```
$> gcc -Wall -Wextra -pedantic -std=c99 \
> no-return.c -o no-return
```

6. 重新运行程序，并检查退出码。看看和之前的区别。

```
$> ./no-return
Hello, world
$> echo $?
0
```

7. 把下面的代码写入文件，并将其命名为 for-test.c。这个程序在 for 循环内新定义了一个 i 整型变量，只有 C99 允许这个写法:

```
#include <stdio.h>

int main(void)
{
    for (int i = 10; i>0; i--)
    {
        printf("%d\n", i);
    }
    return 0;
}
```

8. 用 C99 标准编译:

```
$> gcc -std=c99 for-test.c -o for-test
```

9. 运行这个程序，可以看到它正常工作:

```
$> ./for-test
10
9
8
7
6
5
4
3
2
1
```

10. 现在尝试用 C89 标准编译。注意 GCC 的报错明确说明了这个用法只在 C99 或更高版本被允许。GCC 的报错都很有用，所以一定要认真看，它可以帮你节约大量时间。

```
$> gcc -std=c89 for-test.c -o for-test
for-test.c: In function 'main':
for-test.c:5:5: error: 'for' loop initial declarations
are only allowed in C99 or C11 mode
     for (int i = 10; i>0; i--)
     ^~~
```

11. 现在编写下面的小程序并将其命名为 comments.c。这个程序使用了 C99 注释（也称为 C++ 注释）：

```
#include <stdio.h>

int main(void)
{
    // A C99 comment
    printf("hello, world\n");
    return 0;
}
```

12. 用 C99 编译程序：

```
$> gcc -std=c99 comments.c -o comments
```

13. 现在尝试用 C89 标准编译程序。注意这里 GCC 的报错也很有用：

```
$> gcc -std=c89 comments.c -o comments
comments.c: In function 'main':
comments.c:5:5: error: C++ style comments are not allowed
in ISO C90
     // A C99 comment
     ^

comments.c:5:5: error: (this will be reported only once
per input file)
```

3.3.3 它是如何工作的

这只是 C89 和 C99 的一些常见区别，在 Linux 上使用 GCC 还有其他不明显的差异。我们在 3.3.4 节会讨论其中的一些不可见差异。

我们通过 GCC 的 -std 参数选择不同的 C 标准。在本节中，我们测试了 2 个标准，C89 和 C99。

在第 1 ~ 6 步中，我们看到函数忘记返回值这种情况在编译时的区别。在 C99 中，由于未指定其他值，因此假定返回值为 0。但是在 C89 中，忘记返回值是不行的。程序可以编译通过，但是程序运行时会返回 13（错误码），这是错误的，因为程序中没有发生错误。你测试时返回的实际值可能不同，但错误码始终大于 0。当编译时启用所有警告、额外警告和 pedantic 检查（-Wall -Wextra -pedantic）时，可以看到警告输出这意味着忘记返回值是不合法的。所以，在 C89 中总是返回一个带有 return 的值。

在第 7 ~ 10 步中，我们看到 C99 可以在 for 循环中声明一个新变量，这在 C89 中是不可以的。

在第 11 ~ 13 步中，我们看到一种新的注释方式：2 个斜杠 //。这在 C89 中也是不合法的。

3.3.4 更多

除了 C89 和 C99，还有很多的 C 语言标准和方言。例如 C11、GNU99（GNU 的 C99 方言）、GNU11（GNU 的 C11 方言）等，但今天最常用的 C 语言标准是 C89、C99 和 C11。C18 开始作为某些编译器和发行版的默认设置。

实际上，C89 和 C99 的差异比我们在这里介绍的更多，其中一些差异无法使用 Linux 计算机上的 GCC 演示，因为 GCC 已经做了兼容，其他编译器也是如此。但是也有其他的一些差异，比如 C89 不支持 `long long int` 类型，但是 C99 是支持的。尽管如此，一些编译器（包括 GCC）支持了 C89 使用 `long long int` 类型，但是在 C89 下使用要非常小心，并非所有编译器都支持。如果要使用 `long long int` 类型，最好使用 C99、C11 或 C18。

我们建议你始终使用 `-Wall`、`-Wextra` 和 `-pedantic` 选项编译程序。

3.4 使用系统调用

在任何关于 UNIX 和 Linux 的讨论中，系统调用都是一个令人兴奋的话题。它是 Linux 系统编程最底层的部分之一。我们按图 3.1 从上往下看，运行的 shell 和二进制在最上层，在它的下面是标准 C 库函数，比如 `printf()`、`fgets()`、`putc()` 等。在 C 库的下面（即最底层）有系统调用，比如 `creat()`、`write()` 等。

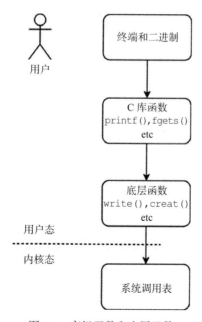

图 3.1 高级函数和底层函数

我在本书中讨论的系统调用是指内核提供的 C 函数系统调用，而不是实际的系统调用表。我们在这里使用的系统调用是**用户态**调用的,但是函数本身是在**内核态**执行的。

很多标准 C 库的函数在实现中调用了一个或多个系统调用。putc() 函数是一个很好的例子,它使用 write() 在屏幕上打印一个字符(这是一个系统调用)。还有一些标准 C 库函数根本不需要使用系统调用,比如 atoi(),它只需在用户态执行,不需要内核帮它执行字符串转换数字的操作。

一般来说,如果有可用的标准 C 库函数,我们应该优先使用 C 库函数而不是系统调用。相比较而言,系统调用更难使用并且更加原始。一般来说,把系统调用视为底层接口,把 C 库函数视为高层接口。

但是,在某些情况下,我们必须使用系统调用,或者说在这些场景下使用系统调用更方便。学习何时以及为什么使用系统调用会让你成为更好的程序员。比如我们可以通过系统调用在 Linux 上执行很多文件操作,但是在其他地方是不行的。另一个使用系统调用的例子是创建进程的时候,详见后文。总之,当我们需要对系统进行操作时就需要用到系统调用。

3.4.1 准备工作

在本节中,我们将使用 Linux 系统调用,所以你需要一台 Linux 计算机。请注意,sysinfo() 系统调用在 FreeBSD 和 maxOS 下不可用。

3.4.2 实践步骤

使用 C 库的函数和使用系统调用实际上没有太大区别,Linux 中的系统调用在头文件 unistd.h 中声明,所以我们在使用系统调用时需要包含这个文件。

1. 在文件中写入以下代码并将它命名为 sys-write.c。它用到了 write() 系统调用。注意,代码中没有包含 stdio.h 头文件,因为不需要 printf() 函数或者任何标准输入、标准输出、标准错误文件流。我们直接输出到 1 号文件描述符(标准输出)。三个标准文件描述符总是被打开:

   ```c
   #include <unistd.h>

   int main(void)
   {
       write(1, "hello, world\n", 13);
       return 0;
   }
   ```

2. 编译代码。为了写出更好的代码,从现在开始,我们会始终打开 -Wall、-Wextra 和 -pedantic 参数:

   ```
   $> gcc -Wall -Wextra -pedantic -std=c99 \
   > sys-write.c -o sys-write
   ```

3. 运行程序:

```
$> ./sys-write
hello, world
```

4. 编写相同的代码，只是用 `fputs()` 函数替代了 `write()` 函数。注意，我们在这里包含了 `stdio.h`，而不是 `unistd.h`，将程序命名为 `write-chars.c`：

```c
#include <stdio.h>

int main(void)
{
    fputs("hello, world\n", stdout);
    return 0;
}
```

5. 编译程序：

```
$> gcc -Wall -Wextra -pedantic -std=c99 \
> write-chars.c -o write-chars
```

6. 运行程序：

```
$> ./write-chars
hello, world
```

7. 现在，我们编写一个读取用户和系统信息的程序。把程序另存为 `my-sys.c`。代码示例中所有的系统调用都加粗显示了。这个程序会获取你的用户 ID、当前工作目录、机器总内存和可用**随机存储内存**（RAM），以及当前的**进程 ID**（PID）：

```c
#include <stdio.h>
#include <unistd.h>
#include <sys/types.h>
#include <sys/sysinfo.h>

int main(void)
{
    char cwd[100] = { 0 }; /* for current dir */
    struct sysinfo si; /* for system information */

    getcwd(cwd, 100); /* get current working dir */
    sysinfo(&si); /* get system information
                   * (linux only) */

    printf("Your user ID is %d\n", getuid());
    printf("Your effective user ID is %d\n",
        geteuid());
    printf("Your current working directory is %s\n",
        cwd);
    printf("Your machine has %ld megabytes of "
        "total RAM\n", si.totalram / 1024  / 1024);
    printf("Your machine has %ld megabytes of "
        "free RAM\n", si.freeram / 1024 / 1024);
    printf("Currently, there are %d processes "
        "running\n", si.procs);
    printf("This process ID is %d\n", getpid());
    printf("The parent process ID is %d\n",
```

```
        getppid());
    return 0;
}
```

8. 编译程序：

```
$> gcc -Wall -Wextra -pedantic -std=c99 my-sys.c -o \
> my-sys
```

9. 运行程序，你会看到用户信息和机器信息：

```
$> ./my-sys
Your user ID is 1000
Your effective user ID is 1000
Your current working directory is /mnt/localnas_disk2/
linux-sys/ch3/code
Your machine has 31033 megabytes of total RAM
Your machine has 6117 megabytes of free RAM
Currently, there are 2496 processes running
This process ID is 30421
The parent process ID is 11101
```

3.4.3 它是如何工作的

在实践步骤的第 1～6 步中，我们了解了 write() 和 fputs() 函数之间的区别。区别可能不那么明显，但是 write() 系统调用使用了**文件描述符**而不是**文件流**。这几乎适用于所有的系统调用。文件描述符比文件流更加原始。同样，自顶而下的方法也适用于文件描述符和文件流。文件流在文件描述符上层，并提供了高级别的接口。但是，有时候我们也需要直接使用文件描述符，因为它们提供了更多的控制。另外，文件流可以提供更强大和更丰富的输入和输出（带有格式化的输出，比如，printf()）。

在第 7～9 步中，我们编写了一个程序来获取系统信息和用户信息。在这里包含了三个特定于系统调用的头文件：unistd.h、sys/types.h 和 sys/sysinfo.h。

unistd.h 是 UNIX 和 Linux 系统中常见的头文件。sys/types.h 是系统调用中另一个常见的头文件，经常用于从系统取值。这个头文件包含了特殊的变量类型，比如用于**用户 ID**（UID）的 uid_t、用于**组 ID**（GID）的 gid_t。它们一般是 int 整型。还有用于 inode 编号的 ino_t、用于 PID 的 pid_t 等。

sys/sysinfo.h 头文件专门用于 sysinfo() 函数，而且这个函数只适用于 Linux 系统调用，所以在其他 UNIX 系统（例如 macOS、Solaris 或 FreeBSD/OpenBSD/NetBSD）下不起作用。这个头文件声明了 sysinfo 结构，我们通过调用 sysinfo() 函数获取系统信息。

我们在程序中使用的第一个系统调用是 getcwd()，用于获取当前工作目录。函数有两个参数：一个表示缓冲区，用来保存路径；另外一个是缓冲区的长度。

下一个使用的系统调用是只能在 Linux 系统下工作的 sysinfo() 函数。这个函数包含很多信息。当函数执行时，所有的数据都会保存到 sysinfo 数据结构中。包括系统**正常**

运行时间、平均负载、内存总量、可用和已使用内存、总的和可用交换空间、以及正在运行的进程总数。在 man 2 sysinfo 中，可以找到有关 sysinfo 数据结构中的各种变量及其数据类型的信息。在示例代码的下半部分，我们还使用 printf() 打印了其中的一些变量，例如 si.totalram，它表示系统内存的大小。

其余的系统调用都直接从 printf() 函数中调用并打印出返回值。

3.4.4　更多

在手册中有很多系统调用的详细信息。一个好的学习方式是查看 man 2 intro 和 man 2 syscalls。

> **提示**
> 一般系统调用出错时都返回 -1，检查返回值是一个好办法。

3.5　获取 Linux 和类 UNIX 头文件信息

Linux 和其他 UNIX 系统中有很多特定的函数和**头文件**，一般来说，它们都是 POSIX 函数，但是只能运行 Linux 上的函数，比如 sysinfo()。我们已经在前面用到了 2 个 POSIX 文件：unistd.h 和 sys/types.h。因为它们是 POSIX 标准的，所以适用于所有类 UNIX 系统，例如 Linux、FreeBSD、OpenBSD、macOS 和 Solaris。

在本节中，我们会更多地学习 POSIX 头文件的知识、它们的作用以及如何使用。我们还会学习如何在手册中查找这些头文件的信息。

3.5.1　准备工作

在本范例中，我们要学习在手册中查找头文件。如果你使用的是基于 Fedora 的系统，例如 CentOS、Fedora 或 Red Hat，默认这些手册页已经安装在系统上。如果由于某些原因它们丢失了，你可以用 root 权限或者 sudo 执行 dnf install man-pages 重新安装。

如果你使用的是基于 Debian 的系统，例如 Ubuntu 或 Debian，默认是不安装这些手册的，需要按照下面的命令来安装它们。

Debian
Debian 对于非自由软件更加严格，所以我们需要做一些额外步骤。
1. 以 root 权限打开 /etc/apt/sources.list。
2. 在每行末尾的 main 后面加上 non-free（在 main 和 non-free 之间有一个空格）。
3. 保存文件。
4. 以 root 权限执行 apt update。
5. 以 root 权限执行 apt install manpages-posix-dev 安装手册。

Ubuntu

Ubuntu 和其他基于 Ubuntu 的发行版对非自由软件没有那么严格，所以我们可以直接安装对应的软件包。执行 sudo apt install manpages-posix-dev。

3.5.2　实践步骤

头文件非常多，所以重要的是学习哪些头文件是我们需要的以及如何查找它们的信息。通过阅读手册，可以知道如何列出所有的头文件。接下来我们会介绍这些。

在前面的范例中，我们使用了 sysinfo() 和 getpid() 函数。这里将学习如何找到系统调用的相关信息以及所需的头文件。

1. 首先，我们阅读 sysinfo() 的手册：

   $> man 2 sysinfo

   在 SYNOPSIS 头文件下面，我们看到下面 2 行：

   ```
   #include <sys/sysinfo.h>
   int sysinfo(struct sysinfo *info);
   ```

2. 这指我们要包含 sys/sysinfo.h 才能使用 sysinfo() 函数。函数需要一个 sysinfo 的数据结构作为参数。在 **DESCRIPTION** 中，可以看到 sysinfo 数据结构的组成。

3. 查阅 getpid()。这是一个 POSIX 函数，因此有更多的信息：

   $> man 2 getpid

   在 SYNOPSIS 下，需要包含两个头文件：sys/types.h 和 unistd.h。另外，该函数返回一个 pid_t 类型的值。

4. 我们继续学习，打开 sys/types.h 的手册：

   $> man sys_types.h

   在 NAME 下，我们看到头文件包含的数据类型。在 DESCRIPTION 下，可以看到 pid_t 数据类型用于进程 ID 和进程组 ID，但是没有指明实际的数据类型。所以，让我们继续向下滚动，直到找到一个写着 **Additionally** 的副标题。这里写着 blksize_t、pid_t 和 ssize_t 应该是有符号整数类型。任务完成，现在我们知道它是一个有符号整数类型，可以使用 %d 格式化运算符来打印它。

5. 我们进一步学习。阅读 unistd.h 手册：

   $> man unistd.h

6. 在手册中搜索 pid_t，可以找到更多关于它的信息：
   输入一个字符 /，再输入 pid_t，按回车键搜索。按 *n* 搜索下一个出现单词的位置。你会发现其他函数也返回 pid_t 类型，如 fork()、getpgrp() 和 getsid() 等。

7. 当你阅读 unistd.h 手册时，可以看到头文件中声明的所有函数；如果找不到，可以搜索 Declarations。按 /，输入 Declarations，然后按回车键。

3.5.3 它是如何工作的

手册中 7posix 或 0p 特殊章节取决于你的 Linux 发行版，这部分内容来自 *POSIX Programmer's Manual*。比如，当你打开 man unistd.h，可以看到 *POSIX Programmer's Manual*，而不像打开 man 2 write 时，你会看到 *Linux Programmer's Manual*。*POSIX Programmer's Manual* 来自**电气和电子工程师协会**（IEEE）和**开放组织**，而不是来自 **GNU 项目**或 Linux 社区。

因为 *POSIX Programmer's Manual* 不是自由的（就像在开源中一样），Debian 选择不把它放在主软件源中。这就是我们要添加 non-free 库到 Debian 中的原因。

POSIX 是 IEEE 制定的一组标准。该标准的目的是在所有 POSIX 操作系统（大多数 UNIX 和类 UNIX 系统）中实现一个通用的编程接口。如果你只在程序中使用 POSIX 函数和 POSIX 头文件，它将与所有其他 UNIX 和类 UNIX 系统兼容。其实际实现可能因系统而异，但整体功能应该是相同的。

有时，我们需要一些特定信息（比如 pid_t 是哪种类型）时，需要阅读多个手册。

这里的主要内容是通过函数的手册找到相应的头文件，然后根据头文件的手册找到更多信息。

3.5.4 更多

POSIX 头文件手册是手册的一个特殊部分，没有在 man man 中列出。在 Fedora 和 CentOS 下，这部分称为 0p；在 Debian 和 Ubuntu 下，它被称为 7posix。

> **提示**
> 你可以通过 apropos. 命令列出指定部分的所有手册（点表示匹配所有）。
> 比如，要列出第 2 节中的所有手册，输入 apropos -s 2.（包括点，它是命令的一部分）。要列出 Ubuntu 下 7posix 特殊部分中的所有手册，输入 apropos -s 7posix.。

3.6 定义功能测试宏

在本节中，我们将学习一些常见的 POSIX 标准、如何使用它们、为什么要使用它们，以及如何在**功能测试宏**中指定它们。

我们已经学习了几个包含 POSIX 标准以及一些特定 C 标准的示例了。例如，使用 getopt() 时，在源代码最顶部定义了 _XOPEN_SOURCE 500（第 2 章中的 mph-to-kph_v2.c 示例，它可以使程序更易于编写脚本）。

功能测试宏控制那些出现在头文件中的定义。我们可以通过两种方式来使用，通过功能测试宏阻止我们使用非标准的定义来构建可移植的应用程序，或者反过来，允许我们使用非标准的定义。

3.6.1　准备工作

我们将在本范例中编写 2 个程序：`str-posix.c` 和 `which-c.c`。你可以从 `https://github.com/PacktPublishing/Linux-System-Programming-Techniques/tree/master/ch3` 下载它们，也可以跟随下文编写它们。你还需要我们在第 1 章中安装的 GCC 编译器。

3.6.2　实践步骤

这里，我们将学习功能测试宏、POSIX 标准、C 标准，以及其他相关知识的内部原理。

1. 把下面的代码写入文件，并将其命名为 `str-posix.c`。这个程序只简单地使用 `strdup()` 复制一个字符串，并打印它。注意，我们在此处需要包含头文件 `string.h`：

```
#include <string.h>
#include <stdio.h>

int main(void)
{
    char a[] = "Hello";
    char *b;
    b = strdup(a);
    printf("b = %s\n", b);
    return 0;
}
```

2. 让我们看看用 C99 标准编译程序会发生什么。你会看到不止一条错误信息：

```
$> gcc -Wall -Wextra -pedantic -std=c99 \
> str-posix.c -o str-posix
str-posix.c: In function 'main':
str-posix.c:8:9: warning: implicit declaration of
function 'strdup'; did you mean 'strcmp'? [-Wimplicit-
function-declaration]
    b = strdup(a);
        ^~~~~~
        strcmp
str-posix.c:8:7: warning: assignment to 'char *' from
'int' makes pointer from integer without a cast [-Wint-
conversion]
    b = strdup(a);
```

3. 这里产生了一个非常严重的警告，不过编译成功了。如果我们尝试运行程序，它会在某些发行版上失败，但在某些发行版上不会。这就是所谓的**未定义行为**：

```
$> ./str-posix
Segmentation fault
```

但是在另一些 Linux 发行版上，我们看到下面的输出：

```
$> ./str-posix
b = Hello
```

4. 现在到了最有趣，但同时也令人困惑的部分。这个程序崩溃的原因只有一个，但有几个可能的解决方案。我们都会在这里介绍。程序崩溃的原因是 strdup() 不是 C99 的一部分（我们将在 3.6.3 节介绍为什么它有时会生效）。最直接的解决方案是查看手册，其中明确指出我们需要将 _XOPEN_SOURCE 功能测试宏设置为 500 或更高。为了实验，我们将它设置为 700（我稍后会解释原因）。在 str-posix.c 的最顶部添加以下下行，它需要在任何 include 语句之前的第一行。否则，它将不起作用：

```
#define _XOPEN_SOURCE 700
```

5. 现在你已经添加了上述行，我们重新编译程序：

```
$> gcc -Wall -Wextra -pedantic -std=c99 \
> str-posix.c -o str-posix
```

6. 现在没有警告了，我们运行程序：

```
$> ./str-posix
b = Hello
```

7. 这是其中一种最显而易见的解决方案。接下来删除文件中的第一行（#define 这行）。

8. 删掉 #define 这行，我们重新编译程序，但是这次，我们在编译时设置功能测试宏。通过 GCC 中的 -D 参数设置：

```
$> gcc -Wall -Wextra -pedantic -std=c99 \
> -D_XOPEN_SOURCE=700 str-posix.c -o str-posix
```

9. 再次运行程序：

```
$> ./str-posix
b = Hello
```

10. 这是第二个解决方案。但是当我们用 man feature_test_macros 阅读功能测试宏的手册时，可以看到 _XOPEN_SOURCE 设置成 700 或更大的值的效果和 _POSIX_C_SOURCE 设置成 200809L 或更大的值的效果是一样的。我们现在尝试用 _POSIX_C_SOURCE 重新编译程序：

```
$> gcc -Wall -Wextra -pedantic -std=c99 \
> -D_POSIX_C_SOURCE=200809L str-posix.c -o str-posix
```

11. 这样也可以工作。现在，我们用最后一种也是最危险的解决方案。我们不设置任何 C 标准或任何功能测试宏，重新编译程序：

```
$> gcc -Wall -Wextra -pedantic str-posix.c \
> -o str-posix
```

12. 没有警告，我们运行一下：

```
$> ./str-posix
b = Hello
```

13. 当我们只定义所有这些宏和标准时，这到底如何工作？好吧，事实证明，当我们不设置任何 C 标准或功能测试宏时，编译器有一些默认设置。为了证明这一点，并了

解编译器的工作原理，我们编写以下程序。将它命名为 which-c.c。该程序将打
印正在使用的 C 标准和定义的功能测试宏：

```c
#include <stdio.h>

int main(void)
{
    #ifdef __STDC_VERSION__
        printf("Standard C version: %ld\n",
            __STDC_VERSION__);
    #endif
    #ifdef _XOPEN_SOURCE
        printf("XOPEN_SOURCE: %d\n",
            _XOPEN_SOURCE);
    #endif
    #ifdef _POSIX_C_SOURCE
        printf("POSIX_C_SOURCE: %ld\n",
            _POSIX_C_SOURCE);
    #endif
    #ifdef _GNU_SOURCE
        printf("GNU_SOURCE: %d\n",
            _GNU_SOURCE);
    #endif
    #ifdef _BSD_SOURCE
        printf("BSD_SOURCE: %d\n", _BSD_SOURCE);
    #endif
    #ifdef _DEFAULT_SOURCE
        printf("DEFAULT_SOURCE: %d\n",
            _DEFAULT_SOURCE);
    #endif

    return 0;
}
```

14. 我们在不设置任何 C 标准和功能测试宏的情况下编译并运行程序：

```
$> gcc -Wall -Wextra -pedantic which-c.c -o which-c
$> ./which-c
Standard C version: 201710
POSIX_C_SOURCE: 200809
DEFAULT_SOURCE: 1
```

15. 我们指定编译时使用 C99 标准，然后重新编译 which.c。这里编译器会强制执行
严格的 C 标准并禁止原来默认会设置的一些功能测试宏：

```
$> gcc -Wall -Wextra -pedantic -std=c99 \
> which-c.c -o which-c
$> ./which-c
Standard C version: 199901
```

16. 让我们看看如果设置 _XOPEN_SOURCE 等于 600 会发生什么：

```
$> gcc -Wall -Wextra -pedantic -std=c99 \
> -D_XOPEN_SOURCE=600 which-c.c -o which-c
$> ./which-c
```

```
Standard C version: 199901
XOPEN_SOURCE: 600
POSIX_C_SOURCE: 200112
```

3.6.3 它是如何工作的

在实践步骤的第 1 ～ 10 步中，我们看到了使用不同的标准和功能测试宏时程序会发生什么。我们还注意到在没有指定任何 C 标准或功能测试宏的情况下，编译器也可以出人意料地正常运行。这是因为 GCC（以及其他编译器）默认设置了一些功能测试宏和 C 标准。但我们不能依赖这个默认设置。自己指定总是更安全。这样，我们知道它一定会起作用。

在第 13 步中，我们编写了一个程序来打印编译时默认设置的功能测试宏。为了防止编译器在未设置功能测试宏时产生错误，我们将所有 printf() 行包装在 #ifdef 和 #endif 语句中。这些语句是编译器的 if 语句，不是 C 程序的 if 语句。例如以下行：

```
#ifdef _XOPEN_SOURCE
    printf("XOPEN_SOURCE: %d\n", _XOPEN_SOURCE);
#endif
```

如果 _XOPEN_SOURCE 未定义，则编译的预处理阶段后不包含此 printf() 行。反之 _XOPEN_SOURCE 被定义，它将被包括在内。我们将在下一范例中介绍什么是预处理。

在第 14 步中，我们看到在系统上，编译器将 _POSIX_C_SOURCE 设置为 200809 时有效。但是手册说我们应该将 _XOPEN_SOURCE 设置为 500 或更大。怎么会这样呢？

如果我们阅读功能测试宏的手册（man feature_test_macros），会看到 _XOPEN_SOURCE 设置成 700 或更大与 _POSIX_C_STANARD 设置为 200809 或更大的效果相同。由于 GCC 已经默认设置 _POSIX_C_ STANDARD 为 200809，所以这和 _XOPEN_SOURCE 等于 700 具有相同的效果。

在第 15 步中，我们了解了当指定一个标准，比如 -std=c99 时，编译器会强制执行严格的 C 标准。这就是 str-posix.c 无法运行（在编译期间收到警告）的原因。它不是一个标准的 C 函数，而是 POSIX 函数。这就是为什么我们需要包含 POSIX 标准来使用它。当编译器使用严格的 C 标准时，不会启用其他功能。当系统中的 C 编译器支持 C99 时，这会使我们编写的代码可以移植到所有系统。

在第 16 步中，我们在编译程序时指定 _XOPEN_SOURCE 等于 600，这样同时也会将 _POSIX_C_STANDARD 设置为 200112。我们可以在手册（man feature_test_macros）中阅读相关内容：" [当]_XOPEN_SOURCE 定义为大于或等于 500 的值时 [...] 以下宏 _POSIX_C_SOURCE 也会被隐式定义 [...]"。

功能宏有什么用呢，它们如何影响代码？

系统头文件里充满了 #ifdef 语句，功能测试宏是否设置决定了是否启用和禁用各种功能和特性。例如，当我们使用 strdup() 函数时，string.h 头文件有包含在 #ifdef 语句中的 strdup() 函数。这些语句检查是否定义了 _XOPEN_SOURCE 或其他一些 POSIX

标准。如果未指定此类标准，则 strdup() 不可见。这就是功能测试宏的工作原理。

但是在第 3 步中，为什么程序在某些发行版上执行会报段错误，有些则不会？就像前文提到的，如果没有功能测试宏，代码是没有 strdup() 的声明的，发生的事情是不确定的。由于某些特定的实现细节，它可能会起作用，也可能不起作用。当我们编程时，应该始终避免未定义的行为。某些程序可以在特定的 Linux 发行版上运行，这并不能保证它可以在其他发行版的计算机上运行。因此，我们应该始终努力按照标准编写正确的代码。这样才能避免未定义的行为。

3.6.4 更多

我们定义的所有这些功能测试宏都应该对应于 POSIX 或其他标准。这些标准背后的思想是在不同的 UNIX 版本和类 UNIX 系统之间创建一个统一的编程接口。

如果你想要深入研究标准和功能测试宏，有一些优秀的手册可以阅读。例如：

❏ man 7 feature_test_macros[这里可以阅读到所有功能测试宏对应的特定标准，例如 POSIX、Single Unix Specification、XPG（X/Open Portability Guide）等]

❏ man 7 standards（有关标准的更多信息）

❏ man unistd.h

❏ man 7 libc

❏ man 7 posixoptions

3.7 编译过程的 4 个步骤

我们通常所说的编译是指将代码转换成可以运行的二进制程序的整个过程。实际上，将源代码文件编译成可运行的二进制程序分为 4 个步骤，编译只是其中一个步骤。

了解这 4 个步骤，以及如何提取中间文件，可以帮助我们完成从编写高效的 Makefile 到编写共享库的所有工作。

3.7.1 准备工作

在本节中，我们将编写 3 个小型 C 源代码文件。你也可以从 https://github.com/PacktPublishing/Linux-System-Programming-Techniques/tree/master/ch3 下载它们。你还需要安装第 1 章中的 GCC 编译器。

3.7.2 实践步骤

在本范例中，我们将写一个小程序，按照编的 4 个步骤，通过设置编译参数分别执行每个步骤。我们还会查看每个步骤生成的文件，并会特意把程序做得足够小，避免其他杂乱的代码，以方便查看。我们将编写一个返回给定数字的 4 次方的小程序。

1. 我们的第 1 个代码文件叫 cube-prog.c。下面是代码的 main() 函数：

```
#include "cube.h"
#define NUMBER 4

int main(void)
{
    return cube(NUMBER);
}
```

2. 我们在 cubed-func.c 文件中实现 cube() 函数：

```
int cube(int n)
{
    return n*n*n;
}
```

3. 最后，我们写一个头文件 cube.h。它只有一个函数原型：

```
int cube(int n);
```

4. 在一步一步编译程序之前，我们首先像之前一样编译，因为还没有介绍如何编译一个由几个文件组成的程序。要编译一个由多个源文件组成的程序，我们只需在 GCC 命令行中列出每个文件。注意，这里不需要列出头文件。头文件已经由 #include 行包含了，编译器已经知道它了。

   如下是如何用几个文件编译出一个进程：

```
$> gcc -Wall -Wextra -pedantic -std=c99 \
> cube-prog.c cube-func.c -o cube
```

5. 运行程序，并检查返回值：

```
$> ./cube
$> echo $?
64
```

6. 编译程序，先删除已经生成的二进制文件：

```
$> rm cube
```

7. 现在我们来一步一步地编译程序，第 1 步为**预处理**。预处理会对文件进行修改，例如，它把 #include 文件的内容放进程序中：

```
$> gcc -E -P cube-prog.c -o cube-prog.i
$> gcc -E -P cube-func.c -o cube-func.i
```

8. 我们有两个预处理文件（cube-prog.i 和 cube-func.i）。让我们用 cat 或其他编辑器来查看。我加粗了下面文件片段中的修改。注意 #include 语句是如何被头文件中的代码所替换的，以及 NUMBER 宏是如何被 4 所替换的：

   查看 cube-prog.i 文件：

```
int cube(int n);
int main(void)
{
```

```
        return cube(4);
}
```

查看 `cube-func.i`，没有任何修改：

```
int cube(int n)
{
        return n*n*n;
}
```

9. 第 2 步是**编译**。在这里，预处理文件被翻译成汇编语言。生成的汇编文件在不同的机器和架构上不同：

```
$> gcc -S cube-prog.i -o cube-prog.s
$> gcc -S cube-func.i -o cube-func.s
```

10. 我们同样看一下这些文件。但是注意，文件内容在你的机器上可能不一样。

查看 `cube-prog.s` 文件：

```
        .file "cube-prog.i"
        .text
        .globl      main
        .type main, @function
main:
.LFB0:
        .cfi_startproc
        pushq %rbp
        .cfi_def_cfa_offset 16
        .cfi_offset 6, -16
        movq  %rsp, %rbp
        .cfi_def_cfa_register 6
        movl  $4, %edi
        call  cube@PLT
        popq  %rbp
        .cfi_def_cfa 7, 8
        ret
        .cfi_endproc
.LFE0:
        .size main, .-main
        .ident      "GCC: (Debian 8.3.0-6) 8.3.0"
        .section    .note.GNU-stack,"",@progbits
```

查看 `cube-func.s`：

```
        .file "cube-func.i"
        .text
        .globl      cube
        .type cube, @function
cube:
.LFB0:
        .cfi_startproc
        pushq %rbp
        .cfi_def_cfa_offset 16
        .cfi_offset 6, -16
        movq  %rsp, %rbp
```

```
        .cfi_def_cfa_register 6
        movl   %edi, -4(%rbp)
        movl   -4(%rbp), %eax
        imull  -4(%rbp), %eax
        imull  -4(%rbp), %eax
        popq   %rbp
        .cfi_def_cfa 7, 8
        ret
        .cfi_endproc
.LFE0:
        .size  cube, .-cube
        .ident     "GCC: (Debian 8.3.0-6) 8.3.0"
        .section   .note.GNU-stack,"",@progbits
```

11. 第 3 步叫作**汇编**。这一步是将汇编代码文件构建为所谓的**目标文件**：

```
$> gcc -c cube-prog.s -o cube-prog.o
$> gcc -c cube-func.s -o cube-func.o
```

12. 现在，我们有两个目标文件。由于它们是二进制文件，我们无法查看它们，但可以使用 file 命令查看它们的信息。这里的描述在不同的体系结构上也可能不同，例如 32 位 x86 机器、ARM64 等：

```
$> file cube-prog.o
cube-prog.o: ELF 64-bit LSB relocatable, x86-64, version
1 (SYSV), not stripped
$> file cube-func.o
cube-func.o: ELF 64-bit LSB relocatable, x86-64, version
1 (SYSV), not stripped
```

13. 现在，我们到了第 4 步，也是最后一步。在这里，我们将所有的目标文件合并到一个二进制文件中。这一步叫作**链接**：

```
$> gcc cube-prog.o cube-func.o -o cube
```

14. 现在，我们有了一个名为 cube 的二进制文件。使用 file 命令查看它：

```
$> file cube
cube: ELF 64-bit LSB pie executable, x86-64,
version 1 (SYSV), dynamically linked, interpreter /
lib64/ld-linux-x86-64.so.2, for GNU/Linux 3.2.0,
BuildID[sha1]=53054824b4a495b7941cbbc95b550e7670481943,
not stripped
```

15. 最后，我们运行它，以验证程序能够正常运行：

```
$> ./cube
$> echo $?
64
```

3.7.3　它是如何工作的

在第 7 步中（过程的第 1 步），我们使用 -E 和 -P 选项生成预处理文件。-E 选项使 GCC 在对文件进行预处理之后停止，即只创建预处理文件。-P 选项是使预处理器不在预处理文件中包含行标记。我们想要干净的文件。

在预处理文件中，所有的 #include 语句都被对应的头文件内容替换。同样，任何宏（比如 NUMBERS）也都会被实际的数字替换。预处理文件通常以 .i 作为扩展名。

在第 9 步（过程的第 2 步）中，我们编译了预处理的文件。编译步骤生成汇编文件。在这一步，我们使用了 -S 选项，它告诉 GCC 在编译过程完成后停止。汇编文件通常以 .s 作为扩展名。

在第 11 步（过程的第 3 步）中，我们对文件进行了汇编（这个步骤也称为汇编）。这步中将汇编文件生成目标文件。在本书后面学习创建库时，我们要用到目标文件。-c 选项告诉 GCC 在汇编阶段（或编译阶段）之后停止。对象文件通常以 .o 作为扩展名。

在第 13 步（过程的第 4 步也是最后一步）中，我们链接了这些目标文件，生成了一个可执行的二进制文件。不需要任何选项，因为 GCC 采取的默认操作是运行所有步骤，最后将文件链接到单个二进制文件。在链接文件之后，我们获得了一个名为 cube 的可运行的二进制文件。具体过程如图 3.2 所示。

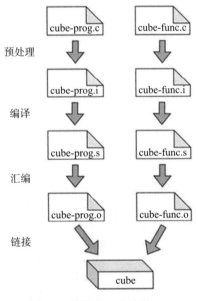

图 3.2   编译的 4 个步骤

3.8   使用 Make 编译

我们已经看到了一些使用 Make 的例子。在这里，我们将概述什么是 Make，以及如何使用它来编译程序，这样我们就不必手动执行 GCC 命令。

3.8.1   准备工作

本范例所需要的是 GCC 编译器和 Make。

3.8.2 实践步骤

我们将写一个根据半径计算圆周长的小程序。然后用 Make 工具来编译，Make 很聪明，它可以找到源文件的名字。

1. 把以下内容写入文件并将其命名为 `circumference.c`。这个程序的代码和上一章的 `mph-to-kph.c` 是相同的：

```
#include <stdio.h>
#include <stdlib.h>
#include <string.h>
#define PI 3.14159

int main(void)
{
    char radius[20] = { 0 };

    while(fgets(radius, sizeof(radius), stdin)
        != NULL)
    {
        /* Check if radius is numeric
         * (and do conversion) */
        if( strspn(radius,"0123456789.\n") ==
            strlen(radius) )
        {
            printf("%.5f\n", PI*(atof(radius)*2) );
        }
        /* If radius is NOT numeric, print error
         * and return */
        else
        {
            fprintf(stderr, "Found non-numeric "
                "value\n");
            return 1;
        }
    }
    return 0;
}
```

2. 用 Make 编译：

```
$> make circumference
cc      circumference.c   -o circumference
```

3. 如果我们尝试重新编译它，它只会告诉我们程序是最新的：

```
$> make circumference
make: 'circumference' is up to date
```

4. 在 PI 宏中添加更多的小数点，将其改为 3.14159265。代码中的第 4 行现在应该是这样的：

```
#define PI 3.14159265
```

完成修改后保存文件。

5. 如果我们现在重新编译程序，它会重新编译，因为 Make 注意到代码改变了：

```
$> make circumference
cc      circumference.c    -o circumference
```

6. 运行程序：

```
$> ./circumference
5
31.41593
10
62.83185
103.3
649.05304
Ctrl+D
```

3.8.3 它是如何工作的

Make 工具可以简化大型项目的编译，但是它对这样的小程序也很有用。

当我们执行 make circumference 时，它假设我们想要构建一个名为 circumference 的程序，并且它的源代码文件是 circumference.c。它还假设我们的编译器命令是 cc（在大多数 Linux 系统上 cc 是 gcc 的链接），并使用 cc circumference.c -o circumference 命令编译程序。这个命令与我们自己在编译程序时运行的命令相同，只是我们使用了真实的编译器名称 -gcc- 代替。在下一节中，我们将学习如何修改这个默认命令。

Make 工具也很聪明，仅仅在必要时才会重新编译程序。这个特性在需要编译几个小时的大型项目中非常有用。只重新编译有改动的文件可以节省大量时间。

3.9 使用 GCC 选项编写一个通用的 Makefile

在前面的范例中，我们学习了 Make 使用 cc prog.c -o prog 默认命令来编译程序。在本范例中，我们将学习如何修改默认命令。为了控制默认命令，我们编写一个 Makefile 文件，并将该文件放在源文件所在的目录中。

为你所有的项目编写一个通用的 Makefile 是一个很棒的主意，因为你可以为编译的所有文件启用 -Wall、-Wextra 和 -pedantic。启用这三个选项后，GCC 将警告你代码中更多的错误和异常，使你的程序变得更好。

3.9.1 准备工作

在本小节中，我们将使用前面编写的 circumference.c 代码文件。如果你没有这个文件，可以访问：https://github.com/PacktPublishing/Linux-System-Programming-Techniques/blob/master/ch3/circumference.c 进行下载。

3.9.2 实践步骤

在这里，我们将编写一个通用的 Makefile 文件，你可以在所有项目中使用它，以确保你的程序遵循 C99 标准同时不出现任何明显的错误。

1. 把以下代码写入文件并将其命名为 Makefile，并把它放在 `circumference.c` 所在的目录中。这个 Makefile 设置你的默认编译器和一些常见的编译器选项：

```
CC=gcc
CFLAGS=-Wall -Wextra -pedantic -std=c99
```

2. 如果前面编译的 `circumference` 二进制文件还存在，则删掉它。如果已经删除了，跳过这一步。

3. 通过 Make 编译 `circumference` 程序，这里的编译命令和前面的小节中不同之处在于，它使用了我们在 Makefile 中指定的选项：

```
$> make circumference
gcc -Wall -Wextra -pedantic -std=c99    circumference.c
-o circumference
```

4. 运行程序，确保它可以工作：

```
$> ./circumference
5
31.41590
10
62.83180
15
94.24770
Ctrl+D
```

3.9.3 它是如何工作的

我们创建的 Makefile 可以控制 Make 行为。由于这个 Makefile 不是为特定的项目编写的，所以它适用于同一目录下的所有程序。

在 Makefile 的第一行，我们通过用特殊的 CC 变量将编译器设置为 gcc。在第二行，我们通过特殊的 CFLAGS 变量设置编译器的选项。我们将这个变量设置为 `-Wall -Wextra -pedantic -std=c99`。

当我们执行 make 时，它将 CC 变量和 CFLAGS 变量放在一起，得到 `gcc -Wall -Wextra -pedantic -std=c99` 命令。而且，如前所述，Make 假定生成的二进制名称是传入的名称。它还假定源代码文件具有相同的名称，以 `.c` 结尾。

即使在像这样只有一个文件的小项目中，Make 也可以避免每次想要重新编译程序时都要输入一个很长的 GCC 命令。这就是 Make 的意义：节省时间和精力。

3.9.4 更多

如果你想了解更多关于 Make 的知识，可以阅读 `man 1 make`。在 `info make` 中有更详细的信息。如果没有 info 命令，则需要以 root 权限通过包管理器来安装它。在大多数 Linux 发行版中，这个包名叫 info。

3.10 编写一个简单的 Make file

在本节中，我们将学习如何为特定项目编写 Make file。我们在上一节中编写的 Makefile 是通用的，但只适用于单个项目。当你开始编写更复杂的程序时，知道如何为项目编写 Makefile 将为你节省大量的时间和精力。

另外，在项目中包含 Makefile 被认为是有礼貌的做法。下载项目的人通常不知道如何构建它。他只是想使用你的程序，而不想被迫去理解这些东西是如何组合在一起，以及如何编译它。例如，在下载了一个开源项目之后，他们希望能够只输入 make 和 make install（或者也可能是某种形式的配置脚本，但我们在这里不讨论），然后就可以运行程序。

3.10.1 准备工作

对于这个范例，我们将使用 3.7 节中的 cube 项目。我们将使用的源代码文件是 cube-prog.c、cube-func.c 和 cube.h。它们都可以从 https://github.com/PacktPublishing/Linux-System-Programming-Techniques/tree/master/ch3 下载。

3.10.2 实践步骤

在编写代码之前，请确保项目位于存放 3 个文件的目录中。

1. 让我们为 cube 项目创建 Makefile。将文件保存为 Makefile。在这个 Makefile 中，我们只有一个编译目标 cube。在编译目标下面是编译程序的命令：

```
CC=gcc
CFLAGS=-Wall -Wextra -pedantic -std=c99

cube: cube.h cube-prog.c cube-func.c
    $(CC) $(CFLAGS) -o cube cube-prog.c cube-func.c
```

2. 通过 Make 编译程序：

```
$> make
gcc -Wall -Wextra -pedantic -std=c99 -o cube cube-prog.c
cube-func.c
```

3. 执行程序。别忘了检查返回值：

```
$> ./cube
$> echo $?
64
```

4. 如何我们尝试重新编译程序，它会说一切都是最新的。确实如此，我们试一试：

```
$> make
make: 'cube' is up to date.
```

5. 如果我们修改了某些源文件的内容，它将重新构建程序。让我们将 NUMBER 宏更改为 2。cube-prog.c 文件中的第二行现在应该是这样的：

```
#define NUMBER 2
```

6. 通过 Make 重新编译程序：

```
$> make
gcc -Wall -Wextra -pedantic -std=c99 -o cube cube-prog.c
cube-func.c
```

7. 查看程序的变化：

```
$> ./cube
$> echo $?
8
```

8. 删除 cube 二进制，以便下一步重新编译：

```
$> rm cube
```

9. 重命名一个源文件。例如，把 cube.h 变成 cube.p：

```
$> mv cube.h cube.p
```

10. 如果我们现在试图重新编译，Make 会报告缺少 cube.h 的错误，并拒绝进一步编译：

```
$> make
make: *** No rule to make target 'cube.h', needed by
'cube'.  Stop.
```

3.10.3　它是如何工作的

我们看看 Makefile 中的前两行。第一行是 CC 变量，它将默认的 C 编译器设置为 gcc。第二行是 CFLAGS 变量，设置传递给编译器的标志。

下一行以 cube 开头，名为编译目标。在编译目标之后的一行中，我们列出了编译目标所依赖的所有文件，即所有源代码文件和头文件。

在编译目标下面有一个缩进的行，内容如下：

```
$(CC) $(CFLAGS) -o cube cube-prog.c cube-func.c
```

这一行是编译程序的命令。$(CC) 和 $(CFLAGS) 将被替换为变量的内容，即 gcc 和 -Wall -Wextra -pedantic -std=c99。基本上，我们只是把经常在命令行编写的内容放在了 Makefile 中。

在下一个范例中，我们将学习如何利用 Make 中的一些更聪明的特性。

3.11　编写一个更高级的 Makefile

在前面的范例中，我们编写了一个基本的 Makefile，没有使用它的任何高级特性。然而，在本范例中，我们将编写一个更高级的 Makefile，使用对象文件、变量、依赖项和其他奇特的东西。

在这里，我们将创建一个新程序。这个程序将计算三种不同物体的面积：圆形、三角形和矩形。每种类型的计算都有自己的函数，并且单独在各自的文件中。我们还有一个单独的文件用于打印函数的帮助信息。此外，还有一个头文件，它包含所有的函数原型。

3.11.1 准备工作

这个项目将由 7 个文件组成。如果你愿意，可以选择从 https://github.com/Packt Publishing/Linux-System-Programming-Techniques/tree/master/ch3/area 下载所有文件。

因为我们将会为这个项目创建一个 Makefile，所以建议将所有的项目文件放在一个新的目录中。

你还需要安装我们在第 1 章中介绍的 GCC 编译器和 Make 工具。

3.11.2 实践步骤

首先，我们会编写程序所需的所有代码。然后，尝试用 Make 编译程序，最后，尝试运行程序。

1. 首先编写一个名为 area.c 的文件。这是程序的主要部分，它包含 main() 函数：

```c
#define _XOPEN_SOURCE 700
#include <stdio.h>
#include <unistd.h>
#include "area.h"

int main(int argc, char *argv[])
{
    int opt;
    /* Sanity check number of options */
    if (argc != 2)
    {
        printHelp(stderr, argv[0]);
        return 1;
    }
    /* Parse command-line options */
    while ((opt = getopt(argc, argv, "crth")) != -1)
    {
        switch(opt)
        {
            case 'c':
                if (circle() == -1)
                {
                    printHelp(stderr, argv[0]);
                    return 1;
                }
                break;
```

```
                  case 'r':
                      if (rectangle() == -1)
                      {
                          printHelp(stderr, argv[0]);
                          return 1;
                      }
                      break;
                  case 't':
                      if (triangle() == -1)
                      {
                          printHelp(stderr, argv[0]);
                          return 1;
                      }
                      break;
                  case 'h':
                      printHelp(stdout, argv[0]);
                      return 0;
                  default:
                      printHelp(stderr, argv[0]);
                      return 1;
            }
```

2. 我们编写头文件 area.h。这个文件包含了所有的函数原型：

```
void printHelp(FILE *stream, char progname[]);
int circle(void);
int rectangle(void);
int triangle(void);
```

3. 现在，在名为 help.c 的文件（Shankar）中添加 help 函数：

```
#include <stdio.h>
void printHelp(FILE *stream, char progname[ ])
{
      fprintf(stream, "\nUsage: %s [-c] [-t] [-r] "
      "[-h]\n"
      "-c calculates the area of a circle\n"
      "-t calculates the area of a triangle\n"
      "-r calculates the area of a rectangle\n"
      "-h shows this help\n"
      "Example: %s -t\n"
      "Enter the height and width of the "
      "triangle: 5 9\n"
      "22.500\n", progname, progname);
}
```

4. 编写计算圆面积的函数。把它写入 circle.c 文件：

```
#define  _XOPEN_SOURCE 700
#include <math.h>
#include <stdio.h>
int circle(void)
{
    float radius;
    printf("Enter the radius of the circle: ");
    if (scanf("%f", &radius))
```

```
    {
        printf("%.3f\n", M_PI*pow(radius, 2));
        return 1;
    }
    else
    {
        return -1;
    }
}
```

5. 编写计算矩形面积的函数。我们把这个文件命名为 rectangle.c：

```
#include <stdio.h>

int rectangle(void)
{
    float length, width;
    printf("Enter the length and width of "
        "the rectangle: ");
    if (scanf("%f %f", &length, &width))
    {
        printf("%.3f\n", length*width);
        return 1;
    }
    else
    {
        return -1;
    }
}
```

6. 编写计算三角形面积的函数。我们把这个文件命名为 triangle.c：

```
#include <stdio.h>

int triangle(void)
{
    float height, width;
    printf("Enter the height and width of "
        "the triangle: ");
    if (scanf("%f %f", &height, &width))
    {
        printf("%.3f\n", height*width/2);
        return 1;
    }
    else
    {
        return -1;
    }
}
```

7. 现在到了令人兴奋的部分：Makefile。注意，Makefile 中的缩进必须用 Tab 键。也注意，编译目标 area 列出了 OBJS 变量定义的所有对象文件。编译目标的命令 $(CC) -o area $(OBJS) $(LIBS) 使用了链接器将所有的目标文件链接到一个二进制文件中。但由于链接器依赖于所有的目标文件，因此 Make 在链接之前先构建它们：

```
CC=gcc
CFLAGS=-std=c99 -Wall -Wextra -pedantic
LIBS=-lm
OBJS=area.o help.o rectangle.o triangle.o circle.o
DEPS=area.h
bindir=/usr/local/bin

area: $(OBJS)
        $(CC) -o area $(OBJS) $(LIBS)

area.o: $(DEPS)

clean:
        rm area $(OBJS)

install: area
        install -g root -o root area $(bindir)/area

uninstall: $(bindir)/area
        rm $(bindir)/area
```

8. 通过输入 make 来编译整个程序。注意，你必须位于与源代码文件和 Makefile 相同的目录中。注意，所有的目标文件会先被编译，在最后一步中被链接：

```
$> make
gcc -std=c99 -Wall -Wextra -pedantic   -c -o area.o
area.c
gcc -std=c99 -Wall -Wextra -pedantic   -c -o help.o
help.c
gcc -std=c99 -Wall -Wextra -pedantic   -c -o rectangle.o
rectangle.c
gcc -std=c99 -Wall -Wextra -pedantic   -c -o triangle.o
triangle.c
gcc -std=c99 -Wall -Wextra -pedantic   -c -o circle.o
circle.c
gcc -o area area.o help.o rectangle.o triangle.o circle.o
-lm
```

9. 运行这个程序。测试所有不同的功能：

```
$> ./area -c
Enter the radius of the circle: 9
254.469
$> ./area -t
Enter the height and width of the triangle: 9 4
18.000
$> ./area -r
Enter the length and width of the rectangle: 5.5 4.9
26.950
$> ./area -r
Enter the length and width of the rectangle: abcde

Usage: ./area [-c] [-t] [-r] [-h]
-c calculates the area of a circle
-t calculates the area of a triangle
```

```
-r calculates the area of a rectangle
-h shows this help
Example: ./area -t
Enter the height and width of the triangle: 5 9
22.500
```

10. 现在，假设我们通过更新时间戳的方式已经更改了 `circle.c` 文件的某些部分。我们可以通过运行 `touch` 来更新文件的时间戳：

```
$> touch circle.c
```

11. 重建这个项目。与第 8 步的输出相比，其中所有目标文件都被编译。这一次只有 `circle.o` 被重新编译。重新编译 `circle.o` 后，二进制文件被重新链接到单个二进制文件中：

```
$> make
gcc -std=c99 -Wall -Wextra -pedantic   -c -o circle.o
circle.c
gcc -o area area.o help.o rectangle.o triangle.o circle.o
-lm
```

12. 现在，我们尝试用 `install` 命令将程序安装到系统上。你需要使用 `su` 或 `sudo` 以 root 身份来执行它：

```
$> sudo make install
install -g root -o root area /usr/local/bin/area
```

13. 我们从系统中卸载该程序。在 Makefile 中包含一个 `uninstall` 目标是很好的做法，特别是当 `install` 命令在系统上安装了很多文件时：

```
$> sudo make uninstall
rm /usr/local/bin/area
```

14. 让我们也试试 `clean` 命令。这会删除所有的目标文件和二进制文件。在 Makefile 中包含一个 `clean` 命令来清理目标文件和其他临时文件是很好的做法：

```
$> make clean
rm area area.o help.o rectangle.o triangle.o circle.o
```

3.11.3 它是如何工作的

尽管本节的示例程序的代码量相当大，但其实它非常简单。不过其中有一些部分还是值得讨论的。

所有的 C 文件都被编译成独立的目标文件。这就是我们要在每个使用 `printf()` 或 `scanf()` 的文件中包含 `stdio.h` 的原因。

在 `circle.c` 文件中，我们包含了 `math.h` 头文件。这个头文件用于 `pow()` 函数。我们还定义了 `_XOPEN_SOURCE` 等于 700。原因是 C 标准不包含定义 Pi 值的 M_PI 宏，但是，它包含在 **X/Open** 标准中。

Makefile

现在，我们来更详细地讨论 Makefile。我们已经在前面看到了前两个变量 CC 和 CFLAGS，但是注意，我们并没有在代码中使用 CFLAGS 变量，因为不需要。在编译对象文件时，CFLAGS 会自动生效。如果我们在 area 目标命令中的 CC 变量之后手动指定了 CFLAGS 变量，那么这些标志也将被用于链接过程。换句话说，area 目标中指定的命令只是用于链接阶段。对象文件的编译是自动进行的。因为对象文件都是依赖项，Make 试图弄清楚如何构建它们。

当不指定目标运行 Make 时，Make 将运行 Makefile 中的第一个目标。这就是我们在文件中将 area 目标作为第一个目标的原因，当我们简单地输入 make 时，程序就会被构建。

LIBS=-lm 这个变量被添加到 area 目标命令的末尾，用来链接 math 共享库，注意只有链接器使用了这个变量。查看步骤 8 中的输出。所有的目标文件都被编译，只有在最后阶段，链接器将所有的对象文件链接成一个二进制文件时，才会添加 -lm。

接下来是下面这行：

```
OBJS=area.o help.o rectangle.o triangle.o circle.o
```

这个变量列出了所有的目标文件。这就是 Make 真正聪明的地方。area 目标的依赖项是我们使用 OBJS 的第一个地方。为了生成 area 二进制程序，我们需要所有的目标文件。

下一个使用 OBJS 的地方是 area 二进制文件的构建命令。注意，这里我们没有指定 C 文件，只指定目标文件（通过 OBJS）。Make 足够聪明，知道如何构建二进制文件。首先我们需要目标文件，而要编译目标文件，我们需要与目标文件同名的 C 文件。因此，我们不需要用所有源代码文件拼写出整个命令，Make 可以自己解决这个问题。

下一个新变量是 DEPS。在这个变量中，我们列出了构建 area.o 目标文件所依赖的头文件。我们在 area.o：$(DEPS) 行指定依赖。这个目标不包含任何命令，我们只是用它来验证依赖关系。

最后一个变量是 bindir，它包含了二进制文件被安装在系统上的完整路径。这个变量在 install 和 uninstall 目标中使用，我们将在后面讨论。

我们已经讨论了 area 和 area.o 目标中变量的使用。现在，我们继续探索 clean、install 和 uninstall 目标。这些目标在大多数项目中都很常见。包含这些目标是有礼貌的做法，因为虽然它们与编译构建程序无关，但它们帮助用户在系统上安装和卸载软件。clean 目标帮助用户保持源代码目录干净，删除临时文件（如目标文件）。目标下的每个命令都是典型的 Linux 命令，并结合我们介绍过的变量一起使用。

install 目标中使用 install 命令将 area 二进制文件拷贝到 bindir 指向的位置（在本例中为 /usr/local/bin）。它还为安装的文件设置用户和组。

注意，我们为 install 和 uninstall 目标指定了依赖项（依赖项是要安装或删除的文件）。这是有道理的。如果文件不存在，则不需要运行这些命令。但是对于 clean 目标，我们没有指定任何依赖项。因为用户可能已经删除了一些文件。当他们运行 make clean 时，他们不希望失败，而是继续删除剩余的文件。

Chapter 4 第 4 章

处理程序中的错误

在本章中，我们将了解 Linux 中 C 程序的**错误处理**，尤其是如何去捕捉程序的错误和打印相关信息。我们还将学习如何将此知识和**标准输入**、**标准输出**、**标准错误输出**进行综合应用。

我们将继续研究系统调用，并学习一个称作 errno 的特定变量。当发生错误时，大多数系统调用使用这个变量来保存特定的错误值。

在程序中处理错误将使它们更加稳定。错误肯定会发生，但关键是要正确处理它们。对用户而言，一个处理良好的错误看起来不像一个错误。例如，在硬盘空间不足时，不要让你的程序崩溃后没有任何打印信息，最好能捕捉错误并打印出可读的文件和友好的信息。这样，对于最终用户来说，它只是作为信息出现而不是错误。反过来，这又会使你的程序看起来更友好、更稳定。

本章涵盖以下主题：

❑ 为什么错误处理在系统编程中很重要

❑ 处理常见的错误

❑ 错误处理和 errno

❑ 处理更多 errno 宏

❑ 使用 errno 和 strerror()

❑ 使用 errno 和 perror()

❑ 返回错误值

让我们开始吧！

4.1 技术要求

在开始本章学习之前，你需要确保已经安装了 GCC 编译器、Make 工具和所有的手册页（dev 和 POSIX）。我们在第 1 章中介绍了如何安装 GCC 和 Make，在第 3 章中介绍了手册页。你还需要第 3 章中创建的通用 Makefile，并确保将该文件和本章编写的代码放在相同的目录中。你可以在 GitHub 上找到我们在这里编写的所有源代码文件：`https://github.com/PacktPublishing/Linux-System-Programming-Techniques/tree/master/ch4`。

4.2 为什么错误处理在系统编程中很重要

本节对错误处理做一个简短的介绍。我们还将看到一个常见的错误示例：访问权限不足。从长远来看，了解这些基本技能将使你成为一个更好的程序员。

4.2.1 准备工作

对于这个范例，你只需要 GCC 编译器，最好通过源码包或工具组安装。并且，Makefile 需要放在与源代码相同的目录中。

4.2.2 实践步骤

遵循以下步骤来探索一个常见的错误，以及掌握如何处理错误。

1. 首先，我们将在没有任何错误处理的情况下编写程序（除了对参数进行常规的完整性检查）。编写以下程序并将其保存为 `simple-touch v1.c`。程序将创建一个空文件，用户将该文件指定为参数。PATH_MAX 宏是新的知识，它表示我们在 Linux 系统上可以使用的最大字符数。它在 `linux/limits.h` 头文件中定义：

```
#include <stdio.h>
#include <fcntl.h>
#include <string.h>
#include <linux/limits.h>

int main(int argc, char *argv[])
{
   char filename[PATH_MAX] = { 0 };
   if (argc != 2)
   {
      fprintf(stderr, "You must supply a filename "
         "as an argument\n");
      return 1;
   }
   strncpy(filename, argv[1], PATH_MAX-1);
   creat(filename, 00644);
   return 0;
}
```

2. 编译程序：

```
$> make simple-touch-v1
gcc -Wall -Wextra -pedantic -std=c99    simple-touch-v1.c
-o simple-touch-v1
```

3. 运行这个程序，看看会发生什么。如果我们不给它任何参数，它将打印错误消息并返回 1。当我们给它一个不存在的文件时，它将用权限 644 创建它（我们将在下一章讨论权限）：

```
$> ./simple-touch-v1
You must supply a filename as an argument
$> ./simple-touch-v1 my-test-file
$> ls -l my-test-file
-rw-r--r-- 1 jake jake 0 okt 12 22:46 my-test-file
```

4. 让我们看看如果尝试在没有写权限的目录中创建一个文件会发生什么：

```
$> ./simple-touch-v1 /abcd1234
```

5. 这似乎起作用了，因为它没有报错，但文件实际没有创建成功。让我们检查文件：

```
$> ls -l /abcd1234
ls: cannot access '/abcd1234': No such file or directory
```

6. 重写这个文件，让它输出一条错误消息：Couldn't create file。如果 create() 创建文件失败，则使用标准错误。为了实现这一点，我们将 creat() 调用封装到 if 语句中。将新版本命名为 simple-touch-v2.c。与上一版本相比的变化在这里**突出**显示：

```c
#include <stdio.h>
#include <fcntl.h>
#include <string.h>
#include <linux/limits.h>

int main(int argc, char *argv[])
{
    char filename[PATH_MAX] = { 0 };
    if (argc != 2)
    {
        fprintf(stderr, "You must supply a filename "
            "as an argument\n");
        return 1;
    }
    strncpy(filename, argv[1], PATH_MAX-1);
    if ( creat(filename, 00644) == -1 )
    {
        fprintf(stderr, "Can't create file %s\n",
            filename);
        return 1;
    }
    return 0;
}
```

7. 编译新版本代码：

```
$> make simple-touch-v2
gcc -Wall -Wextra -pedantic -std=c99    simple-touch-v2.c
-o simple-touch-v2
```

8. 最后，让我们用一个可以创建的文件和一个不能创建的文件作为参数重新运行它。
我们试图创建一个没有权限的文件时，会得到一条错误消息：Couldn't create file：

```
$> ./simple-touch-v2 hello123
$> ./simple-touch-v2 /abcd1234
Couldn't create file /abcd1234
```

4.2.3　它是如何工作的

在本章中，我们使用了一个系统调用 creat()，它在文件系统中创建了一个文件。这
个函数有两个参数：要创建的文件名称和新创建的文件应该具有的文件访问模式。在本例
中，我们将文件的**访问模式**设置为 644，即文件所有者的用户可以读和写，文件所有者所
在的组和所有其他用户可以读。我们将在第 5 章中更深入地讨论文件访问模式。

如果程序不能创建我们要求创建的文件，就不会发生"坏"事情。它只返回 -1 给调用
函数（在本例中是 main()）。这意味着，在程序的第一个版本中，似乎一切都工作得很好
并且文件已经创建，但实际上并没有。作为程序员，我们理应捕捉返回的错误码并进行相
应处理。我们可以在手册页 man 2 create 中找到函数的返回值。

在程序的第 2 个版本中，我们添加了一个 if 语句来检查 -1。如果函数返回 -1，将错
误消息打印到标准错误，并返回 1 到 shell。这样就通知了用户和任何可能依赖这个程序来
创建文件的程序。

获取函数的返回值是最常见也是最直接地检查错误的方法。当我们使用某个函数时，
应该检查它的返回值（只要它是合理的）。

4.3　处理常见的错误

在这个范例中，我们将看到一些可以处理的常见错误。知道要查找什么错误是掌握错
误处理方法的第一步。如果警察不知道要调查哪些犯罪活动，他们是抓不到坏人的。

我们将查看由于计算机资源限制、权限错误和数学计算错误而可能发生的错误。但是，
重要的是要记住，大多数函数在出现错误时返回一个特殊值（通常是 -1 或某个预定义值）。
当没有发生错误时则返回实际的数据。

我们还将简要介绍如何处理缓冲区溢出。缓冲区溢出是一个庞大的主题，值得专门写
一本书，但一些简短的示例可能会对我们有所帮助。

4.3.1　准备工作

在本范例中，我们将编写一个简短的代码示例，并用 GCC 和 Make 编译它们。我们

还将阅读 *POSIX Programmer's Manual* 中的一些手册页。无论你正在使用 Debian 还是 Ubuntu，都必须先安装这些手册页，具体的教程详见 3.5 节。

4.3.2　实践步骤

查找所使用函数最可能发生的错误的最简单方法是阅读函数手册页的 **RETURN VALUE** 部分。这里，我们来看一些例子。

1. 大多数**系统调用**在发生错误时返回 -1（但不是全部），这些错误大多与资源限制或访问权限有关。例如，看看这些系统调用函数的手册页：`creat()`、`open()` 和 `write()`。通过 **RETURN VALUE** 关键词进行查找，我们会发现，这些函数在出现错误时都返回 -1，并通过设置一个名为 `errno` 的值来包含更具体的错误信息。我们将在本章后面介绍 `errno`。

2. 现在，查看幂函数 `pow()` 的手册页。向下滚动到 **RETURN VALUE** 部分，我们会发现有很多不同的返回值。但是由于 `pow()` 函数返回的是计算结果，因此如果发生错误，它不能返回 0 或 -1，而是一些计算结果。此外，定义了一些称为 HUGE_VAL、HUGE_VALF 和 HUGE_VALL 的特殊数字。在大多数系统中，它们被定义为无穷大。但是，我们仍然可以使用这些宏来测试它们，如下例所示。将文件命名为 `huge-test.c`：

```c
#include <stdio.h>
#include <math.h>

int main(void)
{
    int number = 9999;
    double answer;
    if ( (answer = pow(number, number)) == HUGE_VAL )
    {
        fprintf(stderr, "A huge value\n");
        return 1;
    }
    else
    {
        printf("%lf\n", answer);
    }
    return 0;
}
```

3. 编译程序并测试它。记得用 `-lm` 链接到 math 库：

```
$> gcc -Wall -Wextra -pedantic huge-test.c \
> -o huge-test -lm
$> ./huge-test
A huge value
```

4. 其他不提供返回值的错误大多是溢出错误，在处理**用户输入**时尤其如此，应该始终小心处理用户输入。多数字符串函数有一个对应 *n* 的函数，这些函数更安全。例如，

strcat() 有 strncat()、strdup() 有 strndup() 等。只要有可能就使用它们。编写以下程序，并将其命名为 str-unsafe.c：

```c
#include <stdio.h>
#include <string.h>

int main(int argc, char *argv[])
{
    char buf[10] = { 0 };
    strcat(buf, argv[1]);
    printf("Text: %s\n", buf);
    return 0;
}
```

5. 现在，使用 Make（和这个目录中的 Makefile）编译它。注意，由于我们没有使用 argc 变量，因此编译器会在这里发出警告。这个警告来自 GCC 的 -Wextra 选项。然而，这只是一个警告，说明我们在代码中从未使用过 argc，所以可以忽略此消息。但是阅读警告消息也是必要的，有时，情况可能很严重：

```
$> make str-unsafe
gcc -Wall -Wextra -pedantic -std=c99    str-unsafe.c   -o
str-unsafe
str-unsafe.c: In function 'main':
str-unsafe.c:4:14: warning: unused parameter 'argc'
[-Wunused-parameter]
 int main(int argc, char *argv[])
             ~~~~^~~~
```

6. 现在，用不同的输入长度来测试它。如果我们不提供任何输入，或者提供太多的输入（超过 9 个字符），就会发生段错误：

```
$> ./str-unsafe
Segmentation fault
$> ./str-unsafe hello
Text: hello
$> ./str-unsafe "hello! how are you doing?"
Text: hello! how are you doing?
Segmentation fault
```

7. 重写这个程序。首先，我们必须确保用户输入了参数；其次，我们必须用 strncat() 替换 strcat()。将新版本命名为 str-safe.c：

```c
#include <stdio.h>
#include <string.h>

int main(int argc, char *argv[])
{
    if (argc != 2)
    {
        fprintf(stderr, "Supply exactly one "
            "argument\n");
        return 1;
    }
```

```
       char buf[10] = { 0 };
       strncat(buf, argv[1], sizeof(buf)-1);
       printf("Test: %s\n", buf);
       return 0;
   }
```

8. 编译它。这一次，我们不会收到关于 argc 的警告，因为我们在代码中使用了它：

```
$> make str-safe
gcc -Wall -Wextra -pedantic -std=c99    str-safe.c    -o
str-safe
```

9. 让我们用不同的输入长度运行它。请注意长文本是如何在第 9 个字符处被截断从而防止段错误的。另外，我们通过精确要求一个参数来处理空输入的错误：

```
$> ./str-safe
Supply exactly one argument
$> ./str-safe hello
Text: hello
$> ./str-safe "hello, how are you doing?"
Text: hello, ho
$> ./str-safe asdfasdfasdfasdfasdfasdfasdf
Text: asdfasdfa
```

4.3.3 它是如何工作的

在第 2 步中，我们查看了一些手册页，以了解在处理错误时应该处理哪些类型的错误。我们了解到大多数系统调用在错误时返回 -1，并且大多数错误与权限或系统资源有关。

在步骤 2 和步骤 3 中，我们看到了数学函数如何在发生错误时返回特殊的数字（因为通常的数字 0、1 和 -1 可能是有效的计算答案）。

在步骤 4 ~ 9 中，我们简要地介绍了如何处理用户输入和**缓冲区溢出**。在这里，我们了解到 strcat()、strcpy() 和 strdup() 等函数是不安全的，因为它们复制传入的任何数据，即使目标缓冲区没有足够的空间容纳它们。当我们给程序一个超过 10 个字符（实际上是 9 个字符，因为 NULL 字符占用一个位置）的字符串，程序会崩溃并发生段错误。

这些字符串函数具有名称中包含 n 的等价函数。例如，strncat()。这些函数只复制第 3 个实参中指定的数量。在我们的示例中，将数量指定为 sizeof(buf)-1，在程序中是 9。我们使用的数量比 buf 实际数量小 1 是为末尾的空终止字符（\0）腾出空间。使用 sizeof(buf) 比使用字面量数字更好。如果我们在这里使用了数字 9，然后将缓冲区的大小更改为 5，那么很可能会忘记更新 strncat() 的数字。

4.4 错误处理和 errno

在 Linux 和其他类 UNIX 系统中，大多数系统调用函数在发生错误时会设置一个名为 errno 的特殊变量。通过这种方式，我们从返回值（通常是 -1）得到一个通用的错误代码，然后通过查看 errno 变量获得错误的具体信息。

在这个范例中，我们将学习什么是 errno、如何读取其值，以及何时设置它。我们还将看到 errno 的一个示例。学习 errno 对于系统编程来说是必要的，因为它与系统调用一起使用。

本章接下来的几个范例都与这个范例紧密相关。在这个范例中，我们将学习关于 errno 的知识。在下面三个方法中，我们将学习如何解释从 errno 获得的错误代码并打印人类可读的错误消息。

4.4.1 准备工作

对于这个范例，你将需要与上一个范例相同的组件：GCC 编译器、Make 工具和 *POSIX Programmer's Manual*。如果还没有安装它们，请参阅第 1 章以及 3.5 节。

4.4.2 实践步骤

在这个范例中，我们将继续从本章的第 1 个范例中构建 simple-touch-v2.c。在这里，我们将扩展它，以便它在无法创建文件时打印一些更有用的信息。

1. 将以下代码写入一个文件，并将其保存为 simple-touch-v3.c。在这个版本中，我们将使用变量 errno 来判断错误是由权限错误（EACCES）引起的还是其他未知错误引起的。修改后的代码在这里**突出**显示：

```
#include <stdio.h>
#include <fcntl.h>
#include <string.h>
#include <errno.h>
#include <linux/limits.h>

int main(int argc, char *argv[])
{
   char filename[PATH_MAX] = { 0 };
   if (argc != 2)
   {
      fprintf(stderr, "You must supply a filename "
         "as an argument\n");
      return 1;
   }
   strncpy(filename, argv[1], sizeof(filename)-1);
   if ( creat(filename, 00644) == -1 )
   {
      fprintf(stderr, "Can't create file %s\n",
         filename);
      if (errno == EACCES)
      {
         fprintf(stderr, "Permission denied\n");
      }
      else
      {
```

```
                fprintf(stderr, "Unknown error\n");
        }
        return 1;
    }
    return 0;
}
```

2. 编译这个版本：

```
$> make simple-touch-v3
gcc -Wall -Wextra -pedantic -std=c99    simple-touch-v3.c
-o simple-touch-v3
```

3. 运行新版本。这一次，程序给了我们关于哪里出了问题的更多信息。如果是权限错误，它会告诉我们；否则，它将打印 Unknown error：

```
$> ./simple-touch-v3 asdf
$> ls -l asdf
-rw-r--r-- 1 jake jake 0 okt 13 23:30 asdf
$> ./simple-touch-v3 /asdf
Can't create file /asdf
Permission denied
$> ./simple-touch-v3 /non-existent-dir/hello
Can't create file /non-existent-dir/hello
Unknown error
```

4.4.3　它是如何工作的

在这个版本中，我们注意到的第一个区别是，现在包含了一个名为 errno.h 的头文件。如果我们希望使用 errno 变量和许多错误**宏**，则需要这个文件。其中一个宏是 EACCES，我们在新版本中使用了它。

下一个区别是我们现在使用 sizeof(filename)-1（而不是 PATH_MAX-1）用于 strncpy() 的 size 参数。

然后，if (errno == EACCES) 行检查 errno 变量是否等于 EACCES 宏。我们可以在 man errno.h 和 man 2 creat 中阅读这些宏，比如 EACCES（这个特定的宏表示权限被拒绝）。

当我们使用 errno 时，应该首先检查函数或系统调用的返回值，就像我们在 creat() 周围使用 if 语句所做的一样。errno 变量与其他变量一样，这意味着它在系统调用之后不会被清除。如果在检查函数的返回值之前直接检查 errno，则 errno 可能包含前一个错误的错误代码。

在 touch 的版本中，我们只处理特定的错误。接下来有一个 else 语句，它捕获所有其他错误并打印一条 Unknown error 消息。

在步骤 3 中，通过尝试在系统不存在的目录中创建文件，我们生成了一条 Unknown error 消息。在下一个范例中，我们将扩展程序，以便它使用更多宏。

4.5 处理更多 errno 宏

在接下来的范例中，我们编写一个新版本程序来处理更多的 errno 宏。在前面的范例中，我们设法引入了一条 Unknown error 消息，因为我们只处理了权限拒绝错误。在这里，我们将找出究竟是什么导致了这个错误和它的命名原因。我们将通过实现另一个 if 语句来处理它。了解如何找到正确的 errno 宏将帮助你更深入地理解计算、Linux、系统调用和错误处理。

4.5.1 准备工作

我们将查阅手册页以找到所需信息。本范例需要手册页、GCC 编译器和 Make 工具。

4.5.2 实践步骤

按照以下步骤来完成这个范例。

1. 首先使用 man 2 creat 阅读 creat() 的手册页。向下滚动到 **ERRORS** 标题。阅读不同宏的描述。最终，你会发现一个关于路径名不存在的错误宏。该宏的名称是 ENOENT（Error No Entry 的缩写）。

2. 让我们用一条新的 if 语句来处理 ENOENT。将新版本命名为 simple-touch-v4.c。完整的程序如下。这里加粗显示了对比以前版本的更改。另外，请注意，我们在加粗显示的代码中删除了一些 if 语句的括号：

```c
#include <stdio.h>
#include <fcntl.h>
#include <string.h>
#include <errno.h>
#include <linux/limits.h>

int main(int argc, char *argv[])
{
   char filename[PATH_MAX] = { 0 };
   if (argc != 2)
   {
      fprintf(stderr, "You must supply a filename "
        "as an argument\n");
      return 1;
   }
   strncpy(filename, argv[1], sizeof(filename)-1);
   if ( creat(filename, 00644) == -1 )
   {
      fprintf(stderr, "Can't create file %s\n",
        filename);
      if (errno == EACCES)
         fprintf(stderr, "Permission denied\n");
      else if (errno == ENOENT)
         fprintf(stderr, "Parent directories does "
           "not exist\n");
```

```
        else
            fprintf(stderr, "Unknown error\n");
        return 1;
    }
    return 0;
}
```

3. 编译代码：

```
$> make simple-touch-v4
gcc -Wall -Wextra -pedantic -std=c99    simple-touch-v4.c
-o simple-touch-v4
```

4. 让我们运行它并生成一些错误。这一次，它将打印一条目录不存在的错误消息：

```
$> ./simple-touch-v4 asdf123
$> ./simple-touch-v4 /hello
Can't create file /hello
Permission denied
$> ./simple-touch-v4 /non-existent/hello
Can't create file /non-existent/hello
Parent directories do not exist
```

4.5.3 它是如何工作的

在这个版本中，为了节省空间，我在 if、else if 和 else 语句中删除了括号。如果每个 if、else if 和 else 下面只有一条语句，则此代码是有效的。但是，这里存在潜在的危险，因为它很容易犯错误。如果我们在一个 if 语句中编写更多语句，那么这些语句就不是 if 语句的一部分，即使它看起来是正确的，编译时也没有错误。我们称这种错误为误导性缩进。这种错误会欺骗我们，让我们认为它是正确的。

代码中的下一个新内容是 else if (errno == ENOENT) 行及其下面的行，这是我们处理 ENOENT 错误宏的地方。

4.5.4 更多

在 man 2 syscalls 中列出的几乎所有的系统调用函数都设置了 errno 变量。查看这些函数的手册页，向下滚动到 RETURN VALUE 和 ERRORS，你会发现不同的函数集有哪些 errno 宏。

另外，请阅读 man errno.h，其中包含了关于这些宏的信息。

4.6 使用 errno 和 strerror()

使用名为 strerror() 的函数更容易处理所有可能的错误，而不是查找每个可能的 errno 宏并弄清楚哪些宏适用以及它们的含义。这个函数将 errno 代码转换为可读的消息。使用 strerror() 比自己实现一切要快得多，也更安全，出错的风险更小。每当有函数可以减轻手工工作时，我们应该利用它。

请注意，此函数旨在将 errno 宏转换为可读的错误消息。如果我们想以某种特定的方式处理特定的错误，仍然需要使用实际的 errno 值。

4.6.1 准备工作

上一个范例的要求也适用于这个范例。这意味着我们需要 GCC 编译器、Make 工具（以及 Makefile）和手册页。

4.6.2 实践步骤

在这个范例中，我们将继续扩展新版本代码。这一次，我们将重写为不同宏编写的 if 语句，并使用 strerror() 代替。

1. 编写以下代码并将其保存为 simple-touch-v5.c。注意，由于我们用 strerror() 替换了 if 语句，因此代码变得更简洁了。与上一个版本的变化在这里加粗显示：

```
#include <stdio.h>
#include <fcntl.h>
#include <string.h>
#include <errno.h>
#include <linux/limits.h>

int main(int argc, char *argv[])
{
    int errornum;
    char filename[PATH_MAX] = { 0 };
    if (argc != 2)
    {
        fprintf(stderr, "You must supply a filename "
            "as an argument\n");
        return 1;
    }
    strncpy(filename, argv[1], sizeof(filename)-1);
    if ( creat(filename, 00644) == -1 )
    {
        errornum = errno;
        fprintf(stderr, "Can't create file %s\n",
            filename);
        fprintf(stderr, "%s\n", strerror(errornum));
        return 1;
    }
    return 0;
}
```

2. 编译新版本：

```
$> make simple-touch-v5
gcc -Wall -Wextra -pedantic -std=c99    simple-touch-v5.c
-o simple-touch-v5
```

3. 让我们试一下。注意这个程序现在是如何打印错误消息来描述出错的地方的。我们甚至不需要检查 errno 变量是否存在可能的错误：

```
$> ./simple-touch-v5 hello123
$> ls hello123
hello123
$> ./simple-touch-v5 /asdf123
Can't create file /asdf123
Permission denied
$> ./simple-touch-v5 /asdf123/hello
Can't create file /asdf123/hello
No such file or directory
How it works…
```

4. 所有 if、else if 和 else 语句现在都被替换为一行代码：

```
fprintf(stderr, "%s\n", strerror(error));
```

我们还将 errno 中的值保存在一个名为 errornum 的新变量中。我们这样做是因为在下一次发生错误时，errno 中的值将被新的错误代码覆盖。为了防止在 errno 被覆盖时显示错误的错误消息，将其保存到一个新变量中会更安全。

然后使用 errornum 中存储的错误代码作为新函数 strerror() 的参数。此函数将错误代码转换为人类可读的错误消息，并以字符串形式返回该消息。这样，我们就不必为每一个可能发生的错误创建 if 语句。

在步骤 3 中，我们看到了 strerror() 如何将 EACCES 宏转换为 Permission denied，并将 ENOENT 转换为 No such file or directory。

4.6.3 更多

在 man 3 strerror 手册页中，你将发现一个类似的函数，它可以在用户首选的语言环境中打印错误消息。

4.7 使用 errno 和 perror()

在前面的范例中，我们使用 strerror() 获取一个字符串，其中包含来自 errno 的可读错误消息。还有一个与 strerror() 类似的函数叫作 perror()。它的名字叫作**打印错误**，因为它将错误消息直接打印到标准错误。

在本范例中，我们将编写第 6 版的程序。这一次，我们将用 perror() 替换两条 fprinf() 语句。

4.7.1 准备工作

这个范例所需的工具是 GCC 编译器和 Make 工具（以及通用的 Makefile）。

4.7.2 实践步骤

遵循以下步骤，创建一个更短、更好的 simple-touch。

1. 将以下代码写入一个文件，并将其保存为 simple-touch-v6.c。这一次，程序更小。我们已经删除了两条 fprintf() 语句并将其替换为 perror()。和以前的版本的差异在这里加粗显示：

```c
#include <stdio.h>
#include <fcntl.h>
#include <string.h>
#include <errno.h>
#include <linux/limits.h>

int main(int argc, char *argv[])
{
    char filename[PATH_MAX] = { 0 };
    if (argc != 2)
    {
        fprintf(stderr, "You must supply a filename "
            "as an argument\n");
        return 1;
    }
    strncpy(filename, argv[1], sizeof(filename)-1);
    if ( creat(filename, 00644) == -1 )
    {
        perror("Can't create file");
        return 1;
    }
    return 0;
}
```

2. 用 Make 编译代码

```
$> make simple-touch-v6
gcc -Wall -Wextra -pedantic -std=c99    simple-touch-v6.c
-o simple-touch-v6
```

3. 运行它，并观察错误消息输出的变化：

```
$> ./simple-touch-v6 abc123
$> ./simple-touch-v6 /asdf123
Can't create file: Permission denied
$> ./simple-touch-v6 /asdf123/hello
Can't create file: No such file or directory
How it works…
```

这一次，我们将两个 fprintf() 行替换为一行：

```
perror("Can't create file");
```

perror() 函数接受一个参数、一个带有描述或函数名的字符串。在本例中，我选择给它一个通用错误消息：Can't create file。当 perror() 打印错误消息时，它获取 errno 中的最后一个错误代码（注意，我们没有指定任何错误代码变量），并将该错误消息应用于文本 Can't create file 之后。因此，我们不再需要 fprintf() 行。

即使在对 perror() 的调用中没有显式地声明 errno，仍然会使用它。如果发生另一个错误，则下一次调用 perror() 将打印该错误消息。perror() 函数的作用是打印最后一个错误。

4.7.3　更多

在手册页 man 3 perror 有一些很棒的提示。例如，最好包含导致错误的函数名，这使得在用户报告错误时更容易调试程序。

4.8　返回错误值

尽管人类可读的错误消息很重要，但我们一定不要忘记向 shell 返回一个表示错误的值。我们已经看到，返回 0 意味着一切正常，而返回其他值（大多数时候是 1）意味着确实发生了某种错误。但是，如果需要，我们可以返回更具体的值，以便依赖于程序的其他程序可以读取这些数字。例如，我们实际上可以返回 errno 变量，因为它只是一个整数。我们看到的所有宏（比如 EACCES 和 ENOENT）都是整数（EACCES 和 ENOENT 分别为 13 和 2）。

在这个范例中，我们将学习如何向 shell 返回 errno 编号以提供更具体的信息。

4.8.1　准备工作

以前范例中提到的程序同样适用于这个范例。

4.8.2　实践步骤

在这个范例中，我们将编写 simple-touch 的第 7 版。

1. 在这个版本中，我们只从上一个版本中更改一行。

打开 simple-touch-v6.c 并更改 perror() 行下面的 return 语句为 return errno。将新文件保存为 simple-touch-v7.c。最新版本如下所示，加粗显示了更改后的行：

```
#include <stdio.h>
#include <fcntl.h>
#include <string.h>
#include <errno.h>
#include <linux/limits.h>

int main(int argc, char *argv[])
{
    char filename[PATH_MAX] = { 0 };
    if (argc != 2)
    {
        fprintf(stderr, "You must supply a filename "
            "as an argument\n");
        return 1;
    }
    strncpy(filename, argv[1], sizeof(filename)-1);
    if ( creat(filename, 00644) == -1 )
    {
        perror("Can't create file");
```

```
        return errno;
    }
    return 0;
}
```

2. 编译这个新版本：

```
$> make simple-touch-v7
gcc -Wall -Wextra -pedantic -std=c99    simple-touch-v7.c
-o simple-touch-v7
```

3. 运行它并检查退出代码：

```
$> ./simple-touch-v7 asdf
$> echo $
0
$> ./simple-touch-v7 /asdf
Can't create file: Permission denied
$> echo $?
13
$> ./simple-touch-v7 /asdf/hello123
Can't create file: No such file or directory
$> echo $?
2
```

4.8.3 它是如何工作的

errno.h 中定义的错误宏是正则整数。例如，如果我们返回 EACCES，则返回数字 13。那么，这里发生了什么（当错误发生时）？首先，errno 是在幕后设置的，然后 perror() 使用 errno 中存储的值打印人类可读的错误消息。最后，程序返回到 shell，并将整数存储在 errno 中，以指示其程序出了什么问题。不过，我们应该稍微小心一点，因为有一些保留的返回值。例如，在 shell 中，返回值 2 通常意味着 shell 内置错误（Missuse of shell builtins）。然而，在 errno 中，返回值 2 表示 No such file or directory（ENOENT）。

4.8.4 更多

有一个叫作 errno 的小程序可以打印所有宏及其整数。只不过工具在默认情况下并没有安装。安装包的名称是 moreutils。

安装完成后，可以运行 errno -l 命令打印所有宏的列表，其中选项 l 代表列表。

要在 Debian 和 Ubuntu 中安装这个包，需使用 root 用户运行 apt install moreutils。

要在 Fedora 中安装这个包，需使用 root 用户运行 dnf install moreutils。

要在 CentOS 和 Red Hat 上安装这个包，你必须先用 dnf install epel-release 添加 epel-release 库，然后使用 dnf install moreutils 以 root 用户的身份安装该包。在撰写本文的时候，CentOS 8 有一些关于 moreutils 的依赖问题，所以它可能无法工作。

Chapter 5　第 5 章

使用文件 I/O 和文件系统操作

　　文件 I/O 是系统编程的一个重要部分，因为大多数程序都必须对文件进行读写。要执行文件 I/O，开发人员还需要对文件系统有所了解。

　　掌握文件 I/O 和文件系统操作将使你成为更好的程序员和系统管理员。

　　在本章中，我们将学习 Linux 文件系统和索引节点，以及如何使用流和文件描述符在系统上读取和写入文件。我们还将学习创建和删除文件以及更改文件权限和所有权的系统调用。在本章的最后，我们将学习如何获取文件的相关信息。

　　本章涵盖以下主题：

- 读取索引节点信息并学习文件系统
- 创建软链接和硬链接
- 创建文件并更新时间戳
- 删除文件
- 获得访问权限和所有权
- 设置访问权限和所有权
- 使用文件描述符写入文件
- 使用文件描述符读取文件
- 使用流写入文件
- 使用流读取文件
- 使用流读写二进制数据
- 使用 lseek() 在文件中移动
- 使用 fseek() 在文件中移动

5.1 技术要求

在本章中，你将需要 GCC 编译器、Make 工具和通用的 Makefile。我们在第 3 章中编写了通用的 Makefile。第 1 章中介绍过安装 GCC 编译器和 Make 工具。

通用的 Makefile 以及本章的所有源代码示例都可以从 GitHub 下载，网址是：`https://github.com/PacktPublishing/Linux-System-Programming-Techniques/tree/master/ch5`。

我们将在 Linux 内置手册中查找函数和头文件。如果你正在使用 Debian 或 Ubuntu，Linux 程序员手册是作为构建必备包的一部分默认安装的，在第 1 章中已经介绍过。你还需要安装 POSIX 程序员手册，这个在 3.5 节介绍过。如果你正在使用 CentOS 或 Fedora，这些手册很可能已经安装好了。

5.2 读取索引节点信息并学习文件系统

理解索引节点是更深层次理解 Linux 文件系统的关键。在 Linux 或 UNIX 系统中，文件名不是实际的文件，而是一个指向索引节点的指针。索引节点包含关于实际数据存储位置的信息，以及关于文件的大量元数据，例如文件模式、最后修改日期和所有者。

在本范例中，我们将大致了解文件系统以及索引节点是如何适应文件系统的，将查看索引节点信息并学习一些相关命令。我们还将编写一个小的 C 程序，从文件名读取索引节点信息。

5.2.1 准备工作

在本范例中，我们将使用命令和 C 程序来探索索引节点的概念。5.1 节介绍了这个范例所需的一切工具。

5.2.2 实践步骤

在这个范例中，我们将首先探索系统上用于查看索引节点信息的已有命令。然后，我们将创建一个小型 C 程序来打印索引节点信息。

1. 首先创建一个小文本文件，我们将在整个范例中使用它：

```
$> echo "This is just a small file we'll use" \
> > testfile1
$> cat testfile1
This is just a small file we'll use
```

2. 查看这个文件的索引节点编号及其大小、块计数等信息。索引节点号在每个系统和每个文件中都是不同的：

```
$> stat testfile1
  File: testfile1
```

```
 Size: 36              Blocks: 8          IO Block:
262144 regular file
Device: 35h/53d Inode: 19374124    Links: 1
Access: (0644/-rw-r--r--)  Uid: ( 1000/   jake)  Gid: (
1000/   jake)
Access: 2020-10-16 22:19:02.770945984 +0200
Modify: 2020-10-16 22:19:02.774945969 +0200
Change: 2020-10-16 22:19:02.774945969 +0200
 Birth: -
```

3. 该文件的大小为 36 个字节。因为文本中没有使用特殊字符，所以这将与文件包含的字符数量相同。我们可以使用 wc 来计算字符的数量：

```
$> wc -c testfile1
36 testfile1
```

4. 编写一个小程序来提取以下信息：索引节点编号、文件大小和链接数量（我们将在下一个范例中返回链接数量）。在一个文件中编写以下代码，并将其保存为 my-stat-v1.c。我们用来提取信息的系统调用函数的名称与命令行工具 stat 的名称相同。系统调用函数在代码中突出显示：

```c
#include <stdio.h>
#include <sys/types.h>
#include <sys/stat.h>
#include <unistd.h>
#include <errno.h>
#include <string.h>

int main(int argc, char *argv[])
{
    struct stat filestat;
    if ( argc != 2 )
    {
        fprintf(stderr, "Usage: %s <file>\n",
            argv[0]);
        return 1;
    }
    if ( stat(argv[1], &filestat) == -1 )
    {
        fprintf(stderr, "Can't read file %s: %s\n",
            argv[1], strerror(errno));
        return errno;
    }
    printf("Inode: %lu\n", filestat.st_ino);
    printf("Size: %zd\n", filestat.st_size);
    printf("Links: %lu\n", filestat.st_nlink);
    return 0;
}
```

5. 使用 Make 和通用的 Makefile 编译这个程序：

```
$> make my-stat-v1
gcc -Wall -Wextra -pedantic -std=c99    my-stat-v1.c   -o
my-stat-v1
```

6. 使用 testfile1 文件试试这个程序。比较索引节点编号、大小和链接数量。这些
数值应该与我们使用 stat 命令时相同:

```
$> ./my-stat-v1 testfile1
Inode: 19374124
Size: 36
Links: 1
```

7. 如果我们不输入参数,将得到一个用法消息:

```
$> ./my-stat-v1
Usage: ./my-stat-v1 <file>
```

8. 如果我们用一个不存在的文件进行测试,则会得到一条错误消息:

```
$> ./my-stat-v1 hello123
Can't read file hello123: No such file or directory
```

5.2.3 它是如何工作的

文件的文件名不是数据或文件,而是一个到索引节点的链接。而该索引节点又包含关
于实际数据在文件系统的存储位置信息。正如我们将在 5.3 节中看到的,一个索引节点可以
有多个名称或链接。

文件名有时也称为链接。图 5.1 展示了指向索引节点的文件名的概念,索引节点包含了
关于数据块的存储位置信息。

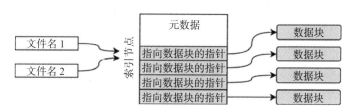

图 5.1 索引节点和文件名

索引节点还包含元数据,如创建日期、最后修改日期、文件大小、所有权和访问权限
等。在第 2 步中,我们使用 stat 命令提取这个元数据。

在第 4 步中,我们创建了一个小型 C 程序,它使用与命令 stat 同名的系统调用函数
读取元数据。stat() 系统调用提取的数据比我们在这里打印的数据多得多。我们将在本
章中打印更多相关信息。所有这些信息都存储在一个名为 stat 的数据结构中。

在手册页中,我们还可以看到变量的数据类型(ino_t、off_t 和 nlink_t)。然后,
在 man sys_types.h 中(在 **Additionally** 下面),我们找到了这些类型。

我们在这里使用的字段中,st_ino 表示索引节点编号,st_size 表示文件大小,
st_nlink 表示到文件的链接数量。

在第 6 步中,我们使用 C 程序提取的信息与 stat 命令打印的信息相同。

我们还在程序中实现了错误处理。stat() 函数被封装在 if 语句中,检查其返回值是

否为 −1。如果确实发生了错误，则使用文件名和 errno 中的错误消息将错误消息打印到标准错误。程序还向 shell 返回 errno 变量。我们在第 4 章中学习了所有关于错误处理和 errno 的知识。

5.3 创建软链接和硬链接

前面，我们讨论了链接的主题。在本节中，我们将学习更多关于链接以及它们如何影响索引节点的知识。我们还会研究软链接和硬链接的区别。简而言之，硬链接就是文件名，软链接像是文件名的快捷方式。

在此基础上，我们将编写两个程序：一个创建硬链接，一个创建软链接。然后，我们将使用前面范例中创建的程序来检查链接计数。

5.3.1 准备工作

除了本章开头列出的需求，我们还需要前面范例中创建的程序 my-stat-v1.c 以及测试文件 testfile1。如果你还没有创建这些文件，可以从 GitHub 上下载它们：https://github.com/PacktPublishing/Linux-System-Programming-Techniques/tree/master/ch5.。

你还需要使用 Make 编译 my-stat-v1.c 程序，以便能够执行它（如果你还没有这样做的话）。使用 make my-stat-v1 编译它。

5.3.2 实践步骤

我们将使用内置命令和编写简单的 C 程序来创建软链接和硬链接：

1. 首先创建一个到测试文件 testfile1 的新硬链接，并命名为 my-File：

```
$> ln testfile1 my-file
```

2. 现在让我们观察一下这个新文件。注意这个链接数量是如何增加到 2 的，但其余与 testfile1 相同：

```
$> cat my-file
This is just a small file we'll use
$> ls -l my-file
-rw-r--r-- 3 jake jake 36 okt 16 22:19 my-file
$> ./my-stat-v1 my-file
Inode: 19374124
Size: 36
Links: 2
```

3. 现在将这些数值与 testfile1 文件进行比较。它们应该是一样的：

```
$> ls -l testfile1
-rw-r--r-- 3 jake jake 36 okt 16 22:19 testfile1
```

```
$> ./my-stat-v1 testfile1
Inode: 19374124
Size: 36
Links: 2
```

4. 让我们创建另一个名为 `another-name` 的硬链接。我们使用名称 `my-file` 作为目标创建此链接：

```
$> ln my-file another-name
```

5. 查看这个文件的信息：

```
$> ls -l another-name
-rw-r--r-- 2 jake jake 36 okt 16 22:19 another-name
$> ./my-stat-v1 another-name
Inode: 19374124
Size: 36
Links: 3
```

6. 删除 `testfile1` 文件名：

```
$> rm testfile1
```

7. 由于删除了创建的第一个文件名，我们将查看另外两个文件名：

```
$> cat my-file
This is just a small file we'll use
$> ls -l my-file
-rw-r--r-- 2 jake jake 36 okt 16 22:19 my-file
$> ./my-stat-v1 my-file
Inode: 19374124
Size: 36
Links: 2
$> cat another-name
This is just a small file we'll use
$> ls -l another-name
-rw-r--r-- 2 jake jake 36 okt 16 22:19 another-name
$> ./my-stat-v1 another-name
Inode: 19374124
Size: 36
Links: 2
```

8. 创建一个软链接。我们给 `another-name` 文件创建一个名为 `my-soft-link` 的软链接：

```
$> ln -s another-name my-soft-link
```

9. 软链接是一种特殊的文件类型，我们可以通过 `ls` 命令看到它。注意，我们在这里得到了一个新的时间戳。另外，请注意它是一个特殊的文件，可以通过文件模式字段中的第一个字母 `l` 看到，字母 `l` 表示链接：

```
$> ls -l my-soft-link
lrwxrwxrwx 1 jake jake 12 okt 17 01:49 my-soft-link ->
another-name
```

10. 检查 `another-name` 文件的链接计数。注意，带有软链接的计数器没有增加：

```
$> ./my-stat-v1 another-name
Inode: 19374124
Size: 36
Links: 2
```

11. 编写我们自己的程序来创建硬链接。这里有一个简单易用的系统调用link()，我们将使用它。将以下代码写入一个文件，并将其保存到文件 new-name.c。link() 系统调用在代码中突出显示：

```
#include <stdio.h>
#include <unistd.h>
#include <string.h>
#include <errno.h>

int main(int argc, char *argv[])
{
    if (argc != 3)
    {
        fprintf(stderr, "Usage: %s [target] "
            "[new-name]\n", argv[0]);
        return 1;
    }
    if (link(argv[1], argv[2]) == -1)
    {
        perror("Can't create link");
        return 1;
    }
    return 0;
}
```

12. 编译程序：

```
$> make new-name
gcc -Wall -Wextra -pedantic -std=c99    new-name.c   -o
new-name
```

13. 为之前的 my-file 文件创建一个新名称并命名为 third-name.。我们还试图生成一些错误，以确保程序输出正确的错误消息。注意，third-name 的索引节点信息与 my-file 的相同：

```
$> ./new-name
Usage: ./new-name [target] [new-name]
$> ./new-name my-file third-name
$> ./my-stat-v1 third-name
Inode: 19374124
Size: 36
Links: 3
$> ./new-name my-file /home/carl/hello
Can't create link: Permission denied
$> ./new-name my-file /mnt/localnas_disk2/
Can't create link: File exists
$> ./new-name my-file /mnt/localnas_disk2/third-name
Can't create link: Invalid cross-device link
```

14. 创建一个创建软链接的程序。对此还有一个易于使用的系统调用，称为 symlink()，
表示符号链接，符号链接是软链接的另一个名称。这个程序将与前一个程序相似。
将以下代码写入一个文件，并将其保存为 new-symlink.c。symlink() 系统调
用在代码中加粗显示。这些系统调用函数非常相似：

```c
#define _XOPEN_SOURCE 700
#include <stdio.h>
#include <unistd.h>
#include <string.h>
#include <errno.h>

int main(int argc, char *argv[])
{
    if (argc != 3)
    {
        fprintf(stderr, "Usage: %s [target] "
            "[link]\n", argv[0]);
        return 1;
    }
    if (symlink(argv[1], argv[2]) == -1)
    {
        perror("Can't create link");
        return 1;
    }
    return 0;
}
```

15. 编译程序：

```
$> make new-symlink
gcc -Wall -Wextra -pedantic -std=c99    new-symlink.c
-o new-symlink
```

16. 创建一个新的软链接 new-soft-link 到 third-name 文件。同样，我们尝试生
成一些错误，以便验证错误处理是否有效：

```
$> ./new-symlink third-name new-soft-link
$> ls -l new-soft-link
lrwxrwxrwx 1 jake jake 10 okt 18 00:31 new-soft-link ->
third-name
$> ./new-symlink third-name new-soft-link
Can't create link: File exists
$> ./new-symlink third-name /etc/new-soft-link
Can't create link: Permission denied
```

5.3.3　它是如何工作的

在步骤 1～7 中，我们创建了两个到 testfile1 文件的新硬链接。但正如我们注意
到的，硬链接并没有什么特别之处，它只是索引节点的另一个名称。所有的文件名都是硬
链接。文件名只是一个到索引节点的链接。我们在删除 testfile1 文件名时看到了这一
点。剩下的两个名称链接到相同的索引节点，它包含相同的文本。第一个文件名或链接没

有什么特别之处。无法知道哪个硬链接是最先创建的，它们是平等的，甚至共享相同的日期，即使其他链接是在晚些时候建立的。日期是针对索引节点的，而不是文件名。

当创建和删除硬链接时，我们看到了链接数量是如何增加和减少的。这是记录它拥有多少链接（或名称）的索引节点。

直到最后一个名称被删除，即当链接计数器为零时，索引节点才会被删除。

在第 8 ～ 10 步中，我们看到软链接是一种特殊的文件类型。软链接不计入索引节点的链接计数器。该文件由 `ls -l` 输出开头的 l 表示。我们还可以在 `ls -l` 输出中看到软链接指向哪个文件。软链接可以视为一种快捷方式。

在第 11 ～ 13 步中，我们编写了一个 C 程序，它创建一个硬链接（一个新名称）到现有文件名。在这里，我们了解到创建新名称的系统调用 `link()`，它有两个参数：目标和新名称。

在第 13 步中，我们看到了硬链接的一个有趣属性：它们不能跨设备。这是有道理的，文件名不能保留在与索引节点分离的设备上。如果移除该设备，则可能不再有任何名称指向该索引节点，从而使其无法访问。

在剩下的步骤中，我们编写了一个 C 程序来创建到现有文件的软链接。

这个系统调用类似于 `link()`，但称为 `symlink()`。

5.3.4　更多

请参阅本范例中涉及的系统调用的手册页（`man 2 link` 和 `man 2 symlink`），它们对硬链接和软链接都有很好的解释。

5.4　创建文件并更新时间戳

现在我们已经了解了文件系统、索引节点和硬链接，我们将学习如何通过用 C 语言编写 touch 版本来创建文件。我们已经在第 4 章中开始编写 touch 版本，并学习了错误处理。我们将继续使用该程序的最新版本，将其命名为 `simple-touch-v7.c`。如果文件存在，创建的真实版本会更新文件的修改时间戳和访问时间戳。在这个范例中，我们将把这个特性添加到新版本中。

5.4.1　准备工作

5.1 节列出了本范例所需的一切。虽然我们将在最新版本的 simple-touch 上添加，但将在这个范例中编写整个代码。如果想要完全理解这个程序，建议先阅读第 4 章。

5.4.2　实践步骤

在这个 simple-touch 的第 8 版中，我们将添加一个特性来更新文件的访问和修改日期：

1. 在一个文件中编写以下代码，并将其保存为 simple-touch-v8.c。这里我们将使用 utime() 系统调用来更新文件的访问时间戳和修改时间戳。代码中加粗显示了对以前版本的更改（除了添加的注释）。另外，请注意 creat() 系统调用是如何转移到 if 语句中的。只有当文件不存在时才会调用 creat() 系统调用：

```c
#include <stdio.h>
#include <fcntl.h>
#include <string.h>
#include <errno.h>
#include <utime.h>
#define MAX_LENGTH 100

int main(int argc, char *argv[])
{
    char filename[MAX_LENGTH] = { 0 };
    /* Check number of arguments */
    if (argc != 2)
    {
        fprintf(stderr, "You must supply a filename "
            "as an argument\n");
        return 1;
    }
    strncat(filename, argv[1], sizeof(filename)-1);

    /* Update the access and modification time */
    if ( utime(filename, NULL) == -1 )
    {
        /* If the file doesn't exist, create it */
        if (errno == ENOENT)
        {
            if ( creat(filename, 00644) == -1 )
            {
                perror("Can't create file");
                return errno;
            }
        }
        /* If we can't update the timestamp,
           something is wrong */
        else
        {
            perror("Can't update timestamp");
            return errno;
        }
    }
    return 0;
}
```

2. 用 Make 编译程序：

```
$> make simple-touch-v8
gcc -Wall -Wextra -pedantic -std=c99    simple-touch-v8.c
-o simple-touch-v8
```

3. 运行程序，看看它是如何工作的。我们将用前面范例中创建的文件名尝试，看看每个文件名如何获得相同的时间戳，因为它们都指向相同的索引节点：

```
$> ./simple-touch-v8 a-new-file
$> ls -l a-new-file
-rw-r--r-- 1 jake jake 0 okt 18 19:57 a-new-file
$> ls -l my-file
-rw-r--r-- 3 jake jake 36 okt 16 22:19 my-file
$> ls -l third-name
-rw-r--r-- 3 jake jake 36 okt 16 22:19 third-name
$> ./simple-touch-v8 third-name
$> ls -l my-file
-rw-r--r-- 3 jake jake 36 okt 18 19:58 my-file
$> ls -l third-name
-rw-r--r-- 3 jake jake 36 okt 18 19:58 third-name
$> ./simple-touch-v8 /etc/passwd
Can't change filename: Permission denied
$> ./simple-touch-v8 /etc/hello123
Can't create file: Permission denied
```

5.4.3 它是如何工作的

在这个范例中，我们添加了更新文件或索引节点时间戳的特性。

为了更新访问和修改时间，我们使用 utime() 系统调用。utime() 系统调用有两个参数：文件名和时间戳。但是如果我们将 NULL 作为函数的第二个参数，它将使用当前的时间和日期。

对 utime() 的调用封装在 if 语句中，该语句检查返回值是否为 −1。如果是，则说明有地方出错了，并且设置了 errno（参见第 4 章对 errno 的深入解释）。然后我们使用 errno 来检查它是否是文件不存在错误（ENOENT）。如果文件不存在，则使用 creat() 系统调用创建它。对 creat() 的调用也封装在 if 语句中。如果在创建文件时出现错误，那么程序将打印错误消息并返回 errno 值。如果程序成功创建了文件，那么它将继续向下执行并返回 0。

如果 utime() 中的 errno 值不是 ENOENT，它将继续到执行 else 语句，打印错误消息，并返回 errno。

当运行这个程序时，我们注意到，当我们更新 my-file 和 third-name 其中一个文件时，它们都得到了更新的时间戳。这是因为文件名刚好链接到同一个索引节点。时间戳是索引节点中的元数据。

5.4.4 更多

在 man 2 create 和 man 2 utime 中有很多有用的信息。如果你有兴趣了解关于 Linux 中的时间和日期的更多知识，推荐你阅读 man 2 time、man 3 asctime 和 man time.h。

5.5 删除文件

在本节中，我们将学习如何使用系统调用删除文件，以及 unlink() 名称的来源。这个范例将增强你对链接的理解，提高你对 Linux 及其文件系统的整体认知。知道如何使用系统调用删除文件将使你能够直接从程序中删除文件。

在这里，我们将编写自己的 rm 版本，称为 remove。学完本节，你将知道如何创建和删除文件以及如何创建链接。

5.5.1 准备工作

在这个范例中，我们将使用 my-stat-v1 程序，它是我们在 5.2 节中编写的。我们还将继续测试在前面的范例中创建的文件名 my-file、another-name 和 third-name。此外，你还需要 GCC 编译器、Make 工具和通用的 Makefile。

5.5.2 实践步骤

按照下面的步骤来编写 rm 的简单版本：

1. 将以下代码写入一个文件，并将其保存为 remove.c。这个程序使用 unlink() 系统调用来删除文件。系统调用在代码中突出显示：

```c
#include <stdio.h>
#include <unistd.h>
#include <errno.h>

int main(int argc, char *argv[])
{
    if (argc != 2)
    {
        fprintf(stderr, "Usage: %s [path]\n",
            argv[0]);
        return 1;
    }
    if ( unlink(argv[1]) == -1 )
    {
        perror("Can't remove file");
        return errno;
    }
    return 0;
}
```

2. 用 Make 工具编译：

```
$> make remove
gcc -Wall -Wextra -pedantic -std=c99   remove.c   -o
remove
```

3. 运行程序：

```
$> ./my-stat-v1 my-file
```

```
Inode: 19374124
Size: 36
Links: 3
$> ./remove another-name
$> ./my-stat-v1 my-file
Inode: 19374124
Size: 36
Links: 2
```

5.5.3　它是如何工作的

系统调用 unlink() 用来删除文件。这个名称来自这样一个事实：当我们删除文件名时，只删除了到该索引节点的硬链接。因此，我们将断开文件名的链接。如果它碰巧是索引节点的最后一个文件名，那么这个索引节点也会被删除。

unlink() 系统调用只接受一个参数：要删除的文件名。

5.6　获得访问权限和所有权

在这个范例中，我们将编写一个程序，使用 stat() 系统调用读取文件的访问权限和所有权。我们将继续在 5.2 节中构建的 my-stat-v1 程序的基础上进行构建。在这里，我们将添加一些功能来显示所有权和访问权限。了解如何以编程方式获得所有权和访问权限是处理文件和目录的关键。它将使你能够检查用户是否具有适当的权限，如果没有，则打印错误信息。

我们还将学习如何在 Linux 中解释访问权限，以及如何在数字表示和字母表示之间进行转换。理解 Linux 中的访问权限是成为 Linux 系统程序员的关键。整个系统上的每个文件和目录都有访问权限，这些权限被分配给所有者和组。不管它是一个日志文件、一个系统文件，还是只是一个用户拥有的文本文件，都有访问权限。

5.6.1　准备工作

对于这个范例，你只需要 5.1 节中列出的工具。

5.6.2　实践步骤

我们将在这个范例中编写 my-stat-v1 的新版本。这里我们将编写整个程序，所以你不需要以前的版本：

1. 在一个文件中编写以下代码，并将其保存为 my-stat-v2.c。在这个版本中，我们将提取关于文件所有者、文件组和文件模式的信息。

　　要将用户 ID 号转换为用户名，可以使用 getpwuid()。要获取组 ID 的组名，可以使用 getgrgid()。这些变化在代码中加粗显示：

```
#include <stdio.h>
#include <sys/types.h>
#include <sys/stat.h>
#include <unistd.h>
#include <errno.h>
#include <string.h>
#include <pwd.h>
#include <grp.h>

int main(int argc, char *argv[])
{
    struct stat filestat;
    struct passwd *userinfo;
    struct group *groupinfo;
    if ( argc != 2 )
    {
        fprintf(stderr, "Usage: %s <file>\n",
            argv[0]);
        return 1;
    }
    if ( stat(argv[1], &filestat) == -1 )
    {
        fprintf(stderr, "Can't read file %s: %s\n",
            argv[1], strerror(errno));
        return errno;
    }
    if ( (userinfo = getpwuid(filestat.st_uid)) ==
        NULL )
    {
        perror("Can't get username");
        return errno;
    }
    if ( (groupinfo = getgrgid(filestat.st_gid)) ==
        NULL )
    {
        perror("Can't get groupname");
        return errno;
    }
    printf("Inode: %lu\n", filestat.st_ino);
    printf("Size: %zd\n", filestat.st_size);
    printf("Links: %lu\n", filestat.st_nlink);
    printf("Owner: %d (%s)\n", filestat.st_uid,
        userinfo->pw_name);
    printf("Group: %d (%s)\n", filestat.st_gid,
        groupinfo->gr_name);
    printf("File mode: %o\n", filestat.st_mode);
    return 0;
}
```

2. 编译程序：

```
$> make my-stat-v2
gcc -Wall -Wextra -pedantic -std=c99   my-stat-v2.c   -o
my-stat-v2
```

3. 尝试通过不同的文件来测试程序：

```
$> ./my-stat-v2 third-name
Inode: 19374124
Size: 36
Links: 2
Owner: 1000 (jake)
Group: 1000 (jake)
File mode: 100644
$> ./my-stat-v2 /etc/passwd
Inode: 4721815
Size: 2620
Links: 1
Owner: 0 (root)
Group: 0 (root)
File mode: 100644
$> ./my-stat-v2 /bin/ls
Inode: 3540019
Size: 138856
Links: 1
Owner: 0 (root)
Group: 0 (root)
File mode: 100755
```

5.6.3 它是如何工作的

在这个版本的 my-stat 中，我们添加了一些功能来检索文件访问模式（实际上是文件模式）。文件的完整文件模式由 6 个八进制数组成。前 2 个（左边）是文件类型。在本例中，它是一个普通文件（10 代表一个普通文件）。第 4 个八进制数是 set-user-ID 位、set-group-ID 位和 sticky 位。最后 3 个八进制数字用于访问模式。

在 ls -l 的输出中，所有这些位都表示为字母。但当我们编写程序时，必须将这些设置为数字并读取它们。在继续之前，先看看文件模式的字母版本，这样才能真正理解它，如图 5.2 所示。

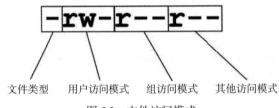

图 5.2 文件访问模式

set-user-ID 位允许进程作为二进制文件的所有者运行，尽管它是作为不同的用户被执行的。设置 set-user-ID 位有潜在的危险，我们不应该在程序中设置它。使用 set-user-ID 位的一个程序是 passwd 程序。当用户更改密码时，passwd 程序必须更新 etc/passwd 和 /etc/shadow 文件，即使这些文件属于 root 用户。在正常情况下，我们甚至不能以普通用户的身份读取 /etc/shadow 文件，但是通过在 passwd 程序上设置 set-user-ID 位，它甚至可以写入该文件。如果设置了 set-user-ID 位，则在用户访问模式的第 3 位用 s 表示。

set-group-ID 也有类似的效果。当程序被执行时，set-group-ID 位被设置，它将作为组被执行。当 set-group-ID 被设置时，在组访问模式的第 3 位用 s 表示。

在历史上，sticky 位用于将程序粘贴到交换空间，以减少加载时间。如今，它的用法完全不同了。现在，该名称及其含义已更改为限制删除标志。当一个目录设置了 sticky 位时，只有文件的所有者、目录所有者或 root 用户才可以删除该文件，即使这个目录是任何人都可以写的。例如，/tmp 目录通常设置了 sticky 位。sticky 位在最后一组的最后一个位置用 t 表示。

文件访问模式

当我们在一个文件上运行 ls-l 时，总是会看到两个名称。第一个名称是用户（所有者），第二个名称是拥有该文件的组。例如：

```
$> ls -l Makefile
-rw-r--r-- 1 jake devops 134 okt 27 23:39 Makefile
```

在本例中，jake 是用户（所有者），devops 是组。

文件访问模式比我们刚才介绍的特殊标志更容易理解。如图 5.2 所示，前三个字母是用户的访问模式（文件的所有者）。

这个特定的示例具有 rw-，这意味着用户可以读取和写入文件，但不能执行它。如果用户想执行它，则在最后一个位置用 x 表示。

中间的三个字母表示组访问模式（文件所属的组）。在这种情况下，组只能读取文件，因为组缺少用于写的 w 和用于执行的 x。

最后三个字母用于所有其他组的访问权限（不是所有者，也不在所有者组中）。在这种情况下，其他人可以直接读取文件。

完整的权限集是 rwxrwxrwx。

访问模式在字母和数字之间的转换

八进制数表示文件访问模式。在我们习惯之前，将字母转换为八进制最简单的方法是使用纸和笔。我们将每个组中设置了访问位的所有数字相加。如果它没有被设置（一个破折号），那么我们就不添加那个数字。当我们完成添加每个组时，会得到访问模式：

```
rw- r-- r-
421 421 421
 6   4   4
```

因此，上述八进制访问模式为 644。再例如：

```
rwx rwx r-x
421 421 421
 7   7   5
```

前面的访问模式是 775。再举一个例子：

```
rw- --- ---
421 421 421
  6   0   0
```

该访问模式为 600。

反过来也可以用笔和纸来完成。假设我们有访问模式 750，想把它转换成字母：

```
 7   5   0
421 401 000
rwx r-x ---
```

因此，750 变成了 rwxr-x---。

当你这样做了一段时间后，就知道了最常用的访问模式，不再需要笔和纸了。

八进制格式的文件模式

这里的原则与文件访问模式相同。记住，set-user-ID 在用户执行位用 s 表示，而 set-group-ID 在组执行位用 s 表示。t 字符表示最后执行位位置的 sticky 位（"其他"）。如果我们把它写成一行，会得到：

```
s s t
4 2 1
```

所以如果只设置了 set-user-ID 位，我们得到 4。如果 set-user-ID 和 set-group-ID 都被设置，则得到 4+2=6。如果只设置了 set-group-ID 位，则得到 2。如果只设置了 sticky 位，则得到 1，等等。如果所有的位都设置好了，就得到 7（4+2+1）。

这些文件模式在文件访问模式之前用一个数字表示。例如，八进制文件模式 4755 设置了 set-user-ID 位（4）。

当我们在 Linux 中编程时，甚至会遇到另外两个数字，正如我们在 my-stat-v2 程序的输出中看到的那样。如下所示：

```
File mode: 100755
```

前两个数字（本例中为 10）是文件类型。前面这两个数字的确切含义，我们可以在 man 7 inode 手册页中查找。

这里我们有一个漂亮的表格表示其含义。我在这里做了一个简化的列表，只显示我们感兴趣的前两个数字和它所代表的文件类型：

```
14    socket
12    symbolic link
10    regular file
06    block device
04    directory
02    character device
01    FIFO
```

这意味着我们的示例文件是一个普通文件（10）。

如果我们将学到的所有内容汇总起来，并将前面示例 my-stat-v2 输出的文件模式 100755 转换成这样：

```
10  = a regular file
0   = no set-user-ID, set-group-ID or sticky bit is set
755 = the user can read, write, and execute it. The group can
read and execute it, and all others can also read and execute
it.
```

文件类型也可以由位于第一个位置的字母表示（参见图 5.2）。字母内容如下：

```
s   socket
l   symbolic link
-   regular file
b   block device
d   directory
c   character device
p   FIFO
```

5.7　设置访问权限和所有权

在前面的范例中，我们学习了如何读取文件和文件夹的访问权限。在本节中，我们将学习如何使用 chmod 命令和 chmod() 系统调用设置访问权限，还将学习如何使用 chown 命令和 chown() 系统调用来更改文件的所有者和组。

知道如何正确设置访问权限将帮助你保持系统和文件的安全。

5.7.1　准备工作

对于这个范例，你只需要 5.1 节列出的工具。阅读上一个范例，了解 Linux 中的权限也会有帮助。该范例还需要上一个范例中的 my-stat-v2 程序。

5.7.2　实践步骤

以下步骤将教会我们如何更改文件与目录的访问权限和所有权。

首先，我们将使用 chmod 命令设置文件的访问权限，然后将使用 chmod() 系统调用编写一个简单的 C 版本的 chmod 命令：

1. 首先使用 chmod 命令从 my-stat-v2 程序中删除执行权限。下面命令中的 -x 表示删除执行权限：

```
$> chmod -x my-stat-v2
```

2. 执行这个程序。这应该会失败，因为权限被拒绝：

```
$> ./my-stat-v2
bash: ./my-stat-v2: Permission denied
```

3. 再次更改它，但这次我们使用八进制数设置绝对权限。可执行文件的合适权限是 755，翻译成 rwxr-xr-x。这意味着用户拥有所有的权限，同组成员可以读取和执行文件。其他所有人也都可以读取并执行它：

```
$> chmod 755 my-stat-v2
```

4. 再次执行这个程序：

```
./my-stat-v2
Usage: ./my-stat-v2 <file>
```

5. 现在可以使用 chmod() 系统调用编写简单版本的 chmod 命令了。在一个文件中编写以下代码，并将其保存为 my-chmod.c。chmod() 系统调用有两个参数：文件或目录的路径和表示为八进制数的文件权限。在执行 chmod() 系统调用之前，我们执行一些检查，以确保权限看起来是合理的（一个长度为 3 或 4 位的八进制数）。检查之后，使用 strtol() 将数字转换为八进制数。strtol() 的第三个参数是基值，在本例中是 8：

```c
#include <stdio.h>
#include <sys/stat.h>
#include <string.h>
#include <stdlib.h>

void printUsage(FILE *stream, char progname[]);

int main(int argc, char *argv[])
{
    long int accessmode; /*To hold the access mode*/
    /* Check that the user supplied two arguments */
    if (argc != 3)
    {
        printUsage(stderr, argv[0]);
        return 1;
    }
    /* Simple check for octal numbers and
       correct length */
    if( strspn(argv[1], "01234567\n")
            != strlen(argv[1])
            || ( strlen(argv[1]) != 3 &&
                 strlen(argv[1]) != 4 ) )
    {
        printUsage(stderr, argv[0]);
        return 1;
    }
    /* Convert to octal and set the permissions */
    accessmode = strtol(argv[1], NULL, 8);
    if (chmod(argv[2], accessmode) == -1)
    {
        perror("Can't change permissions");
    }
    return 0;
}

void printUsage(FILE *stream, char progname[])
{
    fprintf(stream, "Usage: %s <numerical "
        "permissions> <path>\n", progname);
}
```

6. 编译程序：

```
$> make my-chmod
gcc -Wall -Wextra -pedantic -std=c99   my-chmod.c   -o
my-chmod
```

7. 使用不同权限测试程序。别忘了使用 `ls-l` 检查结果：

```
$> ./my-chmod
Usage: ./my-chmod <numerical permissions> <path>
$> ./my-chmod 700 my-stat-v2
$> ls -l my-stat-v2
-rwx------ 1 jake jake 17072 Nov  1 07:29 my-stat-v2
$> ./my-chmod 750 my-stat-v2
$> ls -l my-stat-v2
-rwxr-x--- 1 jake jake 17072 Nov  1 07:29 my-stat-v2
```

8. 设置 `set-user-ID` 位。这个 `set-user-ID` 位（以及 `set-group-ID` 和 `sticky` 位）是访问模式前面的第 4 位。这里的 4 设置了 `set-user-ID` 位。注意用户字段中的 `s`（在以下代码中高亮显示）：

```
$> chmod 4755 my-stat-v2
$> ls -l my-stat-v2
-rwsr-xr-x 1 jake jake 17072 Nov  1 07:29 my-stat-v2
```

9. 设置所有位（`set-user-ID`、`set-group-ID`、`sticky` 位和所有权限）：

```
$> chmod 7777 my-stat-v2
$> ls -l my-stat-v2
-rwsrwsrwt 1 jake jake 17072 Nov  1 07:29 my-stat-v2
```

10. 把它变回更合理的权限：

```
$> chmod 755 my-stat-v2
$> ls -l my-stat-v2
-rwxr-xr-x 1 jake jake 17072 Nov  1 07:29 my-stat-v2
```

所有权

另外，我们还需要知道如何更改文件的所有权，而不仅仅是文件访问模式。这可以通过 `chown` 命令或 `chown()` 系统调用来完成。

1. 要更改文件的所有者，我们必须是 root 用户。普通用户不能放弃文件的所有权，也不能声称拥有别人的文件。让我们尝试使用 `chown` 命令将 `my-stat-v2` 的所有者更改为 root：

```
$> sudo chown root my-stat-v2
$> ls -l my-stat-v2
-rwxr-xr-x 1 root jake 17072 Nov  1 07:29 my-stat-v2
```

2. 如果我们想同时更改所有者和组，可以使用冒号分隔用户和组。第一个字段是所有者，第二个字段是组：

```
$> sudo chown root:root my-stat-v2
$> ls -l my-stat-v2
-rwxr-xr-x 1 root root 17072 Nov  1 07:29 my-stat-v2
```

3. 使用 chown() 系统调用来编写一个简化版本的 chown。chown() 系统调用只接受用户 ID 作为参数。为了能够使用名称，我们必须首先使用 getpwnam() 查找用户名。这将在 passwd 结构中的 pw_uid 字段向我们提供用户 ID。组也是如此。我们必须通过 getgrnam() 系统调用，使用它的名称来获取数值型的组 ID。现在我们知道了所有的系统调用，让我们来编写程序。C 程序文件命名为 my-chown.c。这个程序有点长，所以我把它分成几个步骤。请记住，所有步骤都应该放在一个文件中（my-chown.c）。如果你愿意，也可以从 https://github.com/PacktPublishing/Linux-System-Programming-Techniques/blob/master/ch5/my-chown.c 下载整个代码。我们从所有的头文件、变量和参数检查开始：

```c
#include <stdio.h>
#include <stdlib.h>
#include <unistd.h>
#include <sys/types.h>
#include <pwd.h>
#include <grp.h>
#include <string.h>
#include <errno.h>

int main(int argc, char *argv[])
{
    struct passwd *user; /* struct for getpwnam */
    struct group *grp; /* struct for getgrnam */
    char *username = { 0 }; /* extracted username */
    char *groupname = { 0 }; /*extracted groupname*/
    unsigned int uid, gid; /* extracted UID/GID */

    /* Check that the user supplied two arguments
       (filename and user or user:group) */
    if (argc != 3)
    {
        fprintf(stderr, "Usage: %s [user] [:group]"
            " [path]\n", argv[0]);
        return 1;
    }
```

4. 因为我们在参数中将用户名和组写成 username:group，所以需要提取用户名部分和组部分。我们使用一个名为 strtok() 的字符串函数来实现这一点。我们只在 strtok() 的第一次调用中提供第一个参数（字符串）。在此之后，从 user 结构中获得用户 ID（UID），从 grp 结构中获得组 ID（GID）。检查用户和组是否存在：

```c
/* Extract username and groupname */
username = strtok(argv[1], ":");
groupname = strtok(NULL, ":");

if ( (user = getpwnam(username)) == NULL )
{
```

```
        fprintf(stderr, "Invalid username\n");
        return 1;
    }
  uid = user->pw_uid; /* get the UID */

  if (groupname != NULL) /* if we typed a group */
{
    if ( (grp = getgrnam(groupname)) == NULL )
    {
        fprintf(stderr, "Invalid groupname\n");
        return 1;
    }
    gid = grp->gr_gid; /* get the GID */
}
else
{
    /* if no group is specifed, -1 won't change
        it (man 2 chown) */
    gid = -1;
}
```

5. 使用 chown() 系统调用改变文件的用户和组：

```
    /* update user/group (argv[2] is the filename)*/
    if ( chown(argv[2], uid, gid) == -1 )
    {
        perror("Can't change owner/group");
        return 1;
    }
    return 0;
}
```

6. 编译程序：

```
$> make my-chown
gcc -Wall -Wextra -pedantic -std=c99    my-chown.c   -o
my-chown
```

7. 使用一个文件来测试程序。请注意，我们需要作为 root 用户来更改文件的所有者和组：

```
$> ls -l my-stat-v2
-rwxr-xr-x 1 root root 17072 nov  7 19:59 my-stat-v2
$> sudo ./my-chown jake my-stat-v2
$> ls -l my-stat-v2
-rwxr-xr-x 1 jake root 17072 nov  7 19:59 my-stat-v2
$> sudo ./my-chown carl:carl my-stat-v2
$> ls -l my-stat-v2
-rwxr-xr-x 1 carl carl 17072 nov  7 19:59 my-stat-v2
```

5.7.3　它是如何工作的

系统中的每个文件和目录都具有访问权限和所有者 / 组对。通过 chmod 命令或 chmod() 系统调用修改访问权限。该名称是 change mode bits 的缩写。在前面的范例中，我们介绍了如何在更易于阅读的文本格式和数字八进制格式之间转换访问权限。在这个范例中，我们编写了一个程序，使用数值形式的 chmod() 系统调用来改变模式位。

为了将数值形式转换为八进制数，我们使用了 strtol()，将 8 作为第三个参数，这是数字系统的基。基数 8 是八进制，基数 10 是十进制，基数 16 是十六进制，以此类推。

我们编写了这个程序，以便用户可以选择想要设置的任何东西，无论是访问模式位（3 位）还是特殊位 [如 set-user-ID、set-group-ID 和 sticky 位（4 位）]。要确定用户输入的位数，可以使用 strlen()。

在下一个程序中，我们使用 chown() 来更新文件或目录的所有者和组。由于我们希望使用名称而不是数字 UID 和 GID 来更新用户和组，因此程序变得更加复杂。chown() 系统调用只接受 UID 和 GID，而不接受名称。这意味着在调用 chown() 之前，我们需要查找 UID 和 GID。为了查找 UID 和 GID，我们使用 getpwnam() 和 getgrnam()。每一个函数都提供了一个数据结构，其中包含各个用户或组可用的所有信息。从这些结构中提取 UID 和 GID，然后在 chown() 系统调用中使用它们。

为了从命令行（冒号）中分离用户名和组部分，我们使用 strtok() 函数。在函数的第一次调用中，我们指定字符串作为第一个参数（在本例中是 argv[1]）和分隔符（冒号）。在对 strtok() 的下一次调用中，我们通过将其设置为 NULL 而省略了该字符串，但仍然指定了分隔符。第一个调用返回用户名，第二个调用返回组名。

然后，在调用 getpwnam() 和 getgrnam() 时检查用户名和组名是否存在。如果用户名或组名不存在，函数返回 NULL。

5.7.4　更多

有几个与 getpwnam() 和 getgrnam() 类似的函数，具体取决于你所拥有的信息。如果有 UID，则使用 getpwuid()。同样，如果你有 GID，则使用 getgrgid()。man 3 getpwnam 和 man 3 getgrnam 手册页中有更多的信息和更多的函数。

5.8　使用文件描述符写入文件

在前面的章节中，我们已经看到了文件描述符的一些用法，例如，0、1 和 2（标准输入、标准输出和标准错误）。但在本节中，我们将使用文件描述符将文本从程序写入文件。

了解如何使用文件描述符写入文件可以让你更深入地了解系统，并使你能够做一些低级工作。

5.8.1　准备工作

对于这个范例，你只需要在 5.1 节中列出的工具。

5.8.2 实践步骤

在这里，我们将编写一个小程序，将文本写入文件。

1. 将以下代码写入一个文件，并将其保存为 fd-write.c。该程序接受两个参数：一个字符串和一个文件名。要使用文件描述符写入文件，必须首先使用 open() 系统调用打开文件。open() 系统调用返回一个文件描述符，它是一个整数。然后通过 write() 系统调用使用该文件描述符（整数）。我们已经在第3章中看到了 write()。在第3章中，我们使用 write() 将一个小文本写入标准输出。这一次，我们使用 write() 将文本写入文件。注意，open() 系统调用有三个参数：文件的路径、文件应该以哪种模式打开（在本例中，如果文件不存在，就创建文件，并以读、写模式打开它），以及访问模式（这里是 0644）：

```c
#include <stdio.h>
#include <unistd.h>
#include <fcntl.h>
#include <string.h>
#include <sys/types.h>
#include <sys/stat.h>
int main(int argc, char *argv[])
{
    int fd; /* for the file descriptor */

    if (argc != 3)
    {
        fprintf(stderr, "Usage: %s [path] [string]\n",
            argv[0]);
        return 1;
    }

    /* Open the file (argv[1]) and create it if it
       doesn't exist and set it in read-write mode.
       Set the access mode to 644 */
    if ( (fd = open(argv[1], O_CREAT|O_RDWR, 00644))
       == -1 )
    {
        perror("Can't open file for writing");
        return 1;
    }
    /* write content to file */
    if ( (write(fd, argv[2], strlen(argv[2])))
       == -1 )
    {
        perror("Can't write to file");
        return 1;
    }
    return 0;
}
```

2. 编译程序：

```
$> make fd-write
gcc -Wall -Wextra -pedantic -std=c99    fd-write.c   -o
fd-write
```

3. 让我们试着写一些文本到文件中。请记住，如果文件已经存在，内容将被覆盖！如果新文本小于文件的旧内容，则只覆盖开头部分。还要注意，如果文本不包含新行，文件中的文本也不会包含新行：

```
$> ./fd-write testfile1.txt "Hello! How are you doing?"
$> cat testfile1.txt
Hello! How are you doing?$>Enter
$> ls -l testfile1.txt
-rw-r--r-- 1 jake jake 2048 nov  8 16:34 testfile1.txt
$> ./fd-write testfile1.txt "A new text"
$> cat testfile1.txt
A new text are you doing?$>
```

4. 如果使用 xargs，我们甚至可以从另一个文件给它输入，xargs 程序允许我们获取程序的输出，并将其作为命令行参数解析给另一个程序。注意，这一次，testfile1 将在末尾有一个新行。xargs 的 -0 选项使它忽略新行，并将使用 null 字符来表示参数的结束：

```
$> head -n 3 /etc/passwd | xargs -0 \
> ./fd-write testfile1.txt
$> cat testfile1.txt
root:x:0:0:root:/root:/bin/bash
daemon:x:1:1:daemon:/usr/sbin:/usr/sbin/nologin
bin:x:2:2:bin:/bin:/usr/sbin/nologin
```

5.8.3 它是如何工作的

open() 系统调用返回一个文件描述符，我们将其保存在 fd 变量中。文件描述符只是一个整数，就像 0、1 和 2 是标准输入、标准输出和标准错误一样。

我们给 open() 的第二个参数是带有模式位的宏，这些模式位按位使用或组合在一起。在本例中，我们同时使用了 O_CREAT 和 O_RDWR。第一个是 O_CREAT，这意味着如果文件不存在，就创建它。第二个是 O_RDWR，这意味着允许进行读写操作。

要将字符串写入文件，我们将文件描述符作为 write() 的第一个参数。对于第二个参数，我们传入 argv[2]，它包含我们想要写入文件描述符的字符串。最后一个参数是我们要写的内容的大小。在我们的例子中，通过 string.h 中的函数 strlen 来获取 argv[2] 的大小。

与前面的范例一样，我们检查所有的系统调用是否为 -1。如果它们返回 -1，说明出错了，我们使用 perror() 打印错误消息，然后返回 1。

5.8.4 更多

当程序正常返回时，所有打开的文件描述符都会自动关闭。但如果要显式关闭文件描述符，可以使用 close() 系统调用，并将文件描述符作为参数。在我们的例子中，可以在返回之前添加 close(fd)。

手册页中有很多关于 open()、close() 和 write() 的有用信息。建议你阅读它们以获得更多信息：

- [ ] man 2 open
- [ ] man 2 close
- [ ] man 2 write

5.9 使用文件描述符读取文件

在前面的范例中，我们学习了如何使用文件描述符写入文件。在这个范例中，我们将学习如何使用文件描述符读取文件。因此，我们将写一个类似于 cat 的小程序。它接受一个文件名参数并将其内容打印到标准输出。

了解如何读取和使用文件描述符能使你读取文件，以及读取通过文件描述符传入的所有数据。文件描述符是 UNIX 和 Linux 中读写数据的通用方法。

5.9.1 准备工作

5.1 节列出了我们需要的工具。

5.9.2 实践步骤

使用文件描述符读取文件类似于写入文件。我们不使用 write() 系统调用，而是使用 read() 系统调用。在读取内容之前必须先计算出文件的大小。为此，我们可以使用 fstat() 系统调用，它提供了关于文件描述符的信息。

1. 在一个文件中编写以下代码，并将其命名为 fd-read.c。请注意我们是如何使用 fstat() 获取文件信息，然后使用 read() 读取数据的。我们仍然使用 open() 系统调用，但这次删除了 O_CREATE，并将 O_RDRW 改为 O_RDONLY（只允许读取）。我们将在这里使用 4096 个字节的缓冲区，以便能够读取更大的文件。这个程序有点长，所以我把它分成几个步骤。但是，所有步骤中的代码都放在一个文件中。首先，我们写入所有包含的头文件、变量和变量检查：

```c
#include <stdio.h>
#include <unistd.h>
#include <fcntl.h>
#include <sys/stat.h>
#include <sys/types.h>
#define MAXSIZE 4096

int main(int argc, char *argv[])
{
```

```
int fd; /* for the file descriptor */
int maxread; /* the maximum we want to read*/
off_t filesize; /* for the file size */
struct stat fileinfo; /* struct for fstat */
char rbuf[MAXSIZE] = { 0 }; /* the read buffer*/

if (argc != 2)
{
    fprintf(stderr, "Usage: %s [path]\n",
        argv[0]);
    return 1;
}
```

2. 编写使用 open() 系统调用打开文件描述符的代码。通过将它封装在 if 语句中，我们可以添加一些错误处理：

```
/* open the file in read-only mode and get
   the file size */
if ( (fd = open(argv[1], O_RDONLY)) == -1 )
{
    perror("Can't open file for reading");
    return 1;
}
```

3. 编写代码，使用 fstat() 系统调用获取文件的大小。在这里，我们还检查文件的大小是否大于 MAXSIZE。如果大于，我们将 maxread 设置为 MAXSIZE-1；否则，我们将其设置为文件的大小。然后，使用 read() 系统调用读取文件。最后，使用 printf() 打印内容：

```
fstat(fd, &fileinfo);
filesize = fileinfo.st_size;

/* determine the max size we want to read
   so we don't overflow the read buffer */
if ( filesize >= MAXSIZE )
    maxread = MAXSIZE-1;
else
    maxread = filesize;

/* read the content and print it */
if ( (read(fd, rbuf, maxread)) == -1 )
{
    perror("Can't read file");
    return 1;
}
printf("%s", rbuf);
return 0;
}
```

4. 编译程序：

```
$> make fd-read
gcc -Wall -Wextra -pedantic -std=c99    fd-read.c    -o
fd-read
```

5. 尝试读取一些文件:

```
$> ./fd-read testfile1.txt
root:x:0:0:root:/root:/bin/bash
daemon:x:1:1:daemon:/usr/sbin:/usr/sbin/nologin
bin:x:2:2:bin:/bin:/usr/sbin/nologin
$> ./fd-read Makefile
CC=gcc
CFLAGS=-Wall -Wextra -pedantic -std=c99
$> ./fd-read /etc/shadow
Can't open file for reading: Permission denied
$> ./fd-read asdfasdf
Can't open file for reading: No such file or directory
```

5.9.3　它是如何工作的

当从文件描述符读取数据时,必须指定应该读取多少个字符。在这里,我们必须小心不要溢出缓冲区。除了文件实际包含的内容外,我们不希望读取任何其他内容。为了解决这些问题,我们首先使用 fstat() 来确定文件的大小。这个函数给出的信息和之前 my-stat-v2 程序使用 stat() 时看到的一样的。stat() 和 fstat() 这两个函数功能相同,但它们操作不同的对象。stat() 函数直接对文件进行操作,而 fstat() 则对文件描述符进行操作。因为我们已经有一个文件描述符被打开到正确的文件,所以使用它是有意义的。这两个函数都将它们的信息保存到一个名为 stat 的数据结构中。

为了不溢出缓冲区,我们检查文件和 MAXSIZE 哪个更大。如果文件大小大于或等于 MAXSIZE,则使用 MAXSIZE-1 作为可读取的最大字符数;否则,我们使用文件的大小作为最大值。

read() 系统调用接受与 write() 相同的参数,即一个文件描述符、一个缓冲区和我们想要读(或在 write() 的情况下想写)的大小。

因为我们从文件中读入的是一串字符,所以可以打印整个缓冲区,使用常规的 printf() 来打印到标准输出。

5.9.4　更多

如果你查看 man 2 fstat,会注意到它的手册页与 man 2 stat 相同。

5.10　使用流写入文件

在这个范例中,我们将使用文件流(而不是文件描述符)写入文件。

在前面的范例中,我们已经看到了文件描述符 1、2 和 3 以及它们的一些系统调用,我们也看到了文件流,比如已经创建的 printUsage() 函数。我们创建的一些函数有两个参数,第一个被声明为 FILE *stream,提供的参数是 stderr 或 stdout。

使用文件流而不是文件描述符有一些优点。例如，对于文件流，我们可以使用 fprintf() 等函数来写入文件。这意味着读取和写入数据的函数越来越强大。

5.10.1　准备工作

对于这个范例，我们需要 5.1 节中提到的工具。

5.10.2　实践步骤

在这里，我们编写一个将文本写入文件的程序。该程序将类似于我们以前使用文件描述符编写的程序。但是这次，我们将从标准输入而不是命令行读取文本。我们还将使用文件流而不是文件描述符来写入文本。

1. 将以下代码写入一个文件，并将其命名为 stream-write.c。注意，即使我们添加了一个 while 循环来从标准输入读取所有内容，这个程序还是小了很多。因为我们可以使用 C 中所有操作流的函数，所以不需要使用任何特殊的系统调用来进行读写。我们甚至没有包含任何特殊的头文件，除了 stdio.h。我们使用 fprintf() 将文本写入文件：

```c
#include <stdio.h>

int main(int argc, char *argv[])
{
    FILE *fp; /* pointer to a file stream */
    char linebuf[1024] = { 0 }; /* line buffer */

    if ( argc != 2 )
    {
        fprintf(stderr, "Usage: %s [path]\n",
            argv[0]);
        return 1;
    }

    /* open file with write mode */
    if ( (fp = fopen(argv[1], "w")) == NULL )
    {
        perror("Can't open file for writing");
        return 1;
    }

    /*loop over each line and write it to the file*/
    while(fgets(linebuf, sizeof(linebuf), stdin)
        != NULL)
    {
        fprintf(fp, linebuf);
    }
    fclose(fp); /* close the stream */
    return 0;
}
```

2. 编译程序：

```
$> make stream-write
gcc -Wall -Wextra -pedantic -std=c99    stream-write.c
-o stream-write
```

3. 现在让我们尝试通过两种方法运行这个程序：向它输入数据，以及使用管道将数据重定向给它。在使用程序将整个 password 文件重定向到一个新文件之后，我们使用 diff 检查它们是否相同，它们应该是相同的。

　　　　我们还尝试写入目录中的新文件，但没有权限这样做。

　　　　当我们按下 *Ctrl + D* 组合键时，向程序发送一个 EOF，意思是文件结束，不再接收数据：

```
$> ./stream-write my-test-file.txt
Hello! How are you doing?
I'm doing just fine, thank you.
Ctrl+D
$> cat my-test-file.txt
Hello! How are you doing?
I'm doing just fine, thank you.
$> cat /etc/passwd | ./stream-write my-test-file.txt
$> tail -n 3 my-test-file.txt
telegraf:x:999:999::/etc/telegraf:/bin/false
_rpc:x:103:65534::/run/rpcbind:/usr/sbin/nologin
systemd-coredump:x:997:997:systemd Core Dumper:/:/usr/
sbin/nologin
$> diff /etc/passwd my-test-file.txt
$> ./stream-write /a-new-file.txt
Can't open file for writing: Permission denied
```

5.10.3　它是如何工作的

你可能已经注意到，这个程序比我们在本章前面编写的文件描述符版本更简短。

我们首先使用 FILE *fp 创建一个指向文件流的指针，然后为每一行创建一个缓冲区。

使用 fopen() 打开文件流。该函数有两个参数：文件名和模式。这里的模式也更容易设置，只需要一个 "w" 用于写。

在此之后，我们使用一个 while 循环对进入标准输入的每行进行读取。在每次迭代中，我们使用 fprintf() 将当前行写入文件。作为 fprintf() 的第一个参数，我们使用文件流指针，就像在前面程序的 if 语句中使用标准错误一样。

在程序返回之前，我们用 fclose() 关闭文件流。关闭流并不是必要的，但最好这样做。

5.10.4　参考

如果你想深入研究，man 3 fopen 中有很多信息。

要更深入地了解文件描述符和文件流之间的区别，请参阅 GNU libc 手册：https://

www.gnu.org/software/libc/manual/html_node/Streams-and-File-Descriptors.html。

流的另一个重要方面是它们被缓冲了。更多关于流缓冲的信息请参阅 GNU libc 手册：https://www.gnu.org/software/libc/manual/html_node/Buffering-Concepts.html。

5.11　使用流读取文件

我们知道了如何使用流写入文件，本节将学习如何使用流读取文件。

这次，我们将从文件中逐行读取，并将其打印到标准输出。

掌握流的写入和读取将使你能够在 Linux 中做很多事情。

5.11.1　准备工作

5.1 节列出了所有你需要的工具。

5.11.2　实践步骤

在这里，我们将编写一个程序，它类似于前面的范例，但它将从文件中读取文本。程序的原理与前面的范例相同。

1. 将以下代码写入一个文件，并将其保存为 stream-read.c。这个程序和前一个程序很相似。当使用 fopen() 打开流时，我们已经将写模式（"w"）更改为读模式（"r"）。在 while 循环中，我们从文件指针 fp 而不是标准输入读取。在 while 循环中，我们输出缓冲区中的内容，也就是当前行：

```c
#include <stdio.h>

int main(int argc, char *argv[])
{
    FILE *fp; /* pointer to a file stream */
    char linebuf[1024] = { 0 }; /* line buffer */

    if ( argc != 2 )
    {
        fprintf(stderr, "Usage: %s [path]\n",
            argv[0]);
        return 1;
    }

    /* open file with read mode */
    if ( (fp = fopen(argv[1], "r")) == NULL )
    {
        perror("Can't open file for reading");
        return 1;
```

```
    }

    /* loop over each line and write it to stdout */
    while(fgets(linebuf, sizeof(linebuf), fp)
        != NULL)
    {
        printf("%s", linebuf);
    }
    fclose(fp); /* close the stream */
    return 0;
}
```

2. 编译程序：

```
$> make stream-read
gcc -Wall -Wextra -pedantic -std=c99    stream-read.c
-o stream-read
```

3. 运行这个程序来读取一些文件。在这里，使用之前创建的测试文件和Makefile尝试：

```
$> ./stream-read testfile1.txt
root:x:0:0:root:/root:/bin/bash
daemon:x:1:1:daemon:/usr/sbin:/usr/sbin/nologin
bin:x:2:2:bin:/bin:/usr/sbin/nologin

$> ./stream-read Makefile
CC=gcc
CFLAGS=-Wall -Wextra -pedantic -std=c99
```

5.11.3 它是如何工作的

你可能已经注意到，这个程序与前面的范例非常相似。但是我们打开文件不是为了写入（"w"），而是为了读取（"r"）。文件指针、行缓冲区和错误处理看起来是一样的。

要读取每一行，我们使用fgets()循环遍历文件流。你可能已经注意到，这和前面的范例相似，但是我们不使用sizeof(linebuf)-1，而是使用sizeof(linebuf)。这是因为fgets()只读取比我们给它的大小小1的数据。

5.11.4 更多

有很多类似于fgets()的函数，你可以通过阅读man 3 fgets的手册页找到它们。

5.12 使用流读写二进制数据

有时候，我们必须将程序中的变量或数组保存到文件中。例如，如果我们为一个仓库创建一个库存管理程序，肯定不希望每次启动该程序时都重写整个仓库的库存。对于流，很容易将变量保存为文件中的二进制数据以后检索。

在本章中，我们将编写两个小程序：一个程序向用户请求两个浮点数，将它们保存在一个数组中，并将它们写入一个文件；另一个程序将重新读取该数组。

5.12.1 准备工作

对于这个范例，你只需要 GCC 编译器、Make 工具和通用的 Makefile。

5.12.2 实践步骤

在这个范例中，我们将编写两个小程序：一个用于写入二进制数据，另一个用于读取二进制数据。数据是一个浮点数数组。

1. 将以下代码写入一个文件，并将其保存为 binary-write.c。注意，我们以写模式和二进制模式打开文件，由 fopen() 的第二个参数 "wb" 表示。在二进制模式下，我们可以向文件中写入变量、数组和结构。这个程序中的数组将被写入当前工作目录中名为 my-binary-file 的文件中。当我们用 fwrite() 写入二进制数据时，必须指定单个元素的大小（在本例中是一个浮点数）以及要写入多少个元素。fwrite() 的第二个参数是单个元素的大小，第三个参数是元素的数量：

```c
#include <stdio.h>

int main(void)
{
    FILE *fp;
    float x[2];
    if ( (fp = fopen("my-binary-file", "wb")) == 0 )
    {
        fprintf(stderr, "Can't open file for "
            "writing\n");
        return 1;
    }
    printf("Type two floating point numbers, "
        "separated by a space: ");
    scanf("%f %f", &x[0], &x[1]);
    fwrite(&x, sizeof(float),
        sizeof(x) / sizeof(float), fp);
    fclose(fp);
    return 0;
}
```

2. 编译程序：

```
$> make binary-write
gcc -Wall -Wextra -pedantic -std=c99    binary-write.c
-o binary-write
```

3. 运行这个程序，看看它是否写了二进制文件。因为它是一个二进制文件，我们不能用 more 程序去读取它。但是，我们可以用一个名为 hexdump 的程序来查看它：

```
$> ./binary-write
Type two floating point numbers, separated by a space:
3.14159 2.71828
```

```
$> file my-binary-file
my-binary-file: data
$> hexdump -C my-binary-file
00000000  d0 0f 49 40 4d f8 2d 40                           |..I@M.-@|
00000008
```

4. 编写从文件中读取数组的程序。在一个文件中编写以下代码，并将其保存为 binary-ready.c。注意，我们在这里使用了 "rb"，表示读和二进制。fread() 的参数与 fwrite() 相同。另外注意，我们需要创建一个相同类型和长度的数组。我们将从二进制文件中读取数据到该数组中：

```c
#include <stdio.h>

int main(void)
{
    FILE *fp;
    float x[2];
    if ( (fp = fopen("my-binary-file", "rb")) == 0 )
    {
        fprintf(stderr, "Can't open file for "
            "reading\n");
        return 1;
    }
    fread(&x, sizeof(float),
        sizeof(x) / sizeof(float), fp);
    printf("The first number was: %f\n", x[0]);
    printf("The second number was: %f\n", x[1]);
    fclose(fp);
    return 0;
}
```

5. 编译程序：

```
$> make binary-read
gcc -Wall -Wextra -pedantic -std=c99    binary-read.c
-o binary-read
```

6. 运行这个程序。注意这里打印的数字和我们给 binary-write 写入的数字是一样的：

```
$> ./binary-read
The first number was: 3.141590
The second number was: 2.718280
```

5.12.3　它是如何工作的

这里重要的是 fwrite() 和 fread()，更具体地说，是我们指定的大小：

```c
fwrite(&x, sizeof(float), sizeof(x) / sizeof(float), fp);
```

首先，我们有 x 数组。接下来，我们指定单个元素或项的大小。在本例中，我们通过使用 sizeof(float) 来获取大小。然后，我们在第三个参数中指定这些元素或项的数量。这里不只是输入一个固定值 2，而是通过取数组的完整大小并除以一个浮点数来计算项的数量。这是通过 sizeof(x) / sizeof(float) 完成的。在这种情况下，其值等于 2。

计算项数量比仅仅设置一个数字更好，因为这可以避免将来更新代码时出现错误。如果我们在几个月后将数组改为6项，很可能会忘记更新 fread() 和 fwrite() 的参数。

5.12.4　更多

如果我们事先不知道数组包含多少浮点数，可以用下面的代码行来计算。我们将在本章的后面学习更多关于 fseek() 的内容：

```
fseek(fp, 0, SEEK_END); /* move to the end of the file */
bytes = ftell(fp); /* the total number of bytes */
rewind(fp); /* go back to the start of the file */
items = bytes / sizeof(float); /*number of items (floats)*/
```

5.13　使用 lseek() 在文件中移动

在本教程中，我们将学习如何使用 lseek() 在文件中移动。这个函数对文件描述符进行操作，所以请注意，我们现在使用的是文件描述符，而不是流。使用 lseek()，我们可以在文件描述符中自由移动（或寻找）。如果我们只想读取文件的特定部分，或者想返回并读取一些数据两次，那么这样做会很方便。

在这个范例中，我们将修改前面的程序 fd-read.c，以指定读取的位置。我们还让用户可以指定从该位置读取多少字符。

5.13.1　准备工作

为了更容易地理解这个方法，我建议你先阅读 5.9 节的范例。

5.13.2　实践步骤

这里编写的程序将使用文件描述符读取文件。用户不仅可以设置读取的起始位置，还可以指定从该位置读取多少字符。

1. 编写以下代码并将其保存在名为 fd-seek.c 的文件中。注意，在执行 read() 之前添加了 lseek()。我们还添加了一个额外的检查（else if），以检查用户读取的数据是否超过缓冲区的容量。当将文件打印到标准输出时，我们还在 printf() 中添加了一个换行符。

否则，当我们指定要读取多少字符时，将不会有一个新行，提示符将在同一行结束。这个程序也相当长，所以我把它分成几个步骤，所有步骤都放在同一个文件中。

让我们从变量开始，并检查参数的数量：

```
#include <stdio.h>
#include <unistd.h>
#include <fcntl.h>
#include <sys/stat.h>
```

```
#include <sys/types.h>
#include <stdlib.h>
#define MAXSIZE 4096

int main(int argc, char *argv[])
{
    int fd; /* for the file descriptor */
    int maxread; /* the maximum we want to read*/
    off_t filesize; /* for the file size */
    struct stat fileinfo; /* struct for fstat */
    char rbuf[MAXSIZE] = { 0 }; /* the read buffer */

    if (argc < 3 || argc > 4)
    {
        fprintf(stderr, "Usage: %s [path] [from pos] "
            "[bytes to read]\n", argv[0]);
        return 1;
    }
```

2. 使用 open() 系统调用打开文件。我们通过将系统调用封装在 if 语句中来检查它
是否有错误：

```
/* open the file in read-only mode and get
    the file size */
if ( (fd = open(argv[1], O_RDONLY)) == -1 )
{
    perror("Can't open file for reading");
    return 1;
}
```

3. 使用 fstat() 系统调用来获取文件的大小。在这里，我们还检查文件是否大于
MAXSIZE。如果大于，我们将 maxread 设置为 MAXSIZE-1。在 else if 中，我
们检查用户是否提供了第三个参数（读取的数量），并将 maxread 设置为用户输入
的任何内容：

```
fstat(fd, &fileinfo);
filesize = fileinfo.st_size;

/* determine the max size we want to read
    so we don't overflow the read buffer */
if ( filesize >= MAXSIZE )
{
    maxread = MAXSIZE-1;
}
else if ( argv[3] != NULL )
{
    if ( atoi(argv[3]) >= MAXSIZE )
    {
        fprintf(stderr, "To big size specified\n");
        return 1;
    }
    maxread = atoi(argv[3]);
}
```

```
else
{
    maxread = filesize;
}
```

4. 编写代码用 lseek() 移动到读取位置。之后，我们使用 read() 读取内容，并使用 printf() 打印内容：

```
/* move the read position */
lseek(fd, atoi(argv[2]), SEEK_SET);
/* read the content and print it */
if ( (read(fd, rbuf, maxread)) == -1 )
{
    perror("Can't read file");
        return 1;
    }
    printf("%s\n", rbuf);
    return 0;
}
```

5. 编译程序：

```
$> make fd-seek
gcc -Wall -Wextra -pedantic -std=c99    fd-seek.c   -o
fd-seek
```

6. 运行这个程序。我们读取当前目录中的 passwd 文件和通用的 Makefile 文件：

```
$> ./fd-seek /etc/passwd 40 100
:1:1:daemon:/usr/sbin:/usr/sbin/nologin
bin:x:2:2:bin:/bin:/usr/sbin/nologin
sys:x:3:3:sys:/dev:/usr
$> ./fd-seek Makefile 10
AGS=-Wall -Wextra -pedantic -std=c99
$> ./fd-seek Makefile
Usage: ./fd-seek [path] [from pos] [bytes to read]
```

5.13.3　它是如何工作的

lseek() 函数的作用是将文件描述符中的读位置（有时称为游标）移动到指定的位置。然后游标将停留在该位置，直到开始执行 read()。为了只读取作为第三个参数的字符数，我们接受该参数并将值赋给 maxread。因为 read() 读取的字符不超过 maxread（read() 的第三个参数），所以只读取这些字符。如果不给程序提供第三个参数，则将 maxread 设置为文件的大小或 MAXSIZE（以最小的为准）。

lseek() 的第三个参数 SEEK_SET 是游标相对于第二个参数给出的值的位置。在本例中，使用 SEEK_SET 意味着位置应该设置为第二个参数指定的值。如果我们想要将位置相对于当前位置移动，则应该使用 SEEK_CUR。如果我们想将游标相对于文件的末尾移动，则可以使用 SEEK_END。

5.14　使用 fseek() 在文件中移动

现在我们已经了解了如何使用 lseek() 在文件描述符中进行移动（查找），接下来将了解如何使用 fseek() 在文件流中进行查找。在这个范例中，我们将编写一个与前一个范例类似的程序，但将使用文件流代替文件描述符。这里还有另一个区别，即我们如何指定要读取多少数据。在前面的范例中，我们将第三个参数指定为要读取的字符数或字节数。但在这个范例中，我们将指定位置参数，即开始位置和结束位置。

5.14.1　准备工作

在阅读本节之前，我建议你先阅读 5.11 节。

5.14.2　实践步骤

我们将编写一个程序，从给定位置读取文件，并可选地读取到结束位置。如果没有给出结束位置，则将文件读至末尾。

1. 在一个文件中编写以下代码，并将其保存为 stream-seek.c。这个程序类似于 stream-read.c，但是增加了指定起始位置和可选的结束位置的功能。注意，我们已经添加了 fseek() 来设置起始位置。为了中止读操作，当到达结束位置时，我们使用 ftell() 来告诉我们当前位置。如果到达结束位置，则跳出 while 循环。此外，我们不再读取整行，而是用 fgetc() 读取单个字符。我们还使用 putchar() 打印单个字符，而不是整个字符串（行）。在循环结束后，输出一个换行符，这样提示符就不会和输出符在同一行：

```
#include <stdio.h>
#include <stdlib.h>

int main(int argc, char *argv[])
{
    int ch; /* for each character */
    FILE *fp; /* pointer to a file stream */
    if ( argc < 3 || argc > 4 )
    {
        fprintf(stderr, "Usage: %s [path] [from pos]"
            " [to pos]\n", argv[0]);
        return 1;
    }
    /* open file with read mode */
    if ( (fp = fopen(argv[1], "r")) == NULL )
    {
        perror("Can't open file for reading");
        return 1;
    }

    fseek(fp, atoi(argv[2]), SEEK_SET);
    /* loop over each line and write it to stdout */
```

```
      while( (ch = fgetc(fp)) != EOF )
      {
         if ( argv[3] != NULL)
         {
            if ( ftell(fp) >= atoi(argv[3]) )
            {
               break;
            }
         }
         putchar(ch);
      }
      printf("\n");
      fclose(fp); /* close the stream */
      return 0;
   }
```

2. 编译程序：

```
$> make stream-seek
gcc -Wall -Wextra -pedantic -std=c99    stream-seek.c
-o stream-seek
```

3. 在一些文件上试试。我们尝试使用两种可能的组合：只有起始位置；有起始位置和结束位置：

```
$> ./stream-seek /etc/passwd 2000 2100
24:Libvirt Qemu,,,:/var/lib/libvirt:/bin/false
Debian-exim:x:120:126::/var/spool/exim4:/bin/false
s
$> ./stream-seek Makefile 20
-Wextra -pedantic -std=c99
```

5.14.3　它是如何工作的

fseek() 函数的工作原理与 lseek() 类似。我们指定 SEEK_SET 来告诉 fseek() 寻找一个绝对位置，我们指定读的位置作为第二个参数。

该程序类似于 stream-read.c，但改变了程序的读取方式，我们读的不是整行，而是单个字符。这样我们就可以在指定为结束位置的准确位置停止读取。如果我们逐行读取，那将是不可能的。因为我们改变了逐字读取文件的行为。所以也改变了打印文件的方式。现在改用 putchar() 打印每个字符。

在每个字符之后，我们检查是否位于指定的结束位置。如果是，则跳出循环并结束整个读取过程。

5.14.4　更多

与 fseek() 相关的一整套函数可阅读 man 3 fseek 手册页查找。

第 6 章 *Chapter 6*

创建进程和使用作业控制

在本章中，我们将学习进程在系统中是如何创建的、哪个进程是第一个进程，以及各个进程间的关系。我们还将学习 Linux 中涉及进程和进程管理的许多术语。我们将了解如何创建一个新进程，并了解**僵尸进程**的**孤儿进程**是什么。最后，我们会学习什么是**守护进程**以及如何创建它，在这之前要先了解什么是信号以及如何实现信号。

了解如何在系统中创建进程是更好地实现守护进程、处理好安全以及创建高效程序的关键。它也会让你更好地理解整个系统。

本章涵盖以下主题：
- ❏ 探索如何创建进程
- ❏ 在 Bash 中使用作业控制
- ❏ 使用信号控制和终止进程
- ❏ 在进程中使用 execl() 替换运行的程序
- ❏ 创建新进程
- ❏ 在创建的进程中执行新程序
- ❏ 使用 system() 启动一个新进程
- ❏ 创建僵尸进程
- ❏ 了解孤儿进程是什么
- ❏ 创建守护进程
- ❏ 实现信号处理程序

让我们开始吧！

6.1 技术要求

在本章中，你需要 GCC 编译器和 Make 工具。安装这些工具请参考第 1 章。

在学习过程中你需要一款名为 pstree 的程序。你可以通过包管理器来安装它。如果你使用 Debian 或 Ubuntu，可以通过 sudo apt install psmisc 来安装它。如果你使用的是 Fedora 或 CentOS，可以通过 sudo dnf install psmisc 来安装它。

你还需要使用常规的 Makefile，具体参考第 3 章。Makefile 文件和本章中的所有代码示例都可以从 GitHub 下载：

https://github.com/PacktPublishing/Linux-System-Programming-Techniques/tree/master/ch6。

6.2 探索如何创建进程

在探索如何创建进程和守护进程之前，我们需要理解什么是进程。理解进程的最好方式是通过查看系统中正在运行的进程，这就是本范例采用的方法。

系统中的每个进程都是通过其他进程创建新进程而产生的。在 UNIX 和 Linux 系统中，第 1 个进程是 init 进程。init 进程在现代 Linux 发行版中已经被 systemd 所取代。它们的作用都是一样的，承担系统余下部分的启动工作。

一个典型的进程树如下所示，其中用户已通过终端登录（即我们跳过了 X Window 的登录过程）：

```
|- systemd (1)
 \- login (6384)
  \- bash (6669)
    \- more testfile.txt (7184)
```

进程号为上面代码的括号中的数字。systemd（或老系统中的 init）的进程号为 1。在一些 Linux 系统上尽管已经在使用 systemd，但你仍然能看到 init 的名字。这是因为 init 仅仅是一个到 systemd 的链接。不过仍然有一些 Linux 系统使用 init。

深入理解进程是如何创建的对于编写系统程序很重要。比如当我们想创建一个守护进程时，通常要创建一个新进程。还有许多其他例子，我们必须从现有的进程中产生进程或执行新的程序。

6.2.1 准备工作

在本范例中，你需要使用 pstree。该命令的安装说明见 6.1 节。

6.2.2 实践步骤

在本范例中，我们将查看系统及其运行的进程。我们将使用 pstree 获取这些进程的可视化表示。让我们开始吧。

1. 我们需要一个方法来获取当前进程的 ID。这个 $$ 环境变量包含当前 shell 的 PID。需要注意的是这个 PID 会随着系统和时间而变化：

```
$> echo $$
18817
```

2. 查看当前进程，使用 pstree 查看它的父进程和子进程。父进程是启动当前进程的进程，而子进程是当前进程之下的进程：

```
$> pstree -A -p -s $$
systemd(1)---tmux (4050)---bash(18817)---pstree(18845)
```

3. pstree 命令的输出在你的计算机上可能会不一样。除了 tmux 外，你的可能会有 xterm、konsole、mate-terminal 等。选项 -A 表示使用 ASCII 字符显示行信息，选项 -p 表示打印 PID 数字，选项 -s 表示我们要显示被选进程（即 $$ 指定）的父进程。在本例中，tmux 是 systemd 的子进程，bash 是 tmux 的子进程，pstree 是 tmux 的子进程。

4. 一个进程可以有几个子进程。比如我们可以在 Bash 中启动几个进程。这里我们会启动 3 个 sleep 进程，每个 sleep 进程会睡眠 120 秒。然后我们打印另一个 pstree。在本例中，pstree 和 3 个 sleep 进程都是 bash 的子进程：

```
$> sleep 120 &
[1] 21902
$> sleep 120 &
[2] 21907
$> sleep 120 &
[3] 21913
$> pstree -A -p -s $$
systemd(1)---tmux (4050)---bash(18817)-+-pstree(21919)
                                        |-sleep(21902)
                                        |-sleep(21907)
                                        `-sleep(21913)
```

5. 在本章的开头，我们提供了一个示例进程树，其中显示了一个名为 login 的进程。这个进程最初是由 getty 开始的，它是一个管理系统 TTY（TTY 表示电传打字机）的进程。通常一个 Linux 系统有 7 个 TTY，你可以按下 *Ctrl+Alt+F1*、*Ctrl+Alt+F2* 等组合键在它们之间切换，一直到 *Ctrl+Alt+F7*。

要演示 getty/login 的概念，请使用 *Ctrl+Alt+F3* 切换到 TTY3 以激活它。然后，返回 X（通常使用 *Ctrl+Alt+F7* 或 *Ctrl+Alt+F1*）。在这里，我们将使用 grep 和 ps 来查找 TTY3 并记下它的 PID。ps 程序用于查找和列出系统上的进程。我们将使用 TTY3 上的用户登录（*Ctrl+Alt+F3*），然后再次回到 X Window 会话（和我们的终端）并使用 grep 来查找我们从 TTY3 中记录的 PID。该进程中的程序现在已替换为 login。换句话说，进程可以替换它的程序：

```
Ctrl+Alt+F3
login:
Ctrl+Alt+F7
$> ps ax | grep tty3
9124 tty3      Ss+    0:00 /sbin/agetty -o -p -- \u --
noclear tty3 linux
Ctrl+Alt+F3
login: jake
Password:
$>
Ctrl+Alt+F7
$> ps ax | grep 9124
9124 tty3      Ss     0:00 /bin/login -p -
```

6.2.3　它是如何工作的

在本范例中，我们学习了 Linux 系统中与进程相关的几个重要概念。首先我们了解到，所有的进程都是从现有进程中创建新进程产生的。第一个进程是 init，在较新的 Linux 发行版中，它是一个到 systemd 的符号链接。然后 systemd 在系统中创建出几个新进程，比如处理终端的 getty。当用户开始在 TTY 上登录时，getty 被处理登录的 login 所取代。当用户最终登录时，login 进程为用户生成一个 shell，比如 Bash。每次用户执行一个程序时，Bash 会创建一个自身的副本程序，并使用用户执行的程序来替换它。

稍微澄清一下进程和程序：进程运行程序的代码，我们通常称一个正在运行的程序为一个进程。然而正如我们在 getty/login 示例中看到的那样，进程的程序代码可以换出。

在本范例中使用 TTY3 是因为我们通过 getty/login 获得了一个真正的 login 进程，而有时通过 X Windows 会话或通过 SSH 是不能的。

进程的 ID 称为 PID，父进程的 ID 称为 PPID。系统中的每个进程都有一个父进程（系统中的第一个进程 systemd 除外，它的 PID 为 1）。

正如 sleep 进程的示例所示，我们还了解到一个进程可以有几个子进程。我们在启动 sleep 进程时使用 & 符号，该符号告诉 shell 我们要在后台启动进程。

6.2.4　更多

首字母缩写 TTY 源于过去它是一个连接到机器上的电传打字机。电传打字机是一种看起来像打字机的终端。你在打字机上输入命令，然后阅读纸上的内容。

6.3　在 Bash 中使用作业控制

作业控制不仅能让你更好地理解前台和后台进程，还会让你在终端上工作得更加高效。让进程在后台执行可以将终端空出来执行其他任务。

6.3.1 准备工作

在本范例中除了 Bash shell 外，不需要其他特别的准备。Bash 是最常用的默认 shell，所以很可能你已经安装了它。

6.3.2 实践步骤

在本范例中我们会启动和停止几个进程，将它们发送到后台运行，然后再把它们带回前台运行。这会让我们理解后台进程和前台进程。让我们开始吧。

1. 在前面我们已经看到如何通过符号 & 将进程放到后台运行，在这里将重复这个操作。我们会列出当前运行的作业，并且把其中一个带到前台来。将要启动的第一个后台进程是 sleep，另一个则是手册页：

```
$> sleep 300 &
[1] 30200
$> man ls &
[2] 30210
```

2. 现在有两个进程在后台，让我们通过 jobs 命令显示它们：

```
$> jobs
[1]-  Running                 sleep 300 &
[2]+  Stopped                 man ls
```

3. sleep 进程在运行状态，这意味着在进程中会滴答地走时。不过 man ls 命令已经停止。man 命令正在等待你对其进行处理，因为它需要一个终端，所以现在它什么都没做。我们可以通过命令 fg（表示 foreground，前台）将它带回到前台。fg 命令的参数是 jobs 命令列出的作业 ID：

```
$> fg 2
```

4. 按 *Q* 键退出手册页，man ls 会显示在屏幕上。

5. 现在通过 fg 1 命令将 sleep 进程带回前台。它仅会显示 sleep 300，但现在这个进程在前台运行了。这意味着我们现在能通过按下 *Ctrl+Z* 组合键来停止该进程：

```
sleep 300
Ctrl+Z
[1]+  Stopped                 sleep 300
```

6. 这样程序就停止了，意味着它不再倒计时了。现在我们可以再次使用 fg1 命令将其带回前台，并让其完成。

7. 之前的进程已经完成，我们开始一个新的 sleep 进程。这次我们在前台启动它（省略符号）。然后我们就能通过按下 *Ctrl+Z* 组合键来停止进程。列出作业并注意程序处于停止状态：

```
$> sleep 300
Ctrl+Z
```

```
[1]+  Stopped                        sleep 300
$> jobs
[1]+  Stopped                        sleep 300
```

8. 现在我们可以使用 bg（表示 background，后台）命令在后台继续运行该进程：

```
$> bg 1
[1]+ sleep 300 &
$> jobs
[1]+  Running                        sleep 300 &
```

9. 我们也可以通过命令 pgrep 来找到程序的 PID。pgrep 表示进程搜索。命令的 -f 选项允许我们指定完整的命令，包括其选项，以便获得正常的 PID：

```
$> pgrep -f "sleep 300"
4822
```

10. 现在我们知道 PID 了，能够使用 kill 命令杀掉程序：

```
$> kill 4822
$> Enter
[1]+  Terminated                     sleep 300
```

11. 我们也可以通过 pkill 杀掉程序。这里我们会启动另一个进程，使用 pkill 来杀掉它。这个命令使用与 pgrep 相同的选项：

```
$> sleep 300 &
[1] 6526
$> pkill -f "sleep 300"
[1]+  Terminated                     sleep 300
```

6.3.3　它是如何工作的

在本范例中我们学习了后台进程、前台进程、停止和运行作业、杀掉进程等。这些是 Linux 作业控制中使用的一些基本概念。

当我们使用 kill 命令杀掉进程时，kill 在后台发送一个信号到进程。kill 发送的默认信号是 TERM 信号，其数字是 15。一个无法处理的信号——总是会杀掉进程——是信号 9（或者叫 KILL 信号）。我们将会在下一个范例中更深入地介绍信号处理。

6.4　使用信号控制和终止进程

我们对进程有了更多了解，现在转向信号，并学习如何使用信号杀死和控制进程。在本范例中我们将编写第一个信号处理的 C 程序。

6.4.1　准备工作

在本范例中你只需要 6.1 节中列出的内容。

6.4.2 实践步骤

在本范例中，我们会探索如何使用信号来控制和终止进程。让我们开始吧。

1. 让我们先列出使用 kill 命令发送给进程的信号。从这条命令输出的列表很长，所以没有显示。最有趣和最常用的信号是前 31 个：

```
$> kill -L
```

2. 让我们看看这些信号是如何工作的。我们可以向进程发送 STOP 信号（数字 19），这与我们在 sleep 中按下 *Ctrl+Z* 组合键时看到的效果相同。但在这里我们直接向后台进程发送 STOP 信号：

```
$> sleep 120 &
[1] 16392
$> kill -19 16392

 [1]+  Stopped                 sleep 120
$> jobs
[1]+  Stopped              sleep 120
```

3. 现在我们可以通过向其发送 CONT（continue 的缩写）信号继续运行该进程。如果愿意，我们可以键入信号的名称，而不是其编号：

```
$> kill -CONT 16392
$> jobs
[1]+  Running              sleep 120 &
```

4. 现在我们可以通过向进程发送 KILL 信号（数字 9）来终止进程：

```
$> kill -9 16392
$> Enter
[1]+  Killed               sleep 120
```

5. 现在让我们创建一个小程序，它作用于不同的信号并且忽略（或阻塞）按下 *Ctrl+C* 组合键（即中断信号）。USR1 和 USR2 信号非常适合它。在文件中编写以下代码并将其保存为 signals.c。这段代码在这里被分解为多个步骤，但所有代码都在这个文件中。要在程序中注册信号处理程序，可以使用 sigaction() 系统调用。我们需要定义 _POSIX_C_SOURCE，因为 sigaction() 及其相关函数没有定义在严格的 C99 中。我们还需要包含必要的头文件，编写处理函数原型，并开始 main() 函数：

```
#define _POSIX_C_SOURCE 200809L
#include <stdio.h>
#include <sys/types.h>
#include <signal.h>
#include <unistd.h>

void sigHandler(int sig);

int main(void)
{
```

6. 现在让我们创建一些需要的变量和数据结构。我们将创建 sigaction 类型的数据结构 action，它用于 sigaction() 系统调用。在代码下面，我们设置了它的成员。首先必须将 sa_handler 设置为我们的函数，它将在信号到达时执行。其次我们使用 sigfillset() 对所有信号设置 sa_mask，这将在执行信号处理函数时忽略所有信号，从而防止信号被中断。最后我们设置 sa_flags 为 SA_RESTART，这意味着任何被中断的系统调用会被重新执行：

```
pid_t pid; /* to store our pid in */
pid = getpid(); /* get the pid */
struct sigaction action; /* for sigaction */
sigset_t set; /* signals we want to ignore */
printf("Program running with PID %d\n", pid);
/* prepare sigaction() */
action.sa_handler = sigHandler;
sigfillset(&action.sa_mask);
action.sa_flags = SA_RESTART;
```

7. 现在使用 sigaction() 来注册信号处理函数。sigaction() 的第一个参数是我们想要捕获的信号，第二个参数是信号发生时采取何种响应的数据结构 (action)，第三个参数返回老的 action。如果我们对老的 action 不感兴趣，可以将它设置为 NULL。这里的 action 是 sigaction 类型的数据结构：

```
/* register two signal handlers, one for USR1
   and one for USR2 */
sigaction(SIGUSR1, &action, NULL);
sigaction(SIGUSR2, &action, NULL);
```

8. 还记得我们希望程序忽略按下 *Ctrl+C* 组合键（中断信号）吗？这可以在我们想要忽略信号的代码执行前调用 sigprocmask() 来实现。但首先我们需要创建一个包含所有信号的信号集，用于忽略 / 阻塞信号。首先使用 sigemptyset() 清空信号集，然后通过 sigaddset() 添加所需的信号。可以多次调用 sigaddset() 以添加更多的信号。sigprocmask() 的第 1 个参数是行为，这里使用 SIG_BLOCK。第 2 个参数是信号集，而第 3 个参数用于获取老的集合。这里我们将其设置为 NULL。然后我们开启无限 for 循环。在循环之后我们再次解除对信号集的阻塞。在这个例子中，由于我们将要退出程序，所以没必要解除对信号的阻塞。但在其他情况下，建议在运行完要忽略信号的代码片段之后解除对信号的阻塞：

```
/* create a "signal set" for sigprocmask() */
sigemptyset(&set);
sigaddset(&set, SIGINT);
/* block SIGINT and run an infinite loop */
sigprocmask(SIG_BLOCK, &set, NULL);
/* infinite loop to keep the program running */
for (;;)
{
    sleep(10);
```

```
    }
    sigprocmask(SIG_UNBLOCK, &set, NULL);
    return 0;
}
```

9. 编写 SIGUSR1 和 SIGUSR2 的信号处理函数。这个函数会打印收到的信号：

```
void sigHandler(int sig)
{
    if (sig == SIGUSR1)
    {
        printf("Received USR1 signal\n");
    }
    else if (sig == SIGUSR2)
    {
        printf("Received USR2 signal\n");
    }
}
```

10. 编译程序：

```
$> make signals
gcc -Wall -Wextra -pedantic -std=c99    signals.c    -o
 signals
```

11. 可以在一个单独的终端运行程序，也可以在同一终端以后台的方式运行程序。注意我们在 kill 命令中使用信号名，这比使用数字更容易：

```
$> ./signals &
[1] 25831
$> Program running with PID 25831

$> kill -USR1 25831
Received USR1 signal
$> kill -USR1 25831
Received USR1 signal
$> kill -USR2 25831
$> kill -USR2 25831
Received USR2 signal
$> Ctrl+C
^C
$> kill -USR1 25831
Received USR1 signal
$> kill -TERM 25831
$> ENTER
[1]+  Terminated              ./signals
```

6.4.3　它是如何工作的

首先我们探索了 Linux 系统中可用的许多信号，其中前 31 个是我们感兴趣并广泛使用的，最常用的是 TERM、KILL、QUIT、STOP、HUP、INT 和 CONT。

然后我们使用 STOP 和 CONT 信号来实现停止和继续运行后台进程。在上一个范例中，我们使用 bg 在后台继续运行进程，按下 *Ctrl+Z* 组合键停止进程。这次我们不需要在前台打开程序来停止它,只需要用 kill 命令发送 STOP 信号。

之后我们继续编写一个 C 程序,它捕获 USR1 和 USR2 两个信号,并阻塞 SIGINT 信号(按下 *Ctrl+C* 组合键)。我们发送给进程不同的信号,相应地打印不同的文本。这是我们通过实现一个信号处理函数来实现的。就像其他函数一样,信号处理函数是我们自己编写的函数。然后我们通过 sigaction() 函数将函数注册为信号处理函数。

在调用 sigaction() 系统调用之前,我们需要填充 sigaction 数据结构。这个结构包含了处理函数信息,负责处理函数执行期间要忽略的信号以及应该具有的行为。

sigaction 的 sa_mask 和 sigprocmask() 使用的信号集都是使用 sigset_t 类型创建的,并通过如下函数调用进行操作(我们假设正在使用名为 s 的 sigset_t 变量):

❑ sigemptyset(&s); 清除 s 中的所有信号

❑ sigaddset(&s, SIGUSR1); 将 SIGUSR1 信号添加到 s 中

❑ sigdelset(&s, SIGUSR1); 将 SIGUSR1 信号从 s 中移除

❑ sigfillset(&s); 在 s 中设置所有信号

❑ sigismember(&s, SIGUSR1); 判断 SIGUSR1 信号是否为 s 的成员(在我们的示例代码中未使用)

要在进程启动时打印它的 PID,我们需要使用 getpid() 系统调用获取 PID。如前所述,我们将 PID 存放在 pid_t 类型的变量中。

6.4.4　参考

在 kill、pkill、sigprocmask() 和 sigaction() 系统调用的手册页中有很多有用的信息。建议你使用如下命令阅读它们:

❑ man 1 kill

❑ man 1 pkill

❑ man 2 sigprocmask

❑ man 2 sigaction

还有一个更简单的 signal() 系统调用,它也用于信号处理。目前不推荐使用这个系统调用。如果有兴趣可通过 man 2 signal 来了解。

6.5　在进程中使用 execl() 替换运行的程序

在本章开头我们看到当一个用户登录时,getty 是如何被 login 替换的。在本范例中我们将编写一个小程序,它用一个新程序替换程序。这个系统调用是 execl()。

了解如何使用 execl() 可以让你编写一个在现有进程中执行新程序的程序,也可以让你在新创建的进程中开始运行一个新程序。当我们创建一个新进程时,可能想用一个新程序来替换当前程序。因此理解 execl() 非常重要。

6.5.1　准备工作

你需要阅读本章的前三个范例才能完全理解本范例。6.1 节提到了本范例的其他要求，比如你需要 pstree 工具。

本范例还需要两个终端（或两个终端窗口）。在其中一个终端我们将运行程序，而在另一个终端我们将通过 pstree 查看进程。

6.5.2　实践步骤

在本范例中我们会写一个小程序来替换进程中运行的程序。让我们开始吧。

1. 在文件中编写以下代码，并将其另存为 execdemo.c：

```c
#include <stdio.h>
#include <unistd.h>
#include <errno.h>
#include <sys/types.h>

int main(void)
{
    printf("My PID is %d\n", getpid());
    printf("Hit enter to continue ");
    getchar(); /* wait for enter key */
    printf("Executing /usr/bin/less...\n");
    /* execute less using execl and error check it */
    if ( execl("/usr/bin/less", "less",
        "/etc/passwd", (char*)NULL) == -1 )
    {
        perror("Can't execute program");
        return 1;
    }
    return 0;
}
```

2. 使用 Make 编译该程序：

```
$> make execdemo
gcc -Wall -Wextra -pedantic -std=c99    execdemo.c   -o
execdemo
```

3. 在你的当前终端运行程序：

```
$> ./execdemo
My PID is 920
Hit enter to continue
```

4. 启动一个新的终端并使用 execdemo 中得到的 PID 来执行 pstree：

```
$> pstree -A -p -s 920
systemd(1)---tmux(4050)---bash(18817)---execdemo(920)
```

5. 现在回到 execdemo 运行的第一个终端，按下回车键。它会用 less 命令显示 passwd 文件。

6. 最后回到运行 pstree 命令的第二个终端。重新运行相同的 pstree 命令。需要注意的是尽管 PID 仍然相同，但 execdemo 已替换为 less：

```
$> pstree -A -p -s 920
systemd(1)---tmux(4050)---bash(18817)---less(920)
```

6.5.3　它是如何工作的

execl() 函数的作用是执行一个新程序，并在同一程序中替换旧程序。为了让程序暂停执行以便有时间使用 pstree 进行观察，我们使用了 getchar()。

execl() 函数接受 4 个必需的参数。第一个参数是要执行的程序的路径。第二个参数是程序名，它将从 argv[0] 打印出来。后两个参数是我们要传递给即将执行的程序的参数。要结束想要传递给程序的参数列表，我们必须使用一个指向 NULL 的指针，并将其转化为 char 类型。

观察进程的另一种方式是将其视为一个执行环境，在该环境中运行的程序可以被替换。这就是为什么我们谈论进程，并且我们叫它们进程 ID，而不是程序 ID。

6.5.4　参考

我们还可以使用其他几个 exec() 函数，每个函数都有自己独特的功能和特点。它们通常称为 exec() 函数族，你可以通过 man 3 execl 命令来了解它们。

6.6　创建新进程

之前当一个程序创建一个新进程时，我们称之为产生。正常的术语应该是 fork 一个进程。一个进程创建了它自己的一个副本，我们称为创建新进程。

在前一个范例中，我们学习了如何使用 execl() 在一个进程中执行一个新程序。在本范例中我们将学习如何使用 fork() 创建新进程。被创建的新进程（即子进程）是调用进程（即父进程）的副本。

了解如何创建一个新进程使得我们能够以编程方式在系统上创建新进程。如果不能创建新进程，我们就只能有一个进程。例如，如果我们想从现有进程启动一个新程序，但仍保留原有程序，必须创建新进程。

6.6.1　准备工作

与前面的范例一样，你需要 pstree 工具、GCC 编译器和 Make 工具。你同样需要两个终端，一个终端用于执行程序，另一个终端用于通过 pstree 观察进程树。

6.6.2　实践步骤

在本范例中，我们会使用 fork() 来创建一个新进程。我们还将观察进程树，以便查看发生了什么。让我们开始吧。

1. 在程序中编写如下代码，并将其保存为 forkdemo.c。这里 fork() 系统调用在代码中被突出显示。在我们调用 fork() 之前打印进程的 PID：

```c
#include <stdio.h>
#include <sys/types.h>
#include <unistd.h>

int main(void)
{
    pid_t pid;
    printf("My PID is %d\n", getpid());
    /* fork, save the PID, and check for errors */
    if ( (pid = fork()) == -1 )
    {
        perror("Can't fork");
        return 1;
    }
    if (pid == 0)
    {
        /* if pid is 0 we are in the child process */
        printf("Hello from the child process!\n");
        sleep(120);
    }
    else if(pid > 0)
    {
        /* if pid is greater than 0 we are in
         * the parent */
        printf("Hello from the parent process! "
            "My child has PID %d\n", pid);
        sleep(120);
    }
    else
    {
        fprintf(stderr, "Something went wrong "
            "forking\n");
        return 1;
    }
    return 0;
}
```

2. 编译程序：

```
$> make forkdemo
gcc -Wall -Wextra -pedantic -std=c99    forkdemo.c
-o forkdemo
```

3. 在你的当前终端运行程序并注意 PID：

```
$> ./forkdemo
My PID is 21764
Hello from the parent process! My child has PID 21765
Hello from the child process!
```

4. 现在在新终端里使用 forkdemo 的 PID 运行 pstree。这里我们可以看到 forkdemo 已经创建了新进程，之前我们从程序中得到的 PID 是父进程。被创建的新进程是子进程，子进程的 PID 与父进程告诉我们的一致。另外请注意现在有两个 forkdemo 的副本在运行：

```
$> pstree -A -p -s 21764
systemd(1)---tmux(4050)---bash(18817)---
forkdemo(21764)---forkdemo(21765)
```

6.6.3 它是如何工作的

当一个程序创建新进程时，它创建了一个自身的副本。这个副本将成为调用 fork() 的进程（即父进程）的子进程。子进程与父进程相同，只是它有一个新的 PID。在父进程中 fork() 返回子进程的 PID，而在子进程中 fork() 返回 0。这就是为什么父进程可能打印子进程的 PID。

两个进程都包含相同的程序代码，并且两个进程都在运行，但根据进程是父进程还是子进程，只执行 if 语句中的特定部分。

6.6.4 更多

一般来说除了 PID 之外，父进程与子进程是一样的。然而有一些其他区别，例如 CPU 计数在子进程中会重置。在 man 2 fork 中还可以看到其他的一些细微差别。然而整个程序的代码是相同的。

6.7 在创建的进程中执行新程序

在上一个范例中，我们学习了如何使用 fork() 系统调用来创建一个新进程。在本范例之前，我们学习了如何用 execl() 替换一个进程中的程序。在本范例中我们会结合 fork() 和 execl()，在一个新创建的进程中执行新程序。这就是每次在 Bash 中运行程序时发生的情况。Bash 创建新进程并执行我们输入的程序。

知道如何使用 fork() 和 execl() 可以让你编写启动新程序的程序。比如你可以使用这些知识编写自己的 shell。

6.7.1 准备工作

在本范例中你同样需要 pstree 工具、GCC 编译器和 Make 工具。

6.7.2 实践步骤

在本范例中我们将编写一个程序执行 fork()，并在子进程中执行一个新程序。让我

们开始吧:

1. 在程序中编写如下代码, 并将其保存为 `my-fork.c`。当在子进程中执行新程序时, 我们将等待子进程完成, 这将使用 `waitpid()`。`waitpid()` 调用还有另一个重要使用, 就是从子进程中返回退出状态:

```c
#include <stdio.h>
#include <unistd.h>
#include <sys/types.h>
#include <string.h>
#include <sys/wait.h>

int main(void)
{
    pid_t pid;
    int status;

    /* Get and print my own pid, then fork
       and check for errors */
    printf("My PID is %d\n", getpid());
    if ( (pid = fork()) == -1 )
    {
        perror("Can't fork");
        return 1;
    }
    if (pid == 0)
    {
        /* If pid is 0 we are in the child process,
           from here we execute 'man ls' */
        if ( execl("/usr/bin/man", "man", "ls",
            (char*)NULL) == -1 )
        {
            perror("Can't exec");
            return 1;
        }
    }
    else if(pid > 0)
    {
        /* In the parent we must wait for the child
           to exit with waitpid(). Afterward, the
           child exit status is written to 'status' */
        waitpid(pid, &status, 0);
        printf("Child executed with PID %d\n", pid);
        printf("Its return status was %d\n", status);
    }
    else
    {
        fprintf(stderr, "Something went wrong "
            "forking\n");
        return 1;
    }
    return 0;
}
```

2. 使用 Make 编译程序：

```
$> make my-fork
gcc -Wall -Wextra -pedantic -std=c99    my-fork.c   -o
my-fork
```

3. 在你的当前终端找到并记下当前 shell 的 PID：

```
$> echo $$
18817
```

4. 现在通过 ./my-fork 执行我们编译的程序。它将显示 ls 命令的手册页面。

5. 启动一个新终端，并查看另一个终端中 shell 的进程树。请注意 my-fork 已经创建新进程且其内容被替换为 man，man 也创建新进程且其内容被替换为 pager（以显示内容）。

```
$> pstree -A -p -s 18817
systemd(1)---tmux(4050)---bash(18817)---my-fork(5849)-
--man(5850)---pager(5861)
```

6. 在第一个终端中单击 Q 退出手册页面。这将产生以下文本内容。比较 pstree 中父进程和子进程的 PID。请注意子进程是 5850，这是 man 命令。它最初来自 my-fork 的副本，后来用 man 替换了它的程序：

```
My PID is 5849
Child executed with PID 5850
Its return status was 0
```

6.7.3 它是如何工作的

fork() 系统调用负责在 Linux 和 UNIX 上创建新进程。execl()（或其他 exec() 相关函数之一）负责执行并用新程序替换自己的程序。这基本上是程序在系统上启动的方式。

注意，我们需要使用 waitpid() 来告诉父进程等待子进程。如果我们需要运行一个不需要终端的进程，可以不使用 waitpid() 就能完成。但是我们应该始终等待子进程。如果不这样做，这个子进程最终会成为**孤儿进程**。这是我们将在 6.10 节中详细讨论的内容。

但是在这个特殊的例子中，我们需要一个终端执行 man 命令，需要等待子进程完成所有工作。waitpid() 调用还使我们能够获取子进程的返回状态。我们还防止子进程成为孤儿进程。

当运行程序并使用 pstree 查看进程树时，我们看到 my-fork 进程已经创建新进程并且用 man 替换了它的程序。我们看到这点是因为 man 命令的 PID 与 my-fork 子进程的 PID 相同。我们还注意到 man 命令已经创建新进程，并且使用 pager 替换其子进程。pager 命令负责在屏幕上显示实际文本，而实际文本通常较少。

6.8 使用 system() 启动一个新进程

我们刚才介绍的关于使用 fork()、waitpid() 和 execl() 在一个创建的新进程

中启动一个新程序，是深入理解 Linux 和进程的关键，也是成为优秀系统开发人员的关键。这里有一条捷径，我们可以使用 system()，而不是手动地创建新进程、等待和执行。system() 函数为我们完成了所有工作。

6.8.1　准备工作

在本范例中你只需要 6.1 节中所列举的内容。

6.8.2　实践步骤

在本范例中我们将使用 system() 函数来重写前面的 my-fork 程序。你会注意到该程序与上一个程序相比要短很多。让我们开始吧。

1. 在程序中编写如下代码，并将其保存为 sysdemo.c。system() 函数为我们完成了所有复杂的工作：

```
#include <stdio.h>
#include <stdlib.h>

int main(void)
{
    if ( (system("man ls")) == -1 )
    {
        fprintf(stderr, "Error forking or reading "
            "status\n");
        return 1;
    }
    return 0;
}
```

2. 编译程序：

```
$> make sysdemo
gcc -Wall -Wextra -pedantic -std=c99    sysdemo.c    -o
sysdemo
```

3. 使用 $$ 变量记录 shell 的 PID：

```
$> echo $$
957
```

4. 在当前终端运行程序。这将显示 ls 命令的手册页。继续运行：

```
$> ./sysdemo
```

5. 启动一个新终端，使用步骤 3 的 PID 执行 pstree 命令。注意这里有一个叫作 sh 的进程。这里因为 system() 函数从 sh（基本 Bourne shell）执行 man 命令：

```
$> pstree -A -p -s 957
systemd(1)---tmux(4050)---bash(957)---sysdemo(28274)--
-sh(28275)---man(28276)---pager(28287)
```

6.8.3 它是如何工作的

这个程序更小也更容易编写。然而正如我们在 pstree 中看到的，与前面的范例相比有一个额外的 sh 进程（shell）。system() 函数从 sh 执行 man 命令。手册页（man 3 system）明确说明了这一点。它通过使用以下 execl() 调用执行我们指定的命令：

```
execl("/bin/sh", "sh", "-c", command, (char *) 0);
```

但结果是一样的。它执行 fork() 和 execl() 调用，然后使用 waitpid() 等待子进程。这也是使用底层系统调用的高级函数的一个很好的例子。

6.9 创建僵尸进程

为了全面理解 Linux 中的进程，我们还需要了解什么是**僵尸**进程。为此，我们需要自己创造一个僵尸进程。

僵尸进程是先于父进程退出的子进程，并且父进程没有等待子进程的状态。"僵尸进程"的名字来源于进程并没有死亡这个事实。进程已经退出，但在系统进程表中仍有该进程的条目。

了解什么是僵尸进程以及它是如何创建的，将有助于你避免编写在系统上产生僵尸进程的坏程序。

6.9.1 准备工作

在本范例中你只需要 6.1 节中所列举的内容。

6.9.2 实践步骤

在本范例中我们会编写一个在系统中创建僵尸进程的小程序，并使用 ps 命令来观察僵尸进程。为了证明可以通过等待子进程来避免僵尸进程，我们还将使用 waitpid() 来编写第 2 个版本的程序。让我们开始吧。

1. 在一个文件中编写如下代码并将其命名为 create-zombie.c。这个程序与我们在 forkdemo.c 文件中看到的程序相同，只是子进程在父进程退出之前使用 exit(0) 退出了。父进程在子进程退出之后睡眠了 2 分钟，并且没有使用 waitpid() 等待子进程，这样创建了一个僵尸进程。此处加粗显示了调用 exit() 的代码：

```
#include <stdio.h>
#include <sys/types.h>
#include <unistd.h>
#include <stdlib.h>

int main(void)
{
    pid_t pid;
```

```
        printf("My PID is %d\n", getpid());
        /* fork, save the PID, and check for errors */
        if ( (pid = fork()) == -1 )
        {
            perror("Can't fork");
            return 1;
        }
        if (pid == 0)
        {
            /* if pid is 0 we are in the child process */
            printf("Hello and goodbye from the child!\n");
            exit(0);
            /* if pid is greater than 0 we are in
             * the parent */
            printf("Hello from the parent process! "
                "My child had PID %d\n", pid);
            sleep(120);
        }
        else
        {
            fprintf(stderr, "Something went wrong "
                "forking\n");
            return 1;
        }
        return 0;
    }
```

2. 编译程序:

```
$> make create-zombie
gcc -Wall -Wextra -pedantic -std=c99    create-
zombie.c   -o create-zombie
```

3. 在当前终端运行程序。这个程序(父进程)将存活 2 分钟。同时因为父进程没有等待
   子进程或子进程的状态, 子进程成为僵尸进程:

```
$> ./create-zombie
My PID is 2429
Hello from the parent process! My child had PID 2430
Hello and goodbye from the child!
```

4. 当程序在运行时, 打开另一个终端并使用 ps 命令检测子进程的 PID。你可以从前面
   的 create-zombie 输出获取子进程的 PID。在这里我们可以看到进程是一个僵尸
   进程, 因为它的状态为 Z+, 进程名字后面显示 <defunct>:

```
$> ps a | grep 2430
  2430 pts/18   Z+      0:00 [create-zombie] <defunct>
  2824 pts/34   S+      0:00 grep 2430
```

5. 父进程完成执行 2 分钟后, 使用相同的 PID 重新运行 ps 命令。僵尸进程现在消
   失了:

```
$> ps a | grep 2430
  3364 pts/34   S+      0:00 grep 2430
```

6. 重写程序。将新版本命名为 `no-zombie.c`。新增加的代码加粗显示：

```c
#include <stdio.h>
#include <sys/types.h>
#include <unistd.h>
#include <stdlib.h>
#include <sys/wait.h>
int main(void)
{
    pid_t pid;
    int status;
    printf("My PID is %d\n", getpid());
    /* fork, save the PID, and check for errors */
    if ( (pid = fork()) == -1 )
    {
        perror("Can't fork");
        return 1;
    }
    if (pid == 0)
    {
        /* if pid is 0 we are in the child process */

        printf("Hello and goodbye from the child!\n");
        exit(0);
    }
    else if(pid > 0)
    {
        /* if pid is greater than 0 we are in
         * the parent */
        printf("Hello from the parent process! "
            "My child had PID %d\n", pid);
        waitpid(pid, &status, 0); /* wait for child */
        sleep(120);
    }
    else
    {
        fprintf(stderr, "Something went wrong "
            "forking\n");
        return 1;
    }
    return 0;
}
```

7. 编译这个新版本：

```
$> make no-zombie
gcc -Wall -Wextra -pedantic -std=c99    no-zombie.c
-o no-zombie
```

8. 在当前终端运行该程序。它会创建一个子进程，然后子进程立即退出。父进程会继续运行2分钟，给我们充足的时间来查询子进程的PID：

```
$> ./no-zombie
My PID is 22101
Hello from the parent process! My child had PID 22102
Hello and goodbye from the child!
```

9. 当 `no-zombie` 程序正在运行时，打开一个新终端并使用 `ps` 和 `grep` 来查询子进程的 PID。正如你将看到的，没有与子进程的 PID 匹配的进程。因此，由于父进程等待了子进程的状态，子进程已经正常退出了：

```
$> ps a | grep 22102
22221 pts/34    S+      0:00 grep 22102
```

6.9.3　它是如何工作的

我们总是希望在系统中避免创建僵尸进程，最好的方法是等待子进程完成执行。

从步骤 1 ~ 5，我们编写了一个程序来创建僵尸进程。僵尸进程创建的原因是父进程没有使用 `waitpid()` 系统调用等待子进程。子进程退出了，但它仍然在系统进程表中。当我们使用 `ps` 和 `grep` 查询进程时，看到子进程的状态是 `Z+`，意味着僵尸。进程不存在是因为它已经使用 `exit()` 系统调用退出了。然而它仍然在系统进程表中，因此它还没有完全死掉——僵尸。

从步骤 6 ~ 9，我们使用 `waitpid()` 系统调用重写程序来等待子进程。子进程仍然先于父进程退出，但这次父进程得到了子进程的状态。

僵尸进程不会耗尽任何系统资源，因为进程已经终止。它仅仅驻留在系统进程表中。然而系统中的任何进程（包括僵尸进程）都占据了一个 PID 编号。由于系统可用的 PID 数量有限，如果死掉的进程占据 PID 编号，那么存在 PID 耗尽的风险。

6.9.4　更多

在 `waitpid()` 的手册页中，有很多关于子进程及其状态变化的详细资料。Linux 中实际上有 3 个 `wait()` 函数，你可以通过使用 `man 2 wait` 命令来了解它们。

6.10　了解孤儿进程

理解 Linux 系统中的孤儿进程和理解僵尸进程一样重要。这将使你更深入地理解整个系统，以及进程是如何从 `systemd` 继承的。

孤儿进程是父进程已死亡的子进程。然而正如我们在本章中了解到的，每个进程都需要一个父进程，因此孤儿进程也需要一个父进程。为了解决这个难题，每个孤儿进程都继承于 `systemd`，`systemd` 是系统中第一个进程（PID 为 1）。

在本范例中我们会编写一个小程序来创建新进程，即创建一个子进程。然后父进程将退出，让子进程成为孤儿进程。

6.10.1　准备工作

你需要的所有东西都在 6.1 节中列出。

6.10.2 实践步骤

在本范例中我们将编写一个简短的程序，创建一个孤儿进程，该进程继承于 systemd。让我们开始吧。

1. 在文件中编写如下代码并保存为 orphan.c。该程序将创建一个子进程，子进程在后台运行 5 分钟。当我们按下回车键时，父进程会退出。这给了我们时间用 pstree 命令在父进程退出前和退出后来研究子进程：

```c
#include <stdio.h>
#include <sys/types.h>
#include <unistd.h>
#include <stdlib.h>

int main(void)
{
    pid_t pid;
    printf("Parent PID is %d\n", getpid());
    /* fork, save the PID, and check for errors */
    if ( (pid = fork()) == -1 )
    {
        perror("Can't fork");
        return 1;
    }
    if (pid == 0)
    {
        /* if pid is 0 we are in the child process */
        printf("I am the child and will run for "
            "5 minutes\n");
        sleep(300);
        exit(0);
    }
    else if(pid > 0)
    {
        /* if pid is greater than 0 we are in
         * the parent */
        printf("My child has PID %d\n"
            "I, the parent, will exit when you "
            "press enter\n", pid);
        getchar();
        return 0;
    }
    else
    {
        fprintf(stderr, "Something went wrong "
            "forking\n");
        return 1;
    }
    return 0;
}
```

2. 编译这个程序：

```
$> make orphan
```

```
gcc -Wall -Wextra -pedantic -std=c99    orphan.c    -o
 orphan
```

3. 在当前终端运行程序，并保持程序运行。不要按回车键：

```
$> ./orphan
My PID is 13893
My child has PID 13894
I, the parent, will exit when you press enter
I am the child and will run for 2 minutes
```

4. 现在，在一个新终端中使用子进程的 PID 来运行 pstree 命令。在这里我们将看到它跟前面的范例相似。在进程中创建新进程，创建的子进程有相同的内容：

```
$> pstree -A -p -s 13894
systemd(1)---tmux(4050)---bash(18817)---orphan(13893)-
--orphan(13894)
```

5. 现在是时候结束父进程了。在孤儿进程仍在运行的终端上按回车键，这将结束父进程。

6. 在第二个终端再次运行 pstree。这与刚才运行的命令相同。你会看到当父进程退出后，子进程现在继承于 systemd。5 分钟后子进程会退出：

```
$> pstree -A -p -s 13894
systemd(1)---orphan(13894)
```

7. 我们还可以使用其他更标准化的工具来查看父进程 ID（PPID）。其中之一是 ps 命令。运行如下 ps 命令查看与子进程相关的更多详细信息。在这里我们将看到更多信息，对我们来说最重要的是 PPID、PID 和会话 ID（SID）。我们还将在这里看到用户 ID（UID），它表示进程的所有者：

```
$> ps jp 13894
PPID PID PGID  SID   TTY  TPGID STAT UID TIME COMMAND
1  13894 13893 18817 pts/18 18817 S 1000 0:00 ./orphan
```

6.10.3　它是如何工作的

每个进程都需要一个父进程。这就是为什么 systemd 会继承系统中任何最终成为孤儿进程的进程。

if (pid==0) 中的代码继续运行 5 分钟。这给了我们足够的时间来检查子进程是否已经由 systemd 继承。

在最后一步，我们使用 ps 命令来查看关于子进程的更多详细信息。这里我们看到 PPID、PID、PGID 和 SID。这里提到了一些重要的新名字：PGID 和 SID。

PGID 表示进程组 ID，是系统对进程进行分组的一种方式。子进程的 PGID 是父进程的 PID。换句话说，创建 PGID 是为了将父进程和子进程进行分组，因为它们是属于一起的。系统将 PGID 设置为创建组的父进程的 PID。我们不需要自己创建这些组，系统已经为我们做了。

SID 表示会话 ID，也是系统对进程进行分组的一种方式。但是 SID 组通常更大且包含更多的进程,通常是一个完整的"会话",因此得名。这个组的 SID 是 18817,这是 Bash shell 的 PID。这里也适用同样的规则,SID 编号将与启动会话的进程的 PID 相同。这个会话包含了我用户的 shell 以及在其上启动的所有程序。在注销系统时,系统可以杀死属于该会话的所有进程。

6.10.4 参考

你可以通过 ps 获取很多信息。我建议你至少用 man 1 ps 浏览一下手册页。

6.11 创建守护进程

系统编程时的一个常见任务是创建各种**守护进程**。守护进程是在系统中执行任务的后台进程,如 SSH 守护进程。另一个很好的例子是 NTP 守护进程,它负责同步计算机时钟,有时还为其他计算机分配时间。

了解如何创建守护进程将使你能够创建软件服务器。例如 Web 服务器、聊天服务器等。在本范例中我们将创建一个简单的守护进程来演示一些重要的概念。

6.11.1 准备工作

你只需要 6.1 节中列出的内容。

6.11.2 实践步骤

在本范例中我们将编写一个小的守护进程,它将在系统中以后台方式运行。这个守护进程的唯一工作是将当前日期和时间写入一个文件。这证明守护进程是活动的并且运行良好。让我们开始吧。

1. 与前面的示例相比,守护进程的代码相当长,因此代码被分割成了几个步骤。将如下代码写入文件并保存为 my-daemon.c。请记住所有步骤中的所有代码都进入该文件。我们以所有包含的头文件、变量和 fork() 开始。这个 fork() 是两个 fork() 中的第一个:

```c
#include <stdio.h>
#include <unistd.h>
#include <stdlib.h>
#include <sys/types.h>
#include <sys/stat.h>
#include <time.h>
#include <fcntl.h>

int main(void)
{
    pid_t pid;
    FILE *fp;
```

```
time_t now; /* for the current time */
const char pidfile[] = "/var/run/my-daemon.pid";
const char daemonfile[] =
    "/tmp/my-daemon-is-alive.txt";

if ( (pid = fork()) == -1 )
{
    perror("Can't fork");
    return 1;
}
```

2. 现在已经完成创建新进程，我们想要让父进程退出。一旦父进程退出，我们会在子进程中运行。在子进程中，我们使用 setsid() 创建一个新的会话。创建一个新会话将使进程从控制终端中释放出来：

```
else if ( (pid != 0) )
{
    exit(0);
}
/* the parent process has exited, so this is the
 * child. create a new session to lose the
 * controlling terminal */
setsid();
```

3. 现在我们要再次运行 fork()。第二次 fork() 将像以前一样创建一个新进程，但由于它是现有会话中的一个新进程，因此它不会成为会话组长，从而阻止它获得一个新的控制终端。新的子进程称为孙进程。我们再次退出父进程（即子进程）。在退出子进程之前，我们将孙进程的 PID 写入 PID 文件。这个 PID 文件用于跟踪守护进程：

```
/* fork again, creating a grandchild,
 * the actual daemon */
if ( (pid = fork()) == -1 )
{
    perror("Can't fork");
    return 1;
}
/* the child process which will exit */
else if ( pid > 0 )
{
    /* open pid-file for writing and error
     * check it */
    if ( (fp = fopen(pidfile, "w")) == NULL )
    {
        perror("Can't open file for writing");
        return 1;
    }
    /* write pid to file */
    fprintf(fp, "%d\n", pid);
    fclose(fp); /* close the file pointer */
    exit(0);
}
```

4. 现在将默认模式（umask）设置为对守护进程有意义的模式。我们还必须将当前工作目录修改为 /，以便守护进程不会阻止文件系统卸载或删除目录。然后我们必须打开守护进程文件，这是将要向其写入消息的文件。这些消息将包含当前的日期和时间，并将告诉我们是否一切正常。通常这将是一个日志文件：

```
umask(022); /* set the umask to something ok */
chdir("/"); /* change working directory to / */
/* open the "daemonfile" for writing */
if ( (fp = fopen(daemonfile, "w")) == NULL )
{
    perror("Can't open daemonfile");
    return 1;
}
```

5. 由于守护进程将只在后台独立运行，因此我们没有使用标准输入、标准输出和标准错误，所以全部关闭它们。然而将它们全部关闭并不安全。如果代码中稍后会打开一个文件描述符，它将得到文件描述符 0，这通常是标准输入。文件描述符是按顺序分配的。如果没有打开的文件描述符，第一次调用 open() 会得到描述符 0，第二次调用会得到描述符 1。另一个问题可能是某些部分试图向已经不存在的标准输出写入，从而导致程序崩溃。因此我们必须重新打开它们，使用 /dev/null（黑洞）来代替：

```
/* from here, we don't need stdin, stdout or,
 * stderr anymore, so let's close them all,
 * then re-open them to /dev/null */
close(STDIN_FILENO);
close(STDOUT_FILENO);
close(STDERR_FILENO);
open("/dev/null", O_RDONLY); /* 0 = stdin */
open("/dev/null", O_WRONLY); /* 1 = stdout */
open("/dev/null", O_RDWR); /* 2 = stderr */
```

6. 最后，我们能够开始守护进程的工作了。这里只是一个 for 循环，它向守护进程文件写入一条消息，说明守护进程仍然处于活动状态。注意我们需要在每次 fprintf() 之后使用 fflush() 刷新文件指针。通常在 Linux 中是行缓存，这意味着在写入之前只缓冲一行。但是由于这是一个文件而不是标准输出，因此被全缓冲代替。这意味着它将缓冲所有数据，直到缓冲区已满或者文件流关闭。如果不使用 fflush()，我们在缓冲区填满之前不会在文件中看到任何文本。通过在每次 fprintf() 之后使用 fflush()，我们可以看到文件中的实时文本：

```
/* here we start the daemons "work" */
for (;;)
{
    /* get the current time and write it to the
       "daemonfile" that we opened above */
    time(&now);
```

```
        fprintf(fp, "Daemon alive at %s",
            ctime(&now));
        fflush(fp); /* flush the stream */
        sleep(30);
    }
    return 0;
}
```

7. 编译整个守护进程：

```
$> make my-daemon
gcc -Wall -Wextra -pedantic -std=c99    my-daemon.c
-o my-daemon
```

8. 启动守护进程。由于我们要将 PID 文件写入 /var/run 目录，因此需要以 root 用户执行守护进程。我们不会从守护进程获得任何输出，它将以静默方式与终端分离：

```
$> sudo ./my-daemon
```

9. 现在守护进程正在运行，让我们检查写入 /var/run/my-daemon.pid 文件中的 PID 数值：

```
$> cat /var/run/my-daemon.pid
5508
```

10. 让我们使用 ps 和 pstree 来研究守护进程。如果一切运行正常，那么它应该将 systemd 作为其父进程，并且应该处于自己的会话中（SID 应该与进程 ID 相同）：

```
$> ps jp 5508
PPID PID PGID SID TTY TPGID STAT UID TIME COMMAND
1   5508 5508 5508?   -1   Ss    0  0:00 ./my-daemon
$> pstree -A -p -s 5508
systemd(1)---my-daemon(5508)
```

11. 让我们查看 /tmp/my-daemon-is-alive.txt 文件。这个文件应该包含一些指定日期和时间的行，每行间隔 30 秒：

```
$> cat /tmp/my-daemon-is-alive.txt
Daemon alive at Sun Nov 22 23:25:45 2020
Daemon alive at Sun Nov 22 23:26:15 2020
Daemon alive at Sun Nov 22 23:26:45 2020
Daemon alive at Sun Nov 22 23:27:15 2020
Daemon alive at Sun Nov 22 23:27:45 2020
Daemon alive at Sun Nov 22 23:28:15 2020
Daemon alive at Sun Nov 22 23:28:45 2020
```

12. 最后让我们杀死守护进程，使其不会继续写入文件：

```
$> sudo kill 5508
```

6.11.3 它是如何工作的

我们刚刚编写的守护进程是一个基本的守护进程，但它演示了我们需要理解的所有概念。其中一个新的重要概念是如何使用 setsid() 启动一个新的会话。如果我们不创建新会话，守护进程仍将是用户登录会话的一部分，当用户注销时进程会终止。但是由于我们已经为守护进程创建了一个新会话，并且它继承于 systemd，因此它现在独立存在，不受启动它的用户和进程的影响。

第二次创建新进程的原因是，会话组长（setsid() 调用之后的第一个子进程）要打开一个终端设备时可以获取一个新的控制终端。当我们第二次创建新进程时，新的子进程只是第一个子进程创建的会话的一个成员，而不是组长，因此它无法获取控制终端。避免使用控制终端的原因是，如果控制终端退出，守护进程也会退出。创建守护进程时两次创建新进程，这通常称为两次创建进程技术。

我们需要以 root 用户身份启动守护进程是因为它需要写入 /var/run/。如果我们更改目录或完全跳过它，守护进程可以以普通用户身份正常运行。但是大多数守护进程都以root 用户身份运行。但是也有一些守护进程以普通用户身份运行，例如处理用户相关事务的守护进程，比如 tmux（终端复用器）。

我们还将工作目录更改为 /。这样守护进程就不会锁定目录。顶层的根目录不会被删除或卸载，这使它成为守护进程的安全工作目录。

6.11.4　更多

我们在这里编写的是一个传统的 Linux/UNIX 守护进程。这种类型的守护进程今天仍然在使用，例如像范例这样小而快的守护进程。然而自从 systemd 出现之后，我们不再需要向前面那样"守护"一个守护进程。例如建议将标准输出和标准错误保持打开状态，并在那里发送所有的日志消息。这些消息将显示在日志系统中。我们将在第 7 章中更深入地介绍 systemd 和日志系统。

我们在这里编写的守护进程类型在 systemd 语言中称为创建新进程，稍后我们将进一步了解它。

就像 system() 在执行新程序时为我们简化了一些事情一样，daemon() 函数可以为我们创建守护进程。这个函数将完成创建新进程、关闭和重新打开文件描述符、更改工作目录等所有繁重的工作。但是请注意，这个函数没有使用我们在本范例中使用的守护进程的两次创建进程的技术。这个情况在 man 3 daemon 手册页的 BUGS 一节有明确说明。

6.12　实现信号处理程序

在前面的范例中，我们编写了一个简单的守护进程。但是它有一些问题，比如 PID文件在守护进程被杀掉时不会被删除。同样，打开的文件流（/tmp/my-daemon-is-alive.txt）也不会在守护进程被杀掉时关掉。一个合理的守护进程应该在退出后自行清理。

为了能在退出时执行清理，我们需要实现一个信号处理程序。信号处理程序应该在守护进程终止之前负责所有的清理工作。我们已经在本章中看到过信号处理程序的例子，所以这个概念并不新鲜。

不过，使用信号处理程序的不仅仅是守护进程。这是控制进程的常用方法，特别是没有控制终端的进程。

6.12.1 准备工作

在阅读本范例之前，你应该先阅读前面的范例以了解什么是守护进程。除此之外你还需要 6.1 节中列出的项目。

6.12.2 实践步骤

在本范例中，我们将向前面范例编写的守护进程添加信号处理程序。由于代码稍微有点长，我将其分为几个步骤，但所有代码都放在同一个文件中。让我们开始吧。

1. 在文件中编写如下代码，并将其命名为 my-daemon-v2.c。与之前一样，我们以头文件和变量开始。但是请注意，这一次我们将一些变量移到了全局空间，以便信号处理函数能够访问它们。由于无法将额外的参数传递给信号处理函数，所以这是访问这些参数的最佳方式。这里我们必须为 sigaction() 定义 _POSIX_C_SOURCE，还必须为信号处理函数定义一个原型，称为 sigHandler()。请注意新的 sigaction 结构：

```
#include <sys/types.h>
#include <sys/stat.h>
#include <time.h>
#include <fcntl.h>
#include <signal.h>

void sigHandler(int sig);

/* moved these variables to the global scope
   since they need to be access/deleted/closed
   from the signal handler */
FILE *fp;
const char pidfile[] = "/var/run/my-daemon.pid";

int main(void)
{
    pid_t pid;
    time_t now; /* for the current time */
    struct sigaction action; /* for sigaction */
    const char daemonfile[] =
        "/tmp/my-daemon-is-alive.txt";
if ( (pid = fork()) == -1 )
{
    perror("Can't fork");
    return 1;
}
```

```
else if ( (pid != 0) )
{
    exit(0);
}
```

2. 正如我们之前所做的，我们必须在第一次创建新进程之后创建一个新会话。之后我
们必须第二次创建新进程，以确保它不再是会话组长：

```
/* the parent process has exited, which makes
 * the rest of the code the child process */
setsid(); /* create a new session to lose the
              controlling terminal */

/* fork again, creating a grandchild, the
 * actual daemon */
if ( (pid = fork()) == -1 )
{
    perror("Can't fork");
    return 1;
}

/* the child process which will exit */
else if ( pid > 0 )
{
    /* open pid-file for writing and check it */
    if ( (fp = fopen(pidfile, "w")) == NULL )
    {
        perror("Can't open file for writing");
        return 1;
    }
    /* write pid to file */
    fprintf(fp, "%d\n", pid);
    fclose(fp); /* close the file pointer */
    exit(0);
}
```

3. 同样，我们必须更改 umask、当前工作目录，并使用 fopen() 打开守护程序文件。
接下来我们必须关闭并重新打开标准输入、标准输出和标准错误：

```
umask(022); /* set the umask to something ok */
chdir("/"); /* change working directory to / */
/* open the "daemonfile" for writing */
if ( (fp = fopen(daemonfile, "w")) == NULL )
{
    perror("Can't open daemonfile");
    return 1;
}
/* from here, we don't need stdin, stdout or,
 * stderr anymore, so let's close them all,
 * then re-open them to /dev/null */
close(STDIN_FILENO);
close(STDOUT_FILENO);
close(STDERR_FILENO);
open("/dev/null", O_RDONLY); /* 0 = stdin */
```

```
open("/dev/null", O_WRONLY); /* 1 = stdout */
open("/dev/null", O_RDWR); /* 2 = stderr */
```

4. 现在是时候准备并注册信号处理函数了。这正是我们在本章前面介绍的内容，只是在这里我们注册了所有常见退出信号的处理程序，如终止、中断、退出和中止。一旦我们处理完信号处理函数，将开始守护进程的工作。在 for 循环中将消息写入守护程序文件：

```
/* prepare for sigaction */
action.sa_handler = sigHandler;
sigfillset(&action.sa_mask);
action.sa_flags = SA_RESTART;
/* register the signals we want to handle */
sigaction(SIGTERM, &action, NULL);
sigaction(SIGINT, &action, NULL);
sigaction(SIGQUIT, &action, NULL);
sigaction(SIGABRT, &action, NULL);

/* here we start the daemons "work" */
for (;;)
{
    /* get the current time and write it to the
       "daemonfile" that we opened above */
    time(&now);
    fprintf(fp, "Daemon alive at %s",
        ctime(&now));
    fflush(fp); /* flush the stream */
    sleep(30);
}
return 0;
}
```

5. 最后我们必须实现信号处理程序的函数。我们在守护进程退出之前删除 PID 文件来进行清理。我们还将打开的守护进程文件的文件流进行关闭：

```
void sigHandler(int sig)
{
    int status = 0;
    if ( sig == SIGTERM || sig == SIGINT
        || sig == SIGQUIT
        || sig == SIGABRT )
    {
        /* remove the pid-file */
        if ( (unlink(pidfile)) == -1 )
            status = 1;
        if ( (fclose(fp)) == EOF )
            status = 1;
        exit(status); /* exit with the status set*/
    }
    else /* some other signal */
    {
        exit(1);
    }
}
```

6. 编译这个新版本的守护进程：

```
$> make my-daemon-v2
gcc -Wall -Wextra -pedantic -std=c99    my-daemon-v2.c
-o my-daemon-v2
```

7. 以 root 用户身份启动守护进程：

```
$> sudo ./my-daemon-v2
```

8. 检查并记下 PID 文件中的 PID：

```
$> cat /var/run/my-daemon.pid
22845
```

9. 使用 ps 查看它是否正常运行：

```
$> ps jp 22845
  PPID   PID  PGID   SID TTY TPGID STAT UID TIME
COMMAND
    1 22845 22845 22845 ?       -1 Ss      0 0:00 ./my
daemon-v2
```

10. 使用默认信号 TERM 终止守护进程：

```
$> sudo kill 22845
```

11. 如果一切按计划进行，PID 文件将会将被删除。查看是否可以使用 cat 访问 PID 文件：

```
$> cat /var/run/my-daemon.pid
cat: /var/run/my-daemon.pid: No such file or directory
```

6.12.3 它是如何工作的

在本范例中我们实现了一个信号处理程序来负责所有的清理工作。它删除 PID 文件并关闭打开的文件流。为了覆盖最常见的"退出"信号，我们用 4 种不同的信号（终止、中断、退出和中止）注册了处理程序。当守护进程接收到其中一个信号时，它将触发 sigHandler() 函数。该函数随后会删除 PID 文件并关闭文件流。最后该函数通过调用 exit() 来退出整个守护进程。

由于无法将文件名或文件流作为参数传递给信号处理函数，因此我们将这些变量放在全局范围中。这使得 main() 和 sigHandler() 函数都可以访问它们。

6.12.4 更多

还记得我们必须刷新流才能在 /tmp/my-daemon-is-alive.txt 中显示时间和日期吗？由于我们现在在守护进程退出后关闭文件流，因此不再需要 fflush()。当文件流关闭时数据会被写入文件。但是当守护进程运行时，我们无法看到时间和日期的"更新"。这就是为什么代码中仍然有 fflush()。

第 7 章 *Chapter 7*

使用 systemd 处理守护进程

我们已经知道如何构建自己的守护进程，本章学习如何在 Linux 中使用 systemd 来处理它们。在本章中我们将学习什么是 systemd、如何启动和停止服务、什么是单元文件以及如何创建它们。我们还将了解守护进程是如何记录日志到 systemd 的，以及如何读取这些日志。

我们将了解 systemd 可以处理的不同类型的服务和守护进程，并使用 systemd 控制上一章中的守护进程。

本章涵盖以下主题：

❏ 了解 systemd

❏ 为守护进程编写单元文件

❏ 启用和禁用服务，以及启动和停止服务

❏ 为 systemd 创建现代守护进程

❏ 使新的守护进程成为 systemd 服务

❏ 查阅日志

7.1 技术要求

在本范例中，你需要一台装有 Linux 发行版的计算机，该发行版使用 systemd。目前几乎所有发行版都使用 systemd。

你还需要 GCC 编译器和 Make 工具。安装过程请参考第 1 章。你还需要在本章中使用通用的 Makefile，它和本章的示例代码可以在 GitHub 上本章的存储库中找到：https://github.com/PacktPublishing/Linux-System-Programming-Techniques/tree/master/ch7。

7.2　了解 systemd

在本范例中我们将探讨什么是 systemd，它如何处理系统以及系统中的所有服务。

历史上 Linux 一直是由几个较小的模块来管理的。例如，init 是系统上的第一个进程，它通过启动其他进程和守护进程来启动系统。系统守护进程由 shell 脚本（也称为 init 脚本）处理。日志记录由守护进程本身通过文件或 syslog 完成。网络也由多个脚本处理（在一些 Linux 发行版中仍然如此）。

如今整个系统都由 systemd 统一处理。例如，系统中的第一个进程是 systemd（前面介绍过）。守护进程由单元文件处理，它创建了一种统一的方式来控制系统中的守护进程。日志记录由 journald 处理，它是 systemd 的日志记录守护进程。但是请注意，许多守护进程仍然使用 syslog 来执行额外的日志记录。在 7.6 节，我们将重写第 6 章中的守护进程，以记录到日志中。

了解 systemd 的工作原理将使你能够正确地为守护进程编写单元文件。它还将帮助你以"新"的方式编写守护进程，以利用 systemd 的日志功能。这些将使你成为一名更好的系统管理员和 Linux 开发人员。

7.2.1　准备工作

在本范例中你只需要一个使用 systemd 的 Linux 发行版，而现在大多数发行版都使用 systemd。

7.2.2　实践步骤

在本范例中我们将了解 systemd 中涉及的一些组件。这将使我们对 systemd、日志、systemd 命令和**单元文件**有一个全面的了解。所有细节将在本章后面的范例中介绍。

1. 在控制台窗口中键入 systemctl，然后按回车键，这将立即显示机器上所有的活动单元。浏览一下列表，你会注意到一个单元可以是任何东西——硬件驱动器、声卡、挂载的网络驱动器、杂项服务、定时器等。

2. 我们在上一步中看到的所有服务都作为单元文件驻留在 /lib/systemd/system 或 /etc/systemd/system 中。在这些目录中查看文件，这些文件都是典型的单元文件。

3. 现在是时候看一下 systemd 的日志了。我们需要以 **root** 身份运行这些命令，否则不能查看系统日志。键入命令 sudo journalctl，或者先用 su 切换 root 然后键入 journalctl。这将显示 systemd 及其所有服务的整个日志。按几次空格键可将日志向下滚动。在显示日志时键入大写字母 G 可以转到日志的结尾。

7.2.3　它是如何工作的

这三个步骤为我们提供了 systemd 的概述。在接下来的范例中，我们将更深入地讨论细节。

如果是 Debian/Ubuntu 系统，安装的软件包将其单元文件放在 /lib/systemd/system 中；如果是 CentOS/Fedora 系统，则将其单元文件放在 /usr/lib/systemd/system 中。不过在 CentOS/Fedora 上，/lib 是 /usr/lib 的符号链接，因此与 /lib/system/ system 是一样的。

本地单元文件放在 /etc/systemd/system 中。本地单元文件是指特定于本系统的单元文件，例如由管理员修改或为某些程序手动添加的单元文件。

7.2.4　更多

在 systemd 出现之前，Linux 已经有其他初始化系统。我们在前面已经简单地提到 init。初始化系统 init 通常也称为 System V 型初始化，System V 来源于 UNIX Version 5。

在 System V 型初始化演变成 Upstart 之后，它完全取代了 Ubuntu 开发的 init。Upstart 也被 CentOS 6 和 Red Hat Enterprise Linux 6 使用。

然而现在大多数 Linux 发行版都使用 systemd。由于 systemd 是 Linux 的一个重要组成部分，因此所有发行版都非常相似。十几年前从一个发行版切换到另一个发行版并不容易，而如今要容易得多。

7.2.5　参考

系统中有多个手册页，以便你更深入地理解 systemd、它的命令以及日志：

❑ man systemd
❑ man systemctl
❑ man journalctl
❑ man systemd.unit

7.3　为守护进程编写单元文件

在本范例中我们将采用在第 6 章中编写的守护进程，并使其成为 systemd 下的服务（这就是 systemd 所称的创建新进程）。这是守护进程的传统工作方式，它们仍然被广泛使用。在 7.6 节中，我们会稍做修改以将日志记录到 systemd 的日志中。首先，我们把现有的守护进程变成一个服务。

7.3.1　准备工作

在本范例中你需要用到我们在第 6 章中编写的 my-daemon-v2.c。如果你没有这个文件，在本章的 GitHub 目录中有相应的副本：https://github.com/PacktPublishing/ Linux-System-Programming-Techniques/blob/master/ch7/my-daemon-v2.c。

除了 `my-daemon-v2.c` 以外，你还需要 GCC 编译器、Make 工具和 7.1 节中介绍的通用 Makefile。

7.3.2 实践步骤

在这里我们会将守护进程置于 `systemd` 的控制之下。

1. 如果你还没有编译 `my-daemon-v2`，则需要从编译开始：

```
$> make my-daemon-v2
gcc -Wall -Wextra -pedantic -std=c99    my-daemon-v2.c
-o my-daemon-v2
```

2. 为了使它成为一个系统守护进程，我们应该将它放在其中一个目录中，一个很好的地方是 `/usr/local/sbin`。`/usr/local directory` 通常放置第三方软件，也就是我们添加到系统中的软件。`sbin` 子目录用于存放系统二进制文件或超级用户二进制文件。为了将守护进程移动到这里，我们需要 root 用户身份：

```
$> sudo mv my-daemon-v2 /usr/local/sbin/
```

3. 为守护进程编写单元文件。以 root 用户身份创建 `/etc/systemd/system/my-daemon.service` 文件。使用 `sudo` 或 `su` 切换为 root 用户。在文件中写入如下内容并保存。这个单元文件被划分成以下几部分：`[Unit]`、`[Service]` 和 `[Install]`。`[Unit]` 部分包含有关这个单元的信息，比如本用例的描述。`[Service]` 部分包含该服务的工作方式以及其行为等信息。这里的 `ExecStart` 包含守护进程的路径。`Restart=on-failure` 会让 `systemd` 在守护进程崩溃时重启守护进程。还有 `Type` 字段，在我们的例子中是 `forking`。请记住，我们的守护进程创建新进程，然后父进程退出。这就是类型 `forking` 的意义。我们将类型告诉 `systemd`，以便它知道如何处理守护进程。`PIDFile` 包含 PID 文件的路径，PID 文件是守护进程启动时创建的。最后我们将 `WantedBy` 设置为 `multi-user.target`。它表示守护进程应该在系统进入多用户阶段时启用：

```
[Unit]
Description=A small daemon for testing
[Service]
ExecStart=/usr/local/sbin/my-daemon-v2
Restart=on-failure
Type=forking
PIDFile=/var/run/my-daemon.pid
[Install]
WantedBy=multi-user.target
```

4. 为了让系统识别新的单元文件，我们需要重新加载 `systemd` 守护进程本身。这样会读新文件。这必须以 root 身份运行：

```
$> sudo systemctl daemon-reload
```

5. 使用 `systemctl` 的 `status` 命令来查看 `systemd` 是否识别了新的守护进程。注意我们在这里看到了单元文件的描述和实际使用的单元文件，还看到守护进程当前处于禁用和非活动状态：

```
$> sudo systemctl status my-daemon
. my-daemon.service - A small daemon for testing
   Loaded: loaded (/etc/systemd/system/my-daemon.service;
disabled; vendor preset: enabled)
   Active: inactive (dead)
```

7.3.3　它是如何工作的

在 `systemd` 中为守护进程创建服务并不难。学习 `systemd` 和单元文件后，这比编写 `init` 脚本容易多了。我们只使用 9 行代码，就将守护进程置于 `systemd` 的控制之下。

单元文件基本上是自解释的。在我们的例子中使用传统的 fork 守护进程，我们将类型设置为 `forking`，并指定一个 PID 文件。然后 `systemd` 使用 PID 文件中的 PID 编号来跟踪守护进程状态。这样如果 `systemd` 注意到 PID 已从系统中消失，它就可以重新启动守护进程。

在状态消息中，我们看到服务是禁用和非活动状态的。**禁用**表示当系统启动时它不会自动启动。**非活动**表示它还没有启动。

7.3.4　更多

如果你正在为使用网络的守护进程（例如，网络守护进程）编写一个单元文件，可以显式地告诉 `systemd`，让该守护进程等待网络就绪后再启动。为了实现这一点，我们需要在 `[Unit]` 部分添加以下行：

```
After=network-online.target
Wants=network-online.target
```

当然你也可以将 `After` 和 `Wants` 用于其他依赖项。你还可以使用另一个依赖项语句 `Requires`。

它们之间的区别在于 `After` 指定了单元的顺序。具有 `After` 的单元将等待其需要的单元启动后才启动。然而 `Wants` 和 `Requires` 仅指定依赖项而不是顺序。具有 `Wants` 的单元，即便所需要的另一单元未成功启动，该单元仍将启动。但是具有 `Requires` 的单元，如果所需要的单元未启动，该单元将无法启动。

7.3.5　参考

在 `man systemd.unit` 中有很多关于单元文件不同部分，以及在每部分中可以使用哪些指令的信息。

7.4 启用和禁用服务，以及启动和停止服务

在前面的范例中，我们使用单元文件将守护进程作为服务添加到 systemd 中。在本范例中，我们将学习如何启用、启动、停止和禁用它。启用和启动服务以及禁用和停止服务之间存在差异。

启用服务意味着它将在系统启动时自动启动。启动服务表示无论是否启用，它都将立即启动。禁用服务表示当系统启动时它将不再启动。停止服务会立即停止它，无论它处于启动或禁用状态。

了解这些可以让你控制系统的服务。

7.4.1 准备工作

在学习本范例之前，你需要先完成 7.3 节中的范例。

7.4.2 实践步骤

1. 首先，检查守护进程的状态。它应该是禁用和非活动状态。

```
$> systemctl status my-daemon
. my-daemon.service - A small daemon for testing
   Loaded: loaded (/etc/systemd/system/my-daemon.service;
disabled; vendor preset: enabled)
   Active: inactive (dead)
```

2. 现在我们将启用它，这意味着它会在系统启动（当系统进入多用户模式）时自动启动。我们必须以 root 用户身份运行该命令，因为该命令会修改系统。观察当我们启用它时会发生什么。没有什么神秘的事情发生，它只是对单元文件创建了一个符号链接，该符号链接到 /etc/systemd/system/multi-user.target.wants/my-daemon.service。记住 multi-user.target 是我们在单元文件中指定的目标。因此当系统达到多用户级别时，systemd 将启动该目录中的所有服务：

```
$> sudo systemctl enable my-daemon
Created symlink /etc/systemd/system/multi-user.target.
wants/my-daemon.service → /etc/systemd/system/my-daemon.
service.
```

3. 检查已经启用的守护进程的状态。现在应该是启用而不是禁用。然而它仍然是非活动（未启动）状态：

```
$> sudo systemctl status my-daemon
. my-daemon.service - A small daemon for testing
   Loaded: loaded (/etc/systemd/system/my-daemon.service;
enabled; vendor preset: enabled)
   Active: inactive (dead)
```

4. 启动守护进程：

```
$> sudo systemctl start my-daemon
```

5. 再次检查状态。这应该是启用和活动（即启动）的。这次我们将获得关于守护进程的
   更多信息。我们会看到它的 PID、状态、内存使用情况等。最后我们还会看到日志
   中的一个片段：

```
$> sudo systemctl status my-daemon
. my-daemon.service - A small daemon for testing
   Loaded: loaded (/etc/systemd/system/my-daemon.service;
enabled; vendor preset: enabled)
   Active: active (running) since Sun 2020-12-06 14:50:35
CET; 9s ago
   Process: 29708 ExecStart=/usr/local/sbin/my-daemon-v2
(code=exited, status=0/SUCCESS)
 Main PID: 29709 (my-daemon-v2)
    Tasks: 1 (limit: 4915)
   Memory: 152.0K
   CGroup: /system.slice/my-daemon.service
           └─29709 /usr/local/sbin/my-daemon-v2
dec 06 14:50:35 red-dwarf systemd[1]: Starting A small
daemon for testing...
dec 06 14:50:35 red-dwarf systemd[1]: my-daemon.service:
Can't open PID file /run/my-daemon.pid (yet?) after start
dec 06 14:50:35 red-dwarf systemd[1]: Started A small
daemon for testing.
```

6. 让我们验证一下，如果守护进程崩溃或被杀死，systemd 是否会重新启动它。首先
   我们用 ps 命令检查进程。然后用 KILL 信号杀死它，使其没有正常退出的机会。之
   后再次用 ps 命令检查它，注意，由于它是一个新进程，因此拥有新的 PID。老的守
   护进程被杀死，systemd 会启动一个新的实例来替换它：

```
$> ps ax | grep my-daemon-v2
  923 pts/12   S+      0:00 grep my-daemon-v2
29709 ?        S       0:00 /usr/local/sbin/my-daemon-v2
$> sudo kill -KILL 29709
$> ps ax | grep my-daemon-v2
 1103 ?        S       0:00 /usr/local/sbin/my-daemon-v2
 1109 pts/12   S+      0:00 grep my-daemon-v2
```

7. 我们还可以检查守护进程写入 /tmp 目录的文件：

```
$> tail -n 5 /tmp/my-daemon-is-alive.txt
Daemon alive at Sun Dec  6 15:24:11 2020
Daemon alive at Sun Dec  6 15:24:41 2020
Daemon alive at Sun Dec  6 15:25:11 2020
Daemon alive at Sun Dec  6 15:25:41 2020
Daemon alive at Sun Dec  6 15:26:11 2020
```

8. 停止守护进程。我们也可以检查它的状态，并通过 ps 命令看到进程已经退出：

```
$> sudo systemctl stop my-daemon
$> sudo systemctl status my-daemon
. my-daemon.service - A small daemon for testing
   Loaded: loaded (/etc/systemd/system/my-daemon.service;
enabled; vendor preset: enabled)
   Active: inactive (dead) since Sun 2020-12-06 15:27:49
CET; 7s ago
```

```
  Process: 1102 ExecStart=/usr/local/sbin/my-daemon-v2
(code=exited, status=0/SUCCESS)
 Main PID: 1103 (code=killed, signal=TERM)
dec 06 15:18:41 red-dwarf systemd[1]: Starting A small
daemon for testing...
dec 06 14:50:35 red-dwarf systemd[1]: my-daemon.service:
Can't open PID file /run/my-daemon.pid (yet?) after start
dec 06 15:18:41 red-dwarf systemd[1]: Started A small
daemon for testing.
dec 06 15:27:49 red-dwarf systemd[1]: Stopping A small
daemon for testing...
dec 06 15:27:49 red-dwarf systemd[1]: my-daemon.service:
Succeeded.
dec 06 15:27:49 red-dwarf systemd[1]: Stopped A small
daemon for testing.
$> ps ax | grep my-daemon-v2
 2769 pts/12    S+        0:00 grep my-daemon-v2
```

9. 为了防止系统重启时启动守护进程,我们必须禁用该服务。注意这里发生了什么。我们启用服务时创建的符号链接现在已经删除了:

```
$> sudo systemctl disable my-daemon
Removed /etc/systemd/system/multi-user.target.wants/
my-daemon.service.
```

7.4.3 它是如何工作的

当我们启用或禁用一个服务时,systemd 在目标目录创建一个符号链接。在我们的例子中目标是多用户,也就是说当系统达到多用户级别时生效。

在第 5 步启动守护进程时,我们看到了状态信息输出中的 Main PID 字段。这个 PID 与守护进程创建的 /var/run/my-daemon.pid 文件中的 PID 是一致的。这就是 systemd 跟踪新创建的守护进程的方式。在下一个范例中,我们将看到如何在不创建进程的情况下为 systemd 创建守护进程。

7.5 为 systemd 创建现代守护进程

由 systemd 处理的守护进程不需要创建进程或关闭它们的文件描述符,而是建议使用标准输出和标准错误将守护进程的日志写入 systemd 日志。日志是 systemd 的日志设施。

在本范例中,我们会编写一个新的守护进程,它不创建新进程并且让**标准输入**、**标准输出**和**标准错误**保持打开。它还会每隔 30 秒将信息写入标准输出(代替前面的 /tmp/my-daemon-is-alive.txt 文件)。这种守护进程有时称为**新型守护进程**。而老式的**创建进程**方式(比如 my-daemon-v2.c)称为 **Sys V 型守护进程**。Sys V 是 systemd 之前的 init 系统的名称。

7.5.1 准备工作

在本范例中你只需要 7.1 节所列的内容。

7.5.2　实践步骤

在本范例中我们会编写一个新型守护进程。

1. 这个程序有点长，因此我会将它分成几个步骤。将如下代码写入文件并保存为 new-style-daemon.c。所有代码都放在一个文件中。首先编写所有的头文件、信号处理函数原型和 main() 函数体。请记住我们不在这里创建进程。我们也不关闭所有的文件描述符和流。相反，我们将"Daemon alive"文本写入标准输出。注意我们需要在这里刷新标准输出。通常流是行缓冲，这意味着它们在每次有新代码行时被刷新。但是当标准输出被重定向到其他地方（比如 systemd）时，它被替换为全缓冲。为了能够在打印时看到文本，我们需要刷新它；否则在停止守护进程或缓冲区被填满之前，我们不会在日志中看到任何内容。

```c
#define _POSIX_C_SOURCE 200809L
#include <stdio.h>
#include <unistd.h>
#include <stdlib.h>
#include <signal.h>
#include <time.h>

void sigHandler(int sig);

int main(void)
{
    time_t now; /* for the current time */
    struct sigaction action; /* for sigaction */
    /* prepare for sigaction */
    action.sa_handler = sigHandler;
    sigfillset(&action.sa_mask);
    action.sa_flags = SA_RESTART;

    /* register the signal handler */
    sigaction(SIGTERM, &action, NULL);
    sigaction(SIGUSR1, &action, NULL);
    sigaction(SIGHUP, &action, NULL);

    for (;;) /* main loop */
    {
        time(&now); /* get current date & time */
        printf("Daemon alive at %s", ctime(&now));
        fflush(stdout);
        sleep(30);
    }
    return 0;
}
```

2. 现在我们为信号处理程序编写函数。注意我们在这里同时捕捉 SIGHUP 和 SIGTERM。SIGHUP 通常用于在不重新启动整个守护进程的情况下重装加载配置文件。捕获 SIGTERM 信号以便守护进程可以在其退出前执行清理（关闭所有打开的文件描述符

或流,并删除所有临时文件)工作。这里没有任何配置文件或临时文件,因此将消息打印到标准输出:

```
void sigHandler(int sig)
{
    if (sig == SIGUSR1)
    {
        printf("Hello world!\n");
    }
    else if (sig == SIGTERM)
    {
        printf("Doing some cleanup...\n");
        printf("Bye bye...\n");
        exit(0);
    }
    else if (sig == SIGHUP)
    {
        printf("HUP is used to reload any "
            "configuration files\n");
    }
}
```

3. 编译守护进程:

```
$> make new-style-daemon
gcc -Wall -Wextra -pedantic -std=c99    new-style-
daemon.c   -o new-style-daemon
```

4. 我们可以交互式地运行它,以验证它是否正常工作:

```
$> ./new-style-daemon
Daemon alive at Sun Dec  6 18:51:47 2020
Ctrl+C
```

7.5.3　它是如何工作的

这个守护进程与我们编写的任何其他程序非常相似。无须创建进程、更改工作目录、关闭文件描述符和流,它只是一个常规程序。

注意,我们不在信号处理函数中刷新标准输出缓存。程序每次收到信号并打印消息时都会返回 for 循环,打印另一条"Daemon alive"消息,然后在程序到达 for 循环中的 fflush(stdout) 时刷新。如果信号为 SIGTERM,则所有缓冲区在 exit(0) 时刷新,因此我们也不需要在此处刷新。

在下一个范例中,我们会让这个程序成为一个 systemd 服务。

7.5.4　参考

你可以从手册页 man 7 daemon 中获得有关 Sys V 型守护进程和新型守护进程的更多信息。

7.6 使新的守护进程成为 systemd 服务

现在我们已经在前面的范例中创建了一个**新型守护进程**,为这个守护进程创建单元文件将更加容易。

知道如何为新型守护进程编写单元文件是非常重要的,因为越来越多的守护进程以这种方式实现。当为 Linux 创建一个新的守护进程时,我们应该使用这种新方式。

7.6.1 准备工作

在学习本范例之前,你需要完成前面的范例。我们会使用上一范例中的守护进程。

7.6.2 实践步骤

这里我们将让新型守护进程成为 systemd 服务。

1. 首先将守护进程移动到 /usr/local/sbin 目录。请记住你需要以 root 用户身份执行此操作:

```
$> sudo mv new-style-daemon /usr/local/sbin/
```

2. 现在我们将编写新的单元文件。创建 /etc/systemd/system/new-style-daemon.service 文件并写入如下内容。请记住你需要以 root 用户身份创建文件。注意,这里不再需要指定任何 PID 文件。另外,我们已经将 Type=forking 更改为 Type=simple。simple 是 systemd 服务的默认方式。

```
[Unit]
Description=A new-style daemon for testing
[Service]
ExecStart=/usr/local/sbin/new-style-daemon
Restart=on-failure
Type=simple
[Install]
WantedBy=multi-user.target
```

3. 重新加载 systemd 守护进程,以便识别新的单元文件:

```
$> sudo systemctl daemon-reload
```

4. 启动守护进程并检查它的状态。注意我们在这里还将看到一条"Daemon alive"消息。这是日志中的一个片段。请注意这次不启用该服务,我们不需要启用该服务,除非我们需要它自动启动:

```
$> sudo systemctl start new-style-daemon
$> sudo systemctl status new-style-daemon
. new-style-daemon.service - A new-style daemon for
testing
   Loaded: loaded (/etc/systemd/system/new-style-daemon.
service; disabled; vendor preset: enabled
   Active: active (running) since Sun 2020-12-06 19:51:25
CET; 7s ago
```

```
    Main PID: 8421 (new-style-daemo)
       Tasks: 1 (limit: 4915)
      Memory: 244.0K
      CGroup: /system.slice/new-style-daemon.service
              └─8421 /usr/local/sbin/new-style-daemon

    dec 06 19:51:25 red-dwarf systemd[1]: Started A new-style
    daemon for testing.
    dec 06 19:51:25 red-dwarf new-style-daemon[8421]: Daemon
    alive at Sun Dec  6 19:51:25 2020
```

5. 让守护进程继续运行，我们将在下一个范例中查看日志。

7.6.3 它是如何工作的

由于守护进程没有创建进程，所以 systemd 可以在没有 PID 文件的情况下跟踪它。对于这个守护进程我们使用 Type=simple，这是 systemd 的默认方式。

当我们在第 4 步启动守护进程并检查它的状态时，将看到第一行的 "Daemon alive" 消息。我们可以在不使用 sudo 的情况下查看守护进程状态，但是看不到日志片段（因为它可能包含敏感数据）。

由于我们在 for 循环中的每个 printf() 之后刷新标准输出缓冲区，所以日志能在每个新条目写入时进行实时更新。

在下一范例中我们将查阅日志。

7.7 查阅日志

在本范例中我们会学习如何查阅日志。日志是 systemd 的日志记录工具。守护进程打印到标准输出和标准错误的所有消息都会添加到日志中。但是我们在这里找到的不仅仅是系统守护进程日志，还有系统的引导消息等。

了解如何查阅日志将使你能够更轻松地查找系统和守护进程中的错误。

7.7.1 准备工作

在本范例中，你需要运行 new-style-daemon 服务。如果你的系统上没有运行它，请返回上一范例了解如何启动它。

7.7.2 实践步骤

在本范例中我们将探讨如何查阅日志，以及可以在其中找到哪些信息。我们还将学习如何跟踪特定服务的日志。

1. 首先我们将检查 new-style-daemon 服务的日志。这里的 -u 选项表示单元：

```
$> sudo journalctl -u new-style-daemon
```

现在日志可能已经很长了，所以你可以按空格键将日志向下滚动。要退出日志请按
Q 键。

2. 还记得我们为 SIGUSR1 实现了一个信号处理程序吗？让我们尝试向守护进程发送
该信号，然后再次观察日志。这次我们使用 --lines 5 仅显示日志中的最后5行。
使用 systemctl status 查找进程的 PID。请注意 "Hello world" 消息（在以下
代码中加粗显示）：

```
$> systemctl status new-style-daemon
. new-style-daemon.service - A new-style daemon for
testing
   Loaded: loaded (/etc/systemd/system/new-style-daemon.
service; disabled; vendor preset: enabled
   Active: active (running) since Sun 2020-12-06 19:51:25
CET; 31min ago
 Main PID: 8421 (new-style-daemo)
    Tasks: 1 (limit: 4915)
   Memory: 412.0K
   CGroup: /system.slice/new-style-daemon.service
           └─8421 /usr/local/sbin/new-style-daemon
$> sudo kill -USR1 8421
$> sudo journalctl -u new-style-daemon --lines 5
-- Logs begin at Mon 2020-11-30 18:05:24 CET, end at Sun
2020-12-06 20:24:46 CET. --
dec 06 20:23:31 red-dwarf new-style-daemon[8421]: Daemon
alive at Sun Dec  6 20:23:31 2020
dec 06 20:24:01 red-dwarf new-style-daemon[8421]: Daemon
alive at Sun Dec  6 20:24:01 2020
dec 06 20:24:31 red-dwarf new-style-daemon[8421]: Daemon
alive at Sun Dec  6 20:24:31 2020
dec 06 20:24:42 red-dwarf new-style-daemon[8421]: Hello
world!
dec 06 20:24:42 red-dwarf new-style-daemon[8421]: Daemon
alive at Sun Dec  6 20:24:42 2020
```

3. 还可以跟踪一个服务的日志，观察它是 "活着" 的。打开第二个终端并运行如下命
令。这里的 -f 表示跟踪：

```
$> sudo journalctl -u new-style-daemon -f
```

4. 现在在第一个终端通过 sudo kill -USR1 8421 发送另一个 USR1 信号。你将立
即在第二个终端上看到 "Hello world" 消息，没有任何延迟。要退出跟踪模式，你
只需要按下 *Ctrl+C* 组合键。

5. journalctl 命令提供了大范围的信息过滤功能。例如，可以使用 --since 和 --
until 只选择两个日期之间的日志条目，也可以省略其中任何一个，以查看自某个
特定日期起或直到该日期为止的所有消息。这里我们显示两天之间的所有消息：

```
$> sudo journalctl -u new-style-daemon \
> --since "2020-12-06 20:32:00" \
> --until "2020-12-06 20:33:00"
-- Logs begin at Mon 2020-11-30 18:05:24 CET, end at Sun
2020-12-06 20:37:01 CET. --
dec 06 20:32:12 red-dwarf new-style-daemon[8421]: Daemon
```

```
alive at Sun Dec  6 20:32:12 2020
dec 06 20:32:42 red-dwarf new-style-daemon[8421]: Daemon
alive at Sun Dec  6 20:32:42 2020
```

6. 通过省略 -u 选项和单元名称，我们可以看到所有服务和所有日志条目。试试用空格键滚动浏览。你还可以像我们之前一样使用 --lines 10 只查看最后 10 行。

现在是时候停止 new-style-daemon 服务了。我们还将在停止服务后查看日志的最后 5 行。注意来自守护进程的再见消息，它来自 SIGTERM 信号的信号处理程序。当我们在 systemd 中停止服务时，它会向该服务发送一个 SIGTERM 信号：

```
$> sudo systemctl stop new-style-daemon
$> sudo journalctl -u new-style-daemon --lines 5
-- Logs begin at Mon 2020-11-30 18:05:24 CET, end at Sun
2020-12-06 20:47:02 CET. --
dec 06 20:46:44 red-dwarf systemd[1]: Stopping A
new-style daemon for testing...
dec 06 20:46:44 red-dwarf new-style-daemon[8421]: Doing
some cleanup...
dec 06 20:46:44 red-dwarf new-style-daemon[8421]: Bye
bye...
dec 06 20:46:44 red-dwarf systemd[1]: new-style-daemon.
service: Succeeded.
dec 06 20:46:44 red-dwarf systemd[1]: Stopped A new-style
daemon for testing.
```

7.7.3 它是如何工作的

因为日志处理所有发送到标准输出和标准错误的消息，所以我们不需要自己处理日志记录。这使得为 Linux 编写由 systemd 处理的守护进程变得更加容易。正如我们在查看日志时看到的，每条消息都有一个时间戳。这使得在查找错误时可以很容易地筛选出特定的日期和时间。

当探索新的或未知的服务时，使用 -f 选项跟踪特定服务的日志是常用的方法。

7.7.4 参考

手册页 man journalctl 提供了关于如何过滤日志的更多提示和技巧。

第 8 章 _Chapter 8_

创建共享库

在本章中，我们将了解什么是库，以及为什么它们是 Linux 的重要组成部分。我们还将了解静态库与动态库之间的区别，并开始编写自己的静态库和动态库。我们还可以快速浏览一下动态库。

使用库有很多好处，例如开发人员不需要一次又一次地重新实现函数，因为库中已经有现成的函数。动态库的一大优势是生成的程序要小得多，即使在程序编译之后，库也可以进行升级。

在本章中，我们将学习如何使用适当的函数创建库，并将它们安装到系统上。了解如何制作和安装库，使你能够以标准化的方式与他人共享你的函数。

本章涵盖以下主题：
- 库及其重要性
- 创建静态库
- 使用静态库
- 创建动态库
- 在系统上安装动态库
- 在程序中使用动态库
- 编译静态链接程序

8.1 技术要求

在本章中，你需要 GCC 编译器和 Make 工具。你可以在第 1 章中找到安装方法。本章的所有示例代码都可以从 GitHub 下载：https://github.com/PacktPublishing/Linux-System-Programming-Techniques/tree/master/ch8。

8.2 库及其重要性

在我们深入了解库的细节之前，了解什么是库以及库对我们的重要性是至关重要的。理解静态库与动态库之间的区别也很重要，这些知识将使你能够在创建库时做出更明智的选择。

动态库会**动态链接**到使用它的二进制文件。这意味着库的代码不包含在二进制中。该库位于二进制文件以外，这样有几个优点。首先，由于二进制中不包含库代码，因此二进制文件在尺寸上会更小。其次，库可以被更新，而不需要重新编译二进制程序。其缺点是我们不能从系统中将动态库进行移动或删除。如果移动或删除库，二进制程序将不再工作。

而**静态库**包含在二进制文件中。其优点是一旦编译，二进制文件将完全独立于库。缺点是二进制文件会更大，在不重新编译二进制程序的情况下，库不能进行升级。

我们已经在第 3 章中看到了一个动态库的简短示例。

在这个范例中，我们会看到一些常见的库，还将通过包管理器在系统上安装一个新的库，我们的程序会使用这个新库。

8.2.1 准备工作

在该范例中，你需要使用 GCC 编译器。你还需要通过 su 或 sudo 使用 root 用户访问系统。

8.2.2 实践步骤

在该范例中，我们将探索一些常见的库并查看它们在系统中的位置，然后安装一个新库并查看库中的内容。在这个范例中，我们只处理动态库。

1. 让我们先看看系统上已有的库。这些库将放在其中一个或多个目录，取决于你的发行版本：

```
/usr/lib
/usr/lib64
/usr/lib32
```

2. 现在我们将通过使用 Linux 发行版的包管理器在系统中安装一个新库。我们要安装的库用于 cURL（它包含应用程序和库）获取来自互联网的文件或数据，例如通过**超文本传输协议**（HTTP）。根据你的发行版本，按如下步骤操作：

   - Debian/Ubuntu:

   ```
   $> sudo apt install libcurl4-openssl-dev
   ```

   - Fedora/CentOS/Red Hat:

   ```
   $> sudo dnf install libcurl-devel
   ```

3. 用 nm 命令来查看库的内部。首先使用 whereis 命令来找到它。库的路径在不同的发行版上是不同的。该示例来自 Debian 10 系统。我们正在寻找的文件是 .so 文件。请注意我们使用 grep 和 nm 仅列出带有 T 的行。这些是库提供的函数。如果我们删除 grep 部分，还会看到这个库所依赖的函数。我们还将 head 添加到命令中，因为函数列表很长。如果你想查看所有功能，请忽略头部：

```
$> whereis libcurl
libcurl: /usr/lib/x86_64-linux-gnu/libcurl.la
/usr/lib/x86_64-linux-gnu/libcurl.a /usr/lib/x86_64
linux-gnu/libcurl.so
$> nm -D /usr/lib/x86_64-linux-gnu/libcurl.so \
> | grep " T " | head -n 7
000000000002f750 T curl_easy_cleanup
000000000002f840 T curl_easy_duphandle
00000000000279b0 T curl_easy_escape
000000000002f7e0 T curl_easy_getinfo
000000000002f470 T curl_easy_init
000000000002fc60 T curl_easy_pause
000000000002f4e0 T curl_easy_perform
```

4. 由于我们对库有了更多的了解，现在可以在程序中使用它。将以下代码写入文件并保存为 get-public-ip.c。该程序将向 ifconfig.me 上的 Web 服务器发送请求，并为你提供公共的 Internet 协议（IP）地址。可以在 https://curl.se/libcurl/c/ 在线找到 cURL 库的完整手册。 请注意我们不会从 cURL 打印任何内容。这个库会自动打印它从服务器收到的内容：

```c
#include <stdio.h>
#include <curl/curl.h>
int main(void)
{
    CURL *curl;

    curl = curl_easy_init();
    if(curl)
    {
        curl_easy_setopt(curl, CURLOPT_URL,
            "https://ifconfig.me");
        curl_easy_perform(curl);
        curl_easy_cleanup(curl);
    }
    else
    {
        fprintf(stderr, "Cannot initialize curl\n");
        return 1;
    }
    return 0;
}
```

5. 编译代码。请注意我们还必须使用 -l 选项链接 cURL 库：

```
$> gcc -Wall -Wextra -pedantic -std=c99 \
> get-public-ip.c -o get-public-ip -lcurl
```

6. 最后我们可以运行程序来获取公共 IP 地址。我的 IP 地址在以下输出中被屏蔽了：

```
$> ./get-public-ip
158.174.xxx.xxx
```

8.2.3　它是如何工作的

这里我们查看了使用库添加新功能所涉及的所有步骤。使用包管理器在系统上安装库。我们使用 whereis 找到它的位置，使用 nm 查看它包含哪些函数，最后在程序中使用它。

nm 程序提供了一种快速查看库包含哪些函数的方法。我们在该范例中使用的 -D 选项用于动态库。我们使用 grep 只查看库提供的函数，否则，还将看到该库所依赖的函数（这些行以 U 开头）。

由于这个库不是 libc 的一部分，所以需要使用 gcc 的 -l 选项链接它。库的名称应该紧跟在 l 之后，中间没有任何空格。

ifconfig.me 网站是一个站点和服务，它返回请求该站点的客户端的公共 IP。

8.2.4　更多

cURL 也是一个程序，许多 Linux 发行版预安装了它。cURL 库提供了一种在你自己的程序中使用 cURL 函数的便捷方式。

假设你已经安装了 cURL，可以运行 curl ifconfig.me 以获得与我们编写的程序相同的结果。

8.3　创建静态库

在第 3 章中，我们已经看到如何创建动态库以及如何从当前工作目录链接它。在这个范例中，我们将制作一个**静态库**来代替。

静态库是在二进制程序编译期间被包含进去的。优点是让二进制文件变得更加轻便和独立。编译后我们可以去掉静态库，程序仍然可以运行。

缺点是二进制文件会稍大一些，并且在将库编译到程序后，我们无法更新库。

了解如何创建静态库将使你在新程序中发布和重用函数变得更加容易。

8.3.1　准备工作

在该范例中，我们需要使用 GCC 编译器，也需要使用名为 ar 的工具。ar 程序基本上是默认安装的。

8.3.2　实践步骤

在该范例中，我们会制作一个小型静态库。这个库会包含两个函数：一个将摄氏度转换为华氏度，另一个将摄氏度转换为绝对温标：

1. 编写库函数。编写如下代码到文件并保存为 `convert.c`。这个文件包含两个函数：

```
float c_to_f(float celsius)
{
    return (celsius*9/5+32);
}
float c_to_k(float celsius)
{
    return (celsius + 273.15);
}
```

2. 我们还需要一个包含这些函数的函数原型的头文件。创建另一个文件并在其中写入以下代码。将其另存为 `convert.h`：

```
float c_to_f(float celsius);
float c_to_k(float celsius);
```

3. 制作库的第一个任务是将 `convert.c` 编译成目标文件。我们通过 GCC 的 `-c` 选项来完成：

```
$> gcc -Wall -Wextra -pedantic -std=c99 -c convert.c
```

4. 我们现在应该在当前目录中有一个名为 `convert.o` 的文件。可以使用 `file` 命令来验证这一点，它会显示出文件类型：

```
$> file convert.o
convert.o: ELF 64-bit LSB relocatable, x86-64, version 1
(SYSV), not stripped
```

5. 使其成为静态库的最后一步是使用 `ar` 命令将其打包到存档文件中。`-c` 选项表示创建存档文件；`-v` 选项表示详细输出信息；`-r` 选项表示替换同名成员。名称 `libconvert.a` 是我们的库将获得的结果文件名：

```
$> ar -cvr libconvert.a convert.o
a - convert.o
```

6. 在继续之前，让我们用 `nm` 来查看静态库：

```
$> nm libconvert.a
convert.o:
0000000000000000 T c_to_f
0000000000000037 T c_to_k
```

8.3.3 它是如何工作的

正如我们在这里看到的，静态库只是存档文件中的一个目标文件。

当我们使用 `file` 命令查看目标文件时，注意到它显示 "not stripped"，这意味着所有**符号**仍在文件中。符号是暴露出的函数，以便程序可以访问和使用它们。在下一个范例中，我们将回答符号以及 stripped（符号信息被清除）与 not stripped（符号信息未被清除）的含义。

8.3.4 参考

在手册页 man 1 ar 中有很多关于 ar 的参考信息。例如，可以修改和删除一个已经存在的静态库。

8.4 使用静态库

在本范例中我们会使用上一范例程序创建的静态库。使用静态库比使用动态库容易一些。我们只是将静态库（存档文件）添加到将被编译为最终二进制文件的文件列表中。

了解如何使用静态库将使你能够使用其他人的库，并将自己的代码作为静态库来重用。

8.4.1 准备工作

在本范例中你需要 convert.h 头文件、libconvert.a 静态库文件，以及 GCC 编译器。

8.4.2 实践步骤

在这里我们将编写一个小程序，它使用我们在上一个范例中创建的库中的函数：

1. 将以下代码写入文件并保存为 temperature.c。注意从当前目录包含头文件的语法。

该程序采用两个参数：选项（-f 和 -k 分别表示华氏温度和绝对温标）和摄氏温度（其类型为浮点值）。然后程序会将摄氏温度转换为华氏温度或绝对温标，具体取决于所选的选项：

```
#include <stdio.h>
#include <stdlib.h>
#include <string.h>
#include "convert.h"
void printUsage(FILE *stream, char progname[]);
int main(int argc, char *argv[])
{
    if ( argc != 3 )
    {
        printUsage(stderr, argv[0]);
        return 1;
    }
    if ( strcmp(argv[1], "-f") == 0 )
    {
        printf("%.1f C = %.1f F\n",
            atof(argv[2]), c_to_f(atof(argv[2])));
    }
    else if ( strcmp(argv[1], "-k") == 0  )
    {
        printf("%.1f C = %.1f F\n",
            atof(argv[2]), c_to_k(atof(argv[2])));
    }
```

```
        else
        {
            printUsage(stderr, argv[0]);
            return 1;
        }

        return 0;
}

void printUsage(FILE *stream, char progname[])
{
    fprintf(stream, "%s [-f] [-k] [temperature]\n"
        "Example: %s -f 25\n", progname, progname);
}
```

2. 让我们编译这个程序。为了包含静态库，我们只需将其添加到 GCC 的文件列表中。另外确保 convert.h 头文件在你的当前工作目录：

```
$> gcc -Wall -Wextra -pedantic -std=c99 \
> temperature.c libconvert.a -o temperature
```

3. 现在我们可以用不同的温度来测试程序：

```
$> ./temperature -f 30
30.0 C = 86.0 F
$> ./temperature -k 15
15.0 C = 288.1 F
```

4. 最后使用 nm 命令查看 temperature 二进制程序的结果：

```
$> nm temperature
```

　　如你所见，我们可以查看二进制文件中的所有函数，例如，我们看到 c_to_f、c_to_k、printUsage 和 main (Ts)。我们还可以看到程序依赖于动态库中的哪些函数，例如 printf（前面有一个 U）。我们在这里看到的称为符号。

5. 由于该二进制文件将用作独立的程序，因此我们不需要这些符号。可以使用 strip 命令从二进制文件中清除符号。这使得程序的大小更小。当我们在二进制文件中清除符号之后，再次使用 nm 命令来查看它：

```
$> strip temperature
$> nm temperature
nm: temperature: no symbols
```

6. 我们可以使用 file 命令来查看一个程序或库的符号有没有被清除。请记住，静态库不能被清除符号；否则链接器看不到函数，链接会失败：

```
$> file temperature
temperature: ELF 64-bit LSB pie executable, x86-64,
version 1 (SYSV), dynamically linked, interpreter/
lib64/ld-linux-x86-64.so.2, for GNU/Linux 3.2.0,
BuildID[sha1]=95f583af98ff899c657ac33d6a014493c44c362b,
stripped
$> file convert.o
convert.o: ELF 64-bit LSB relocatable, x86-64, version 1
(SYSV), not stripped
```

8.4.3 它是如何工作的

当我们想在程序中使用静态库时，给 GCC 提供存档文件名和程序的 c 文件，从而生成一个包含静态库的二进制文件。

在最后几步中，我们用 nm 检查了二进制文件，显示了所有符号。然后我们用 strip 命令清除这些符号。如果我们使用 file 命令查看 ls、more、sleep 等程序，将注意到这些程序都显示 stripped。这意味着该程序符号已被清除。

静态库必须保持其符号不变。如果它们被清除符号，链接器将找不到这些函数，链接过程就会失败。因此我们永远不应该清除静态库的符号。

8.5　创建动态库

虽然静态库既方便又易于创建和使用，但动态库更为常见。正如我们在本章开头看到的那样，许多开发人员选择提供一个库而不仅仅是一个程序，例如 cURL。

在这个范例中，我们将重写本章前面介绍的创建静态库范例中的库，使其成为动态库。了解如何创建动态库，使你能够将代码作为易于实现的库分发给其他开发人员使用。

8.5.1 准备工作

在本节中，你需要 8.4 节中的 convert.c 文件和 convert.h 文件，以及 GCC 编译器。

8.5.2 实践步骤

这里我们使用 convert.c 来制作一个动态库。

1. 首先让我们删除目标文件和之前创建的旧静态库。这将确保我们不会错误地使用错误的目标文件或错误的库：

```
$> rm convert.o libconvert.a
```

2. 首先从 c 文件创建一个新的目标文件。-c 选项创建一个目标文件，而不是最终的二进制文件。-fPIC 选项告诉 GCC 生成所谓的**位置无关代码**（PIC），允许代码在不同进程的不同地址处执行。我们还使用 file 命令检查生成的文件：

```
$> gcc -Wall -Wextra -pedantic -std=c99 -c -fPIC \
> convert.c
$> file convert.o
convert.o: ELF 64-bit LSB relocatable, x86-64, version 1
(SYSV), not stripped
```

3. 下一步是使用 GCC 创建 .so 文件，即**动态目标**文件。-shared 选项表示创建一个共享对象。-Wl 选项意味着我们要将所有以逗号分隔的选项传递给链接器。在这种情况下传递给链接器的选项是 -soname 和参数 libconvert.so，它将动态库的名称设置为 libconvert.so。最后 -o 选项指定的输出文件的名称。然后我们使用 nm 命令列出此共享库提供的符号。这些以 T 开头的符号是这个库提供的符号:

```
$> gcc -shared -Wl,-soname,libconvert.so -o \
> libconvert.so.1 convert.o
$> nm -D libconvert.so.1
00000000000010f5 T c_to_f
000000000000112c T c_to_k
                 w __cxa_finalize
                 w __gmon_start__
                 w _ITM_deregisterTMCloneTable
                 w _ITM_registerTMCloneTable
```

8.5.3 它是如何工作的

创建动态库包含两个步骤:创建一个位置无关的目标文件,将该文件打包到 .so 文件中。

共享库中的代码在运行时加载。由于它无法预测在内存中的最终位置,因此需要与位置无关。这样无论它在内存中的哪个位置被调用,代码都能正常工作。

GCC 选项 -Wl、-soname、libconvert.so 可能需要进一步解释。选项 -Wl 告诉 GCC 将任何以逗号分隔的单词作为链接器的选项。由于我们不能使用空格(这将被视为一个新选项),因此用逗号分隔 -soname 和 libconvert.so。但是链接器将其视为 -soname libconvert.so。

soname 是共享对象名称的缩写,它是库中的内部名称。引用库时使用的就是这个名称。

使用 -o 选项指定的实际文件名有时称为库的真实名称。使用包含库版本号的真实名称是标准约定,例如本示例中的 1。也可以包含一个小版本号,例如 1.3。在我们的示例中,它看起来像这样:libconvert.so.1.3。真实名称和 soname 都必须以 lib(library 的缩写)开头。总而言之,真实名称包含 5 个部分:

❏ lib(库的缩写)
❏ convert(库的名称)
❏ .so(扩展名,共享对象的缩写)
❏ .1(库的大版本号)
❏ .3(库的小版本号)

8.5.4 更多

与静态库相反,动态库可以在被清除符号信息的情况下工作。但是请注意,必须在创建动态库之后的 .so 文件上进行清除。如果改为清除目标(.o)文件的符号信息,我们将丢失所有符号,使其无法用于链接。但是 .so 文件将符号保存在名为 .dynsym 的特殊表中,strip 命令不会触及该表。可以使用 readelf 命令的 --symbols 选项在被清除符号的动态库上查看此表。因此如果 nm 命令在动态库上没有显示任何符号，你可以尝试 readelf --symbols。

8.5.5 参考

GCC 是一个有很多选项的庞大软件。GNU 网站上有各个版本的 GCC 的 PDF 手册。这些手册大约有 1000 多页，可以从 https://gcc.gnu.org/onlinedocs/ 下载。

8.6 在系统上安装动态库

我们现在已经看到了如何创建静态和动态库，在第 3 章，我们甚至看到了如何从主目录中使用动态库。但是现在是时候在系统范围内安装动态库了，以便计算机上的任何用户都可以使用它。

了解如何在系统上安装动态库将使你能够在系统范围内添加库以供任何用户使用。

8.6.1 准备工作

在本范例中，你需要在上一范例中创建的动态库 libconvert.so.1。你还需要通过 sudo 或 su 以 root 身份访问系统。

8.6.2 实践步骤

安装动态库只是将库文件和头文件移动到正确的目录并运行命令。但是我们应该遵循一些约定。

1. 我们需要做的第一件事是将库文件复制到系统上的正确位置。用户安装的库的公共目录是 /usr/local/lib，我们将在这里使用。由于我们要将文件复制到主目录之外的位置，因此需要以 root 用户身份执行该命令。我们将在这里使用 install 在单个命令中设置用户、组和模式，由于这里是系统范围的安装，因此我们希望文件被 root 用户所有。它也应该是可执行的，因为它将在运行时被包含和执行：

```
$> sudo install -o root -g root -m 755 \
> libconvert.so.1 /usr/local/lib/libconvert.so.1
```

2. 现在我们需要运行 ldconfig 命令，它将创建必要的链接并更新缓存。

> **重要提示**
>
> 在 Fedora 和 CentOS 上，/usr/local/lib 目录不包含在 ldconfig 的默认搜索路径中。在继续本范例之前，先通过 su 或 sudo -i 切换到 root 用户并执行如下命令添加路径：
>
> ```
> echo "/usr/local/lib" >> /etc/ld.so.conf.d/local.
> conf
> ```

执行 `ldconfig` 后，我们在 `/usr/local/bin` 目录中对 `libconvert*` 运行 `ls` 命令，看到 `ldconfig` 已经创建了一个指向我们库文件的符号链接，名称中没有包含版本部分：

```
$> sudo ldconfig
$> cd /usr/local/lib/
$> ls -og libconvert*
lrwxrwxrwx 1 15 dec 27 19:12 libconvert.so ->
libconvert.so.1
-rwxr-xr-x 1 15864 dec 27 18:16 libconvert.so.1
```

3. 我们还必须将头文件复制到系统目录中；否则用户将不得不手动下载并跟踪头文件，这是不太理想的。用户安装头文件的一个好地方是 `/usr/local/include`。include 一词来自 C 语言的 `#include` 行：

```
$> sudo install -o root -g root -m 644 convert.h \
> /usr/local/include/convert.h
```

4. 由于我们在系统范围内安装了库和头文件，因此可以将它们从当前工作目录中删除。这样做将确保我们在下一个范例中使用正确的文件：

```
$> rm libconvert.so.1 convert.h
```

8.6.3　它是如何工作的

我们使用 `install` 安装了库文件和头文件。该程序非常适合此类任务，因为它在单个命令中设置用户（-o 选项）、组（-g 选项）和模式（-m 选项）。如果我们使用 `cp` 复制文件，它就会归创建它的用户所有。出于安全目的，我们总是希望在系统范围内安装 root 用户拥有的二进制文件、库和头文件。

`/usr/local` 目录是存放用户创建内容的好地方。我们将库放在 `/usr/local/lib` 目录下，将头文件放在 `/usr/local/include` 目录下。系统库和头文件通常分别放在 `/usr/lib` 目录和 `/usr/include` 目录中。

当我们稍后使用该库时，系统将在以 `.so` 结尾的库文件中查找它，因此我们需要一个名为 `libconvert.so` 的符号链接指向二进制文件。但是我们不需要自己创建那个链接，`ldconfig` 为我们做了这个事情。

此外由于我们已将头文件放在 `/usr/local/include` 中，因此不需要在当前工作目录中放置该文件。我们现在可以像包含任何其他系统头文件一样使用相同的语法来包含该头文件。我们将在下一范例中看到这一点。

8.7　在程序中使用动态库

现在我们已经创建了一个动态库并将其安装在我们的系统上，是时候在程序中试用它了。从本书开始我们实际上一直在使用动态库，但是没有深入分析。`printf()` 等函数都是标准库的一部分。在 8.2 节中，我们使用了另一个名为 cURL 的动态库。在本范例中，我们将使用在上一范例中安装的、我们自己的库。

了解如何使用自定义库将使你能够使用其他开发人员的代码，从而加快开发过程。

8.7.1 准备工作

在本节中，我们需要 8.3 节中的代码 temperature.c，这个程序会使用动态库。在尝试此范例之前，你还需要完成上一个范例。

8.7.2 实践步骤

在本范例中我们将用 temperature.c 代码来使用我们在上一个范例中安装的库。

1. 由于我们将使用安装在 /usr/local/include 中的头文件，因此必须修改 temperature.c 中的 #include 行。temperature.c 中的第 4 行当前为：

```
#include "convert.h"
```

把前面的代码改成这样：

```
#include <convert.h>
```

然后将其保存为 temperature-v2.c。

2. 继续编译程序。GCC 将使用系统范围的头文件和库文件。请记住我们需要使用 -l 选项链接库。我们需要省略 lib 部分和 .so 结尾部分：

```
$> gcc -Wall -Wextra -pedantic -std=c99 \
> temperature-v2.c -o temperature-v2 -lconvert
```

3. 尝试使用一些不同的温度来运行程序：

```
$> ./temperature-v2 -f 34
34.0 C = 93.2 F
$> ./temperature-v2 -k 21
21.0 C = 294.1 F
```

4. 我们可以用 ldd 来验证哪些库是动态链接的。当我们对程序运行这个工具时，会看到 libconvert.so 库、libc 和一个叫作 vdso（虚拟动态共享对象）的东西：

```
$> ldd temperature-v2
        linux-vdso.so.1 (0x00007fff4376c000)
        libconvert.so => /usr/local/lib/libconvert.so
(0x00007faaeefe2000)
        libc.so.6 => /lib/x86_64-linux-gnu/libc.so.6
(0x00007faaeee21000)
        /lib64/ld-linux-x86-64.so.2 (0x00007faaef029000)
```

8.7.3 它是如何工作的

当我们从当前目录包含本地头文件时，语法是 #include "file.h"。但是对于系统范围的头文件，语法是 #include <file.h>。

由于库现在安装在某个系统目录中，我们不需要指定它的路径。使用 -lconvert 链接库就足够了。这样做时，所有公共系统范围目录会被用于库搜索。当我们使用 -l 链接时，会忽略文件名中的 lib 部分和 .so 结尾（链接器会自行处理这一点）。

在最后一步中，我们使用 ldd 验证了我们正在使用的系统范围内安装的 libconvert. so。在这里我们还看到了标准 C 库、libc 和 vdso。标准 C 库中有我们一次又一次使用的所有常用函数，例如 printf()。然而 vdso 库有点神秘，我们不会在这里介绍。简单地说，它将一小组常用的系统调用导出到用户空间，以避免过多的上下文切换，因为这会影响性能。

8.7.4　更多

在本章中我们已经讨论了很多关于链接器和链接过程的内容。链接器是一个名为 ld 的单独的程序。为了更深入地了解链接器，我建议你使用 man 1 ld 阅读其手册页。

8.7.5　参考

有关 ldd 的更多信息，请参阅 man 1 ldd。

如果你感兴趣，可以在 man 7 vdso 中查阅 vdso 的详细解释。

8.8　编译静态链接程序

我们已经对库和链接有了比较深刻的理解，可以创建一个**静态链接**的程序（将所有依赖项都编译到其中的程序）了。这使得程序或多或少地减少依赖。制作静态链接的程序并不常见，但有时它是可取的。比如你出于某种原因需要将单个预编译的二进制文件分发到多台计算机上运行，而不必考虑安装所有的库。但请注意，创建完全无依赖的程序并不总是可行的。如果程序使用了依赖于另一个库的库，这就不容易实现。

制作和使用静态链接程序的缺点是它们很大。此外不可能在不重新编译整个程序的情况下更新程序的库。因此请记住，这仅在很少数的情况下使用。

但是通过了解如何编译静态链接程序，你不仅可以增长知识，而且还可以将预先编译的二进制文件分发到许多不同发行版的系统上运行，而无须必要的库。

8.8.1　准备工作

在学习本范例前，你需要完成前面两个范例。换句话说你需要在系统上安装 libconvert. so.1 库，并且需要编译 temperature-v2.c。像往常一样，你还需要 GCC 编译器。

8.8.2　实践步骤

在本范例中，我们将编译一个静态链接版本的 temperature-v2.c。然后我们将从系统中删除该库,并注意到静态链接的程序仍然可以工作,而另一个则不能。

> **重要提示**
>
> 在 Fedora 和 CentOS 上,默认情况下不包含 libc 的静态库。可以运行 sudo dnf install glibc-static 来安装它。

1. 要静态地链接库,我们需要拥有所有库的静态版本。这意味着必须重新创建库的存档(.a)版本并安装它。这些步骤与本章前面创建静态库方法中的步骤相同。首先,如果还有目标文件的话,我们删除目标文件。然后创建一个新的目标文件,并从中创建一个存档文件:

```
$> rm convert.o
$> gcc -Wall -Wextra -pedantic -std=c99 -c convert.c
$> ar -cvr libconvert.a convert.o
a - convert.o
```

2. 接下来必须在系统中安装静态库,最好与动态库位于同一位置。静态库不需要是可执行的,因为它是在编译时包含的,而不是在运行时:

```
$> sudo install -o root -g root -m 644 \
> libconvert.a /usr/local/lib/libconvert.a
```

3. 现在编译一个静态链接版本的 temperature-v2.c。选项 -static 使二进制文件静态链接,这意味着它将库代码包含在二进制文件中:

```
$> gcc -Wall -Wextra -pedantic -std=c99 -static \
> temperature-v2.c -lconvert -o temperature-static
```

4. 在尝试这个程序之前,先用 ldd 检查它,并用 du 检查它的大小。请注意在我的系统上,二进制文件现在是 788KB(在另一个系统上,它是 1.6MB)。将此与动态库版本(约 20K)进行比较:

```
$> du -sh temperature-static
788K    temperature-static
$> du -sh temperature-v2
20K     temperature-v2
$> ldd temperature-static
        not a dynamic executable
```

5. 试试这个程序:

```
$> ./temperature-static -f 20
20.0 C = 68.0 F
```

6. 从系统中删除静态库和动态库:

```
$> sudo rm /usr/local/lib/libconvert.a \
> /usr/local/lib/libconvert.so \
> /usr/local/lib/libconvert.so.1
```

7. 尝试动态链接的二进制文件,它不应该工作,因为我们已经删除了它所依赖的库:

```
$> ./temperature-v2 -f 25
./temperature-v2: error while loading shared
libraries: libconvert.so: cannot open shared object
file: No such file or directory
```

8. 试试静态链接的二进制文件，它应该和以前一样能工作：

```
$> ./temperature-static -f 25
25.0 C = 77.0 F
```

8.8.3 它是如何工作的

一个静态链接的程序包含来自所有库的所有代码，这就是为什么我们例子中的二进制文件尺寸这么大。要构建静态链接程序，我们需要所有程序库的静态版本。这就是我们需要重新创建静态库并将其放置在某个系统目录中的原因。我们还需要标准 C 库的静态版本，如果我们使用 CentOS 或 Fedora 机器，则需要安装它。在 Debian/Ubuntu 上，它已经安装了。

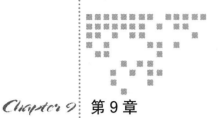

Chapter 9 第 9 章

终端 I/O 及改变终端行为

本章，我们学习什么是 TTY（TeleTYpewriter，**电传打字机**）和 PTY（Pseudo-Telet-Ypewriter，**伪电传打字机**）、如何获得它们的信息，以及如何设置它们的属性。然后，我们编写一个简单的程序，该程序获取输入但是不回显，很适合用于密码提示。我们还将编写一个程序，用来查看当前终端的大小。

终端可以有很多种形式。例如，X（一个图形显示前端）中的命令行窗口；通过按下 *Ctrl+Alt+*（*F1 ～ F7*）组合键切换的终端；古老的串口终端；拨号终端；类似 Secure Shell（SSH）的远程终端。

TTY 是硬件终端，例如，通过按下 *Ctrl+Alt+*（*F1 ～ F7*）组合键切换的控制台或串口控制台。

PTY 是**伪终端**，也就是软件模拟的终端。PTY 终端程序有 xterm、rxvt、Kconsole、Gnome Terminal，或者终端多路器（例如 tmux）。PTY 也可以是远程终端，例如 SSH。

由于我们经常使用终端，因此知道如何获得终端的信息并控制终端可以帮助我们写出更好的软件。例如，密码提示中隐藏密码的功能。

本章涵盖以下主题：

❑ 查看终端信息

❑ 使用 stty 改变终端的设置

❑ 调查 TTY 和 PTY 设备，并向它们写入数据

❑ 检查是否是 TTY 设备

❑ 创建一个 PTY

❑ 关闭密码提示回显

❑ 读取终端的大小

9.1 技术要求

本章，我们会使用一些常见工具，例如 GCC、Make 工具、通用的 Makefile，同时我们会使用 screen 这个程序。如果你没有，可以用你的发行版的包管理器安装。对于 Debian/Ubuntu 来说，使用 `sudo apt-get install screen` 安装。对于 CentOS/Fedora 来说，使用 `sudo dnf install screen` 安装。

本章所有代码都可以从 https://github.com/ PacktPublishing/Linux-System-Programming-Techniques/tree/master/ch9 下载。

9.2 查看终端信息

在下面的范例中，我们将学习什么是 TTY 和 PTY，以及如何读取它们的属性和信息。这会帮助我们理解 TTY 并且学习本章的余下内容。现在，我们看一看如何找到我们使用的 TTY 和 PTY、它们在文件系统的什么位置，以及如何读取它们的属性。

9.2.1 准备工作

该范例没有特殊要求，仅仅使用已经安装的标准程序。

9.2.2 实践步骤

这个范例中，我们会解释如何找到自己的 TTY，以及它有什么属性、其对应的文件位置、它是哪一类 TTY。

1. 在你的终端输入 tty。这个命令会显示你使用了系统的哪一个 tty。一个系统上可以有很多 TTY 和 PTY 设备。每个都由一个文件表示：

```
$> tty
/dev/pts/24
```

2. 现在我们看一看这个文件。正如我们在此所见，这是一个特殊文件类型，名为 character special 文件：

```
$> ls -l /dev/pts/24
crw--w---- 1 jake tty 136, 24 jan  3 23:19 /dev/pts/24
$> file /dev/pts/24
/dev/pts/24: character special (136/24)
```

3. 现在我们通过 stty 查看终端的属性。-a 选项会使 stty 显示所有属性。例如，我们获得的信息：终端的大小（行数和列数）；速度（仅仅在串口终端、拨号终端等终端上重要）；哪个 *Ctrl* 的组合键用于 **EOF（文件结束符）**、挂起、终止等。所有以减号开始的属性都是关闭的，例如 -parenb。所有没有减号的属性（例如 cs8）都是使能的：

```
$> stty -a
speed 38400 baud; rows 14; columns 88; line = 0;
intr = ^C; quit = ^\; erase = ^?; kill = ^U; eof = ^D;
eol = M-^?; eol2 = M-^?;
swtch = <undef>; start = ^Q; stop = ^S; susp = ^Z; rprnt
= ^R; werase = ^W; lnext = ^V;
discard = ^O; min = 1; time = 0;
-parenb -parodd -cmspar cs8 hupcl -cstopb cread -clocal
-crtscts
-ignbrk brkint -ignpar -parmrk -inpck -istrip -inlcr
-igncr icrnl ixon -ixoff -iuclc
ixany imaxbel iutf8
opost -olcuc -ocrnl onlcr -onocr -onlret -ofill -ofdel
nl0 cr0 tab0 bs0 vt0 ff0
isig icanon iexten echo echoe echok -echonl -noflsh
-xcase -tostop -echoprt echoctl
echoke -flusho -extproc
```

4. 也可以查看另一个终端的属性，条件是你拥有这个终端，也就是登录用户必须是你。
   如果尝试获取另一个用户终端（的属性），会得到 permission denied（权限不够）
   错误：

```
$> stty -F /dev/pts/33
speed 38400 baud; line = 0;
lnext = <undef>; discard = <undef>; min = 1; time = 0;
-brkint -icrnl ixoff -imaxbel iutf8
-icanon -echo
$> stty -F /dev/tty2
stty: /dev/tty2: Permission denied
```

9.2.3 它是如何工作的

一个单独的 Linux 系统有成百上千个登录用户。每个用户通过 TTY 或 PTY 连接。以前，通常是硬件终端（TTY）通过串口连接到 Linux 机器。现在，硬件终端非常少见，替代它们的是通过 SSH 登录或使用终端程序。

在这个例子中，当前用户登录一个编号为 24 的 PTY 设备，但是注意到这个设备是 /dev/pts/24（是 pts 而不是 pty）。一个 PTY 设备有两部分，一个主（master）一个从（slave）。PTS 表示伪终端从设备（pseudo-terminal slave），这是我们实际连接使用的部分。伪终端主设备打开或创建伪终端，而我们使用从设备。本章后面我们会对这个概念进行更深入的解析。

上面例子中第 3 步的设置（-parenb 和 cs8）表示 parenb 是关闭的，因为它前面有一个减号，同时 cs8 是使能的。parenb 选项表示产生奇偶校验并在输入时检查这一位。奇偶校验位广泛地用于拨号连接和串行通信。cs8 选项表示字符数量为 8。

stty 应用可以用于查看和设置属性。下面的范例中，我们会使用 stty 改变一些属性。

只要我们是终端设备的所有者，就可以对它进行读写。

9.2.4 参考

`man 1 tty` 和 `man 1 stty` 有很多有用的信息。

9.3 使用 stty 改变终端的设置

本节，我们会学习如何改变设置（或属性）。前面的范例使用 `stty -a` 列出了当前的设置。在该范例中，我们同样使用 `stty` 改变一部分设置。

知道如何改变终端的设置可以让你调整配置。

9.3.1 准备工作

该范例没有特殊要求。

9.3.2 实践步骤

下面，我们将改变当前终端的一些设置：

1. 首先，我们关闭回显。这个操作很常见（例如在密码提示中），但是也可以手动操作。关闭回显之后，你就看不见任何输入。但是所有功能都是正常工作的。例如，输入 `whoami` 会得到结果。注意，我们并不会看到自己输入的 `whoami` 命令：

```
$> stty -echo
$> whoami jake
$>
```

2. 我们可以输入同样的命令，但是不加减号，从而打开回显。注意，输入 `stty` 命令时是看不到回显的：

```
$> stty echo
$> whoami
jake
```

3. 使用 `stty`，我们同样可以修改特殊键序列，例如，通常 EOF 是 *Ctrl+D*，如果我们需要，可以把英文句号（.）绑定为 EOF：

```
$> stty eof .
```

4. 这时输入英文句号（.），你当前的终端会退出。如果启动新的终端或重新登录，终端会恢复为之前的设置。

5. 如果希望保存当前设置以便将来使用，我们首先进行必要的更改的修改，例如，设置 EOF 为英文句号。然后，使用 `stty--save`。这个选项会打印一长串十六进制数字，这些数字是终端的设置。我们可以把输出从 `stty--save` 重定向到文件来保存它们：

```
$> stty eof .
$> stty --save
```

```
5500:5:bf:8a3b:3:1c:7f:15:2e:0:1:0:11:13:1a:0:1
2:f:17:16:0:0:0:0:0:0:0:0:0:0:0:0:0:0:0
$> stty --save > my-tty-settings
```

6. 现在，输入英文句号退出。

7. 重新登录（或重新打开终端窗口）。试着输入英文句号，什么也没有发生。我们可以使用上面的my-tty-settings文件重新加载终端的设置。$()表示展开括号里面的命令并把它们用于stty的参数：

```
$> stty $(cat my-tty-settings)
```

8. 现在，我们可以通过英文句号退出。

9.3.3 它是如何工作的

终端通常是一个哑设备，它需要很多设置才能正常工作。有些设置是从古老的硬件电传打字机继承的。stty程序用于为一个终端设备设置属性。

带减号的选项是不使能的，没有带减号的选项是使能的。在上面的例子中，我们关闭了回显，这通常用于密码提示等用途。

对于TTY设备，没有真正的保留设置的方式，除非我们把设置保存在文件中并从文件中读取保存的设置。

9.4 调查TTY和PTY设备，并向它们写入数据

在该范例中，我们会学习如何列出当前的登录用户、用户使用了哪个TTY设备，以及他们运行了哪些程序。我们还会学习如何向这些用户和终端写入消息。在这个范例中，我们可以看到，终端设备可以像写入文件一样写入，只要我们有适当的权限。

知道如何向终端写入可以加深我们对终端如何工作以及什么是终端的理解。这些知识可以帮助你写出有趣的软件，还可以帮助你成为更好的管理员。同时，本节讲解了终端安全知识。

9.4.1 实践步骤

我们从查看已登录的用户开始，然后查看如何向它们发信息：

1. 为了让事情更有趣一点，打开3或4个终端。如果你没有使用**X-Windows系统**可以登录到多个TTY，如果你使用远程服务器，也可以多次登录到这个服务器。

2. 现在，在其中一个终端输入who命令。你会看到，你得到了所有登录的用户、他们使用了哪个TTY/PTY设备、登录的日期和时间。在这个例子中，我通过SSH登录了多次。如果你在本地机器上。使用了多个xterm应用，那么会看到（：0）代替了IP地址：

```
$> who
root       tty1          Jan  5 16:03
jake       pts/0         Jan  5 16:04 (192.168.0.34)
jake       pts/1         Jan  5 16:04 (192.168.0.34)
jake       pts/2         Jan  5 16:04 (192.168.0.34)
```

3. 有个类似的命令 w，它可以显示每个用户在指定终端上当前正在运行什么程序：

```
$> w
 16:09:33 up 7 min,  4 users,  load average: 0.00, 0.16,
0.13
USER   TTY    FROM           LOGIN@  IDLE  JCPU   PCPU WHAT
root   tty1   -              16:03   6:05  0.07s  0.07s
-bash
jake   pts/0  192.168.0.34   16:04   5:25  0.01s  0.01s
-bash
jake   pts/1  192.168.0.34   16:04   0.00s 0.04s  0.01s w
jake   pts/2  192.168.0.34   16:04   5:02  0.02s  0.02s
-bash
```

4. 找出正在使用哪个 tty 设备：

```
$> tty
/dev/pts/1
```

5. 现在，我们知道使用了哪个终端，让我们给其他用户及其终端发送消息。在本书中，我提到所有东西都是文件或进程。即使对于终端来说也是这样。这意味着，我们可以通过重定向向终端发送数据：

```
$> echo "Hello" > /dev/pts/2
```

文本 Hello 会出现在 PTS2 这一终端。

6. 使用 echo 发送信息只适用于同一个用户登录的不同终端。例如，假如我向 TTY1 发送消息，而 TTY1 由 root 用户登录。这显然是不行的：

```
$> echo "Hello" > /dev/tty1
-bash: /dev/tty1: Permission denied
```

7. 然而，有一个现有的程序，该程序在接收方允许的情况下，允许用户相互向终端写入数据。这个程序是 write。我们使用 mesg 程序允许或禁止（接收）消息。如果你使用 root（或别的用户）登录，这样做可以允许消息（下面的字符 y 表示允许）：

```
#> tty
/dev/tty1
#> whoami
root
#> mesg y
```

8. 现在，其他用户可以向这个用户的终端发送消息：

```
$> write root /dev/tty1
Hello! How are you doing?
Ctrl+D
```

上述消息会出现在 TTY1，也就是 root 登录的终端之一。

9. 还有一个命令允许向所有用户发送消息。然而，只有 root 才允许向禁止消息的用户发送消息。如果使用 root 登录，则使用下面的命令给所用登录用户发送系统即将重启的信息：

```
#> wall "The machine will be rebooted later tonight"
```

这会在所有用户的终端显示上述信息：

```
Broadcast message from root (tty1) (Tue Jan  5 16:59:33)

The machine will be rebooted later tonight
```

9.4.2 它是如何工作的

因为所有的终端都在文件系统上表示为文件，所以可以很容易地给这些终端发送消息。文件系统中的权限在此处仍然适用，可以阻止向其他用户写入消息或窥探其他用户的消息。

使用 write 程序，用户可以快速向其他用户发送信息，而不需要第三方软件。

9.4.3 更多

wall 程序用于给用户发送重启或关机的警告信息。例如，如果 root 用户使用 shutdown -h +5 命令，系统会在 5 分钟后关机，所有用户会自动收到 wall 发送的警告信息。

9.4.4 参考

关于该范例中命令的更多信息，可以参考相应的手册页：

❑ man 1 write
❑ man 1 wall
❑ man 1 mesg

9.5 检查是否是 TTY 设备

本范例中，我们开始使用一些 C 语言的函数检查 TTY 设备。我们在此所说的 TTY 设备是广义的，包括 TTY 和 PTY 设备。

我们将要编写的程序会检查标准输出是否是终端，如果不是，会输出一条错误消息。

知道如何检查 stdin、stdout 和 stderr 是否是终端设备将使你能够为需要终端的程序编写错误检查。

9.5.1 准备工作

在本范例中，我们会使用 GCC 编译器、Make 工具和通用的 Makefile。通用的 Makefile 可 以 从 GitHub 下 载：https://github.com/PacktPublishing/Linux-System-Programming-Techniques/tree/master/ch9。

9.5.2 实践步骤

这里我们编写一个小程序，如果标准输出不是终端，就打印一个错误信息。

1. 在文件中编写如下小程序并保存为 ttyinfo.c。这里我们使用了两个新函数。第一个是 isatty()，它可以检查一个文件描述符是否是终端。这里，我们检查标准输出是否是终端。另一个函数是 ttyname()，它会把终端的名字输出到标准输出（或实际路径）：

```c
#include <stdio.h>
#include <unistd.h>
#include <errno.h>
int main(void)
{
    if ( (isatty(STDOUT_FILENO) == 1) )
    {
        printf("It's a TTY with the name %s\n",
            ttyname(STDOUT_FILENO));
    }
    else
    {
        perror("isatty");
    }
    printf("Hello world\n");
    return 0;
}
```

2. 编译这个程序：

```
$> make ttyinfo
gcc -Wall -Wextra -pedantic -std=c99    ttyinfo.c   -o
ttyinfo
```

3. 让我们试一试这个程序，首先运行它并且不使用任何重定向。这个程序会打印终端名字和文本 Hello world：

```
$> ./ttyinfo
It's a TTY with the name /dev/pts/10
Hello world
```

4. 但是，如果我们重定向文件描述符 1 到文件，这就不是一个终端（因为文件描述符指向了文件而不是终端）。这个程序会打印错误信息，但是 Hello world 仍然会输出到指定的文件：

```
$> ./ttyinfo > my-file
isatty: Inappropriate ioctl for device
$> cat my-file
Hello world
```

5. 要证明这一点，我们可以重定向文件描述符 1 到 /dev/stdout。一切都像正常情况那样运行，因为文件描述符 1 再次变成标准输出了：

```
$> ./ttyinfo > /dev/stdout
It's a TTY with the name /dev/pts/10
Hello world
```

6. 另一个证明方式是重定向到自己的终端设备。这和我们在先前范例中使用 echo 打印文本的效果类似：

```
$> tty
/dev/pts/10
$> ./ttyinfo > /dev/pts/10
It's a TTY with the name /dev/pts/10
Hello world
```

7. 为了实验目的，我们打开第二个终端。使用 tty 命令找到一个 TTY 设备的名称（我下面的例子是 /dev/pts/26）。然后，从第一个终端再次运行 ttyinfo 程序，但是重定向文件描述符 1（标准输出）到第二个终端：

```
$> ./ttyinfo > /dev/pts/26
```

在当前终端不会有任何输出。然而，在第二个终端，我们可以看到包含第二个终端名称的输出：

```
It's a TTY with the name /dev/pts/26
Hello world
```

9.5.3　它是如何工作的

在 isatty() 和 ttyname() 中使用的 STDOUT_FILENO 宏仅仅是整数 1，也就是文件描述符 1。

回忆一下，我们使用大于号重定向标准输出，这表示重定向了文件描述符 1。

通常，文件描述符 1 是标准输出，这链接到你的终端。如果我们使用大于号重定向到文件，文件描述符 1 会指向该文件。由于常规文件不是终端，所以我们得到程序输出的错误信息（具体来自 isatty() 函数的 errno 变量）。

当我们把文件描述符 1 重定向到 /dev/stdout 时，该描述符再次是标准输出，所以不会打印错误信息。

在最后一步，我们重定向程序到另一个终端，所有的文本信息都重定向到了另一个终端。不仅如此，程序输出的 TTY 名称也是另一终端的名称。因为终端连接的文件描述符 1 的确是一个终端（我的例子中是 /dev/pts/26）。

9.5.4　参考

关于本范例中使用的函数的更多信息，可以参考：man 3 isatty 和 man 3 ttyname。

9.6　创建一个 PTY

本范例中，我们使用 C 程序创建一个 PTY 设备。一个 PTY 包括两部分，一个是主设备（即伪终端主设备 PTM），一个是从设备 PTS。该程序会创建一个 PTY 并把从设备的名称打印在当前终端上。我们可以通过一个名为 screen 的应用程序连接到 PTS 并输入字符，这些字符会打印到主设备和从设备中。本例中的终端设备是 screen 连接的从设备。主设备通常安静地运行在后台。但是为了演示目的，我们在主设备中打印了字符。

　　知道如何创建 PTY 设备，允许你编写自己的终端应用，例如 xterm、Gnome Terminal、tmux 等。

9.6.1　准备工作

　　本范例中，我们使用 GCC 编译器、Make 工具和 screen 程序。

9.6.2　实践步骤

　　这里，我们编写一个小程序创建 PTY。我们会通过 screen 连接到 PTY 设备的从设备 PTS。我们可以输入字符，这些字符会输出到 PTS 设备中：

1. 首先编写这个程序。这里面有很多新概念，所以代码分成了多个部分。所有这些代码都保存到一个单独的文件 my-pty.c 中。首先我们定义 _XOPEN_SOURCE（用于 posix_openpt()），然后包含我们需要的所有文件：

```
#define _XOPEN_SOURCE 600
#include <stdio.h>
#include <stdlib.h>
#include <fcntl.h>
#include <string.h>
#include <unistd.h>
```

2. 编写 main() 函数，并定义一些变量：

```
int main(void)
{
    char rxbuf[1];
    char txbuf[3];
    int master; /* for the pts master fd */
    int c; /* to catch read's return value */
```

3. 使用 posix_openpt() 创建 PTY 设备。这会返回一个文件描述符，我们将其保存到 master 中。然后，我们执行 grantpt()，这设置该设备的所有者为当前用户，用户组为 tty，并修改设备模式为 620。我们需要在使用前先使用 unlockpt() 解锁。为了知道我们连接到哪里，我们还使用 ptsname() 打印到从设备的路径：

```
master = posix_openpt(O_RDWR);
grantpt(master);
unlockpt(master);
printf("Slave: %s\n", ptsname(master));
```

4. 创建程序的主循环。在循环中，我们从 PTS 中读取字符并写回到 PTS 中。这里，我们同样在主设备输出了同样的字符，这样可以看到这是主/从设备对。由于终端设备是很原始的设备，我们需要手工检查回车符（Enter 按键）并输出新行和回车以便生成一个真正的新行：

```
while(1) /* main loop */
{
    /* read from the master file descriptor */
    c = read(master, rxbuf, 1);
    if (c == 1)
    {
        /* convert carriage return to '\n\r' */
        if (rxbuf[0] == '\r')
        {
            printf("\n\r"); /* on master */
            sprintf(txbuf, "\n\r"); /* on slave */
        }
        else
        {
            printf("%c", rxbuf[0]);
            sprintf(txbuf, "%c", rxbuf[0]);
        }
        fflush(stdout);
        write(master, txbuf, strlen(txbuf));
    }
```

5. 如果没有接收到字符，则表示连接的从设备已经断开。在这种情况下我们返回并退
出程序：

```
    else /* if c is not 1, it has disconnected */
    {
        printf("Disconnected\n\r");
        return 0;
    }
    }
    return 0;
}
```

6. 编译程序以便运行它：

```
$> make my-pty
gcc -Wall -Wextra -pedantic -std=c99    my-pty.c    -o
my-pty
```

7. 在当前终端运行程序，并记录从设备的路径：

```
$> ./my-pty
Slave: /dev/pts/31
```

8. 在我们连接从设备之前，先查看这个设备。这里，我们可以看到设备是属于我们的，
并且是一个字符特殊设备，对于终端设备来说很常见：

```
$> ls -l /dev/pts/31
crw--w---- 1 jake tty 136, 31 jan  3 20:32 /dev/pts/31
$> file /dev/pts/31
/dev/pts/31: character special (136/31)
```

9. 现在，打开一个新终端，通过前面从主设备获得的路径连接到从设备。在我的例子
中是 /dev/pts/31。我们使用 screen 连接这个设备：

```
$> screen /dev/pts/31
```

10. 现在，我们输入任意字符，所有字符都会回显到从设备和主设备。如果希望断开并退出 screen，首先按下 *Ctrl+A* 组合键，然后单独按一下 *K* [表示 kill（杀死，这里指关闭窗口）]。这时会有一个提示问题（Really kill this window [y/n]），输入 Y。你会看到，从你启动 my-pty 的终端断开了连接，并且程序退出了。

9.6.3　它是如何工作的

我们通过 posix_openpt() 函数打开了新的 PTY 设备，通过 O_RDWR 设置了读和写权限。当打开一个新的 PTY 设备时，一个新的字符设备会被创建于 /dev/pts 目录。这就是我们后续通过 screen 连接的字符设备。

由于 posix_openpt() 返回文件描述符，因此我们可以使用文件描述符的常规系统调用进行读和写操作，例如通过 read 和 write 函数。

我们在这里创建的终端设备是非常古老的设备，如果按回车键，光标会回到行的起始，而不是创建新行。这是过去回车键的实际功能。为了解决程序中的问题，我们检查是否是回车符（也就是我们按下回车键发送的字符），如果是，首先输出换行符，然后输出回车符。

如果我们仅仅是试试换行符，只会得到一个新行，光标的位置位于先前一行光标的下方。这是过去在纸张上打印的电传打字设备的遗留行为。当我们输出当前字符（或换行符加回车符）时，通过 fflush() 强制输出该字符。这么做是因为，在主设备端（也就是 my-pty 程序运行的一侧）输出的字符没有紧跟一个换行符。标准输出是行缓冲的，只有一行结束时才会强制输出。但是由于我们希望看到输入的每个字符（的回显），因此必须使用 fflush() 对每个字符进行刷新。

9.6.4　参考

在手册中有一些很有用的信息，特别建议你阅读下列手册：man 3 posix_openpt、man 3 grantpt、man 3 unlockpt、man 4 pts 和 man 4 tty。

9.7　关闭密码提示回显

为了保护用户的密码免受偷窥，通常要把用户输入隐藏。隐藏密码使其不再显示的方式是关闭**回显**。本范例中，我们会编写一个简单的、关闭了回显的密码提示程序。

当程序包括一些形式的保密输入（例如密码或密钥）时，知道如何关闭回显对于编写程序是很关键的。

9.7.1　准备工作

本范例需要 GCC 编译器、Make 工具和通用的 Makefile。

9.7.2 实践步骤

在本范例中，我们会构建一个支持密码提示的小型程序：

1. 由于本范例的代码比较长，而且有些部分晦涩难懂。因此我把代码分成多个步骤。注意，所有的代码都应该保存到同一个文件中，文件名是 passprompt.c。让我们从包含头文件、main() 函数和所需变量开始。term 是类型为 termios 的数据结构，这个特殊的数据结构保存了终端的属性：

```
#include <stdio.h>
#include <string.h>
#include <unistd.h>
#include <termios.h>
int main(void)
{
    char mypass[] = "super-secret";
    char buffer[80];
    struct termios term;
```

2. 下一步，我们开始关闭回显。首先，我们需要通过 tcgetattr() 得到当前终端的所有设置。一个我们有了所用的设置，就可以通过修改这些设置关闭回显。具体的做法是做位与运算：将当前设置和 ECHO 取反操作执行位与操作。这里面的 ~ 符号表示值取反。更多的信息参见 9.7.3 节：

```
/* get the current settings */
tcgetattr(STDIN_FILENO, &term);
/* disable echoing */
term.c_lflag = term.c_lflag & ~ECHO;
tcsetattr(STDIN_FILENO, TCSAFLUSH, &term);
```

3. 随后，我们编写提示密码的代码：

```
printf("Enter password: ");
scanf("%s", buffer);
if ( (strcmp(mypass, buffer) == 0) )
{
    printf("\nCorrect password, welcome!\n");
}
else
{
    printf("\nIncorrect password, go away!\n");
}
```

4. 在退出程序之前，我们需要打开回显，否则，它会在程序退出之后一直关闭。具体的做法是将当前设置和 ECHO 位执行或操作。这会恢复我们之前所做的修改：

```
/* re-enable echoing */
term.c_lflag = term.c_lflag | ECHO;
tcsetattr(STDIN_FILENO, TCSAFLUSH, &term);
return 0;
}
```

5. 编译这个程序：

```
$> make passprompt
gcc -Wall -Wextra -pedantic -std=c99    passprompt.c   -o
passprompt
```

6. 尝试运行程序，请注意，我们看不到输入的字符：

```
$> ./passprompt
Enter password: test+Enter
Incorrect password, go away!
$> ./passprompt
Enter password: super-secret+Enter
Correct password, welcome!
```

9.7.3 它是如何工作的

通过 tcsetattr() 更改当前终端的设置方法是：通过 tcgetattr() 获得当前终端的设置，更改它，最后把更改应用到终端设备。

tcgetattr() 和 tcsetattr() 的第一个参数是我们希望更改终端的文件描述符。在我们的例子中是标准输入。

tcgetattr() 的第二个参数是一个保存属性的数据结构。

tcsetattr() 的第二个参数决定更改何时生效。这里，我们使用 TCSAFLUSH，这意味着在写入所有输出后发生更改，并且所有接收但未读取的输入会被丢弃。

tcsetattr() 的第三个参数是包含属性的数据结构。

我们使用数据结构 termios（所需头文件与此同名）保存和设置属性。这个数据结构包含 5 个成员，其中 4 个是模式。这些模式包括输入模式（c_iflag）、输出模式（c_oflag），控制模式（c_cflag）和本地模式（c_lflag）。我们修改的是本地模式。

首先，我们从 c_lflag 获得当前属性，这些属性是由一系列位组成的无符号整数。这些位是属性。

如果想关闭其中一个设置，例如回显设置，我们将 ECHO 宏无效化（也就是取反），然后把它通过位与（也就是 & 符号）加回到 c_lflag。

ECHO 宏是 010（八进制 10），即十进制的 8，二进制的 00001000（一共 8 位）。其取反是 11110111。位与操作把原始设置的相应位清零。

通过 tcsetattr() 将位与的结果写回终端，其结果是关闭了回显。

退出之前，我们反向操作，通过位或操作把 ECHO 值使能，然后通过 tcsetattr() 写回，这样就能打开回显。

9.7.4 更多

通过这种方法，可以设置很多值。例如可以在中断或者退出信号时禁止刷新，等等。man 3 tcsetattr() 手册中有完整的宏列表，用于其中的任何一个模式。

9.8 读取终端的大小

在本范例中，我们继续探索终端相关内容。这里，我们编写一个有趣的程序报告终端的大小。当你调整终端窗口的大小时（假设你使用基于 X 的终端应用），会立刻看到新大小。

为了实现这个功能，我们同时使用了特殊转义序列和 ioctl() 函数。

知道如何使用这两个工具（转义序列和 ioctl()），可以帮助你做一些终端相关的、有趣的事情。

9.8.1 准备工作

要充分利用该范例，最好使用 **X-Window** 控制台，例如 xterm、rxvt、Konsole、Gnome Terminal 等。

你还需要 GCC 编译器、Make 工具和通用的 Makefile。

9.8.2 实践步骤

我们将编写一个程序，首先使用转义序列清除屏幕，然后获取终端的大小并打印到屏幕上：

1. 在文件中编写如下代码并保存到 terminal-size.c 中。程序使用了无限循环，所以如果想要退出程序，必须按下 *Ctrl+C* 组合键。每次循环中，我们首先通过打印特殊转义序列清除屏幕，然后通过 ioctl() 获得终端大小并打印到屏幕上：

```
#include <stdio.h>
#include <unistd.h>
#include <termios.h>
#include <sys/ioctl.h>

int main(void)
{
    struct winsize termsize;
    while(1)
    {
        printf("\033[1;1H\033[2J");
        ioctl(STDOUT_FILENO, TIOCGWINSZ, &termsize);
        printf("Height: %d rows\n",
            termsize.ws_row);
        printf("Width: %d columns\n",
            termsize.ws_col);
        sleep(0.1);
    }
    return 0;
}
```

2. 编译这个程序：

```
$> make terminal-size
gcc -Wall -Wextra -pedantic -std=c99    terminal-size.c
-o terminal-size
```

3. 现在，在终端窗口中运行程序。当程序开始运行时，调整终端的大小。你会注意到终端大小立刻变化。通过按下 *Ctrl+C* 组合键退出程序：

```
$> ./terminal-size
Height: 20 rows
Width: 97 columns
Ctrl+C
```

9.8.3 它是如何工作的

首先我们定义一个类型为 `winsize` 的数据结构 `termsize`，稍后把终端大小保存在这里。这个数据结构有 2 个成员（实际是 4 个，但是只用到 2 个）。成员 `ws_row` 表示行，`ws_col` 表示列。

为了清除屏幕，我们通过 `printf()` 输出特殊转义序列 `\033[1;1H\033[2J`。`\033` 表示转义码。转义码之后，我们用了 `[`，这之后是终端的操作代码：`1;1H` 移动光标到 1,1（第一行第一列）；再次使用 `\033` 转义码，以便开始另一个转义；`2J` 表示擦除整个屏幕。

一旦我们清楚屏幕并移动了光标，就可以使用 `ioctl()` 获得终端大小。第一个参数是文件描述符，这里我们使用标准输出。第二个参数是要发送的命令，这里使用 `TIOCGWINSZ` 获得终端大小。这些宏或命令可以在 `man 2 ioctl_tty` 手册中看到。第三个参数是 `winsize` 数据结构。

一旦有了 `winsize` 数据结构中的大小，我们可以使用 `printf()` 打印它。

为了避免我们过多消耗系统资源，在下次迭代之前睡眠 0.1 秒。

9.8.4 更多

在 `man 4 console_codes` 手册中，有很多其他代码可供你使用。你可以做任何事，例如使用颜色、加粗字体、移动光标、终端铃音等。

例如，为了打印闪烁且粉红的 Hello 并恢复默认值，你可以使用如下代码：

```
printf("\033[35;5mHello!\033[0m\n");
```

注意，并不是所有终端都可以闪烁。

9.8.5 参考

`ioctl()` 的更多信息可以参考 `man 2 ioctl` 和 `man 2 ioctl_tty` 手册页。后者包括 `winsize` 数据结构的信息，以及宏和命令。

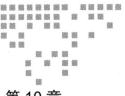

使用不同类型的 IPC

本章我们会学习不同的进程间通信（IPC）的方式。我们会写不同的程序，使用不同的 IPC，从信号、管道到 fifo、消息队列、共享内存、套接字。

进程之间有时需要交换信息。例如一个客户端和服务器程序运行在同一个计算机上。或者一个进程通过创建新进程的方式生成两个进程，它们需要某种通信方式。

如果你希望写更复杂的程序，了解 IPC 是特别必要的。你早晚会编写由多个片段或者多个程序组成的程序。它们之间需要共享信息。

本章涵盖以下主题：

❏ 使用 IPC 信号——为守护进程构建客户端

❏ 使用管道通信

❏ FIFO——在 shell 中使用它

❏ FIFO——构建发送者

❏ FIFO——构建接收者

❏ 消息队列——构建发送者

❏ 消息队列——构建接收者

❏ 在父子进程间使用共享内存通信

❏ 在不相关的进程中使用共享内存

❏ UNIX 套接字编程——构建发送者

❏ UNIX 套接字编程——构建接收者

让我们开始吧。

10.1 技术要求

在本章中，你需要 GCC 编译器、Make 工具，以及通用的 Makefile。通用 Makefile 来自第 3 章。如果你还没有安装这些工具，请参考第 1 章进行安装。

本章所有的示例代码（包括通用的 Makefile）都可以从 https://github.com/PacktPublishing/Linux-System-Programming-Techniques/tree/master/ch10 下载。

10.2 使用 IPC 信号——为守护进程构建客户端

本书中我们已经多次使用过信号。然而之前我们都是通过 kill 命令发送信号到程序。这一次我们会写一个小型客户端，该客户端程序控制第 6 章中的守护进程 my-daemon-v2。

这是一个使用信号在进程间通信的典型例子。守护进程由一个小型客户端程序控制。这样后者可以停止重启、重新加载它的配置文件等。

知道如何使用信号在进程间通信，对于创建一个通信程序是非常坚实的开始。

10.2.1 准备工作

在本范例中，你需要 GCC 编译器、Make 工具和通用的 Makefile。同时需要来自第 6 章 的 my-daemon-v2.c。该文件可以在这里找到：https://github.com/PacktPublishing/Linux-System-Programming- Techniques/tree/master/ch10。

10.2.2 实践步骤

本节，我们会为第 6 章的守护进程添加一个小型客户端程序。这个程序会向守护进程发送信号。与使用 kill 命令类似。但是这个程序仅向守护进程发送信号，而不会向其他进程发送。

1. 编写下列代码，保存到 my-daemon-ctl.c 文件中。这个程序有一点长，所以分成了多个步骤，所有代码都写在同一个文件中。我们会从包含头文件、函数原型和所需变量开始：

```
#define _XOPEN_SOURCE 500
#include <stdio.h>
#include <sys/types.h>
#include <signal.h>
#include <getopt.h>
#include <string.h>
#include <linux/limits.h>
```

```
void printUsage(char progname[], FILE *fp);
int main(int argc, char *argv[])
{
    FILE *fp;
    FILE *procfp;
    int pid, opt;
    int killit = 0;
    char procpath[PATH_MAX] = { 0 };
    char cmdline[PATH_MAX] = { 0 };
    const char pidfile[] = "/var/run/my-daemon.pid";
    const char daemonPath[] =
        "/usr/local/sbin/my-daemon-v2";
```

2. 解析命令行参数。我们仅仅需要两个参数：-h 用于显示帮助，-k 用于杀死守护进程。
默认情况下显示守护进程的状态：

```
/* Parse command-line options */
while ((opt = getopt(argc, argv, "kh")) != -1)
{
    switch (opt)
    {
        case 'k': /* kill the daemon */
            killit = 1;
            break;
        case 'h': /* help */
            printUsage(argv[0], stdout);
            return 0;
        default: /* in case of invalid options */
            printUsage(argv[0], stderr);
            return 1;
    }
}
```

3. 打开 PID 文件并且读取它。完成后，我们需要组合 /proc 中进程的 cmdline 文件
的完整路径。然后，我们需要打开这个文件并读取完整的命令行：

```
if ( (fp = fopen(pidfile, "r")) == NULL )
{
    perror("Can't open PID-file (daemon isn't "
        "running?)");
}
/* read the pid (and check if we could read an
 * integer) */
if ( (fscanf(fp, "%d", &pid)) != 1 )
{
    fprintf(stderr, "Can't read PID from %s\n",
        pidfile);
    return 1;
}
/* build the /proc path */
sprintf(procpath, "/proc/%d/cmdline", pid);
/* open the /proc path */
if ( (procfp = fopen(procpath, "r")) == NULL )
```

```
{
    perror("Can't open /proc path"
        " (no /proc or wrong PID?)");
    return 1;
}
/* read the cmd line path from proc */
fscanf(procfp, "%s", cmdline);
```

4. 现在我们有了 PID 和完整的命令行，可以再次检查这个 PID 是否属于 /usr/
local/sbin/my-daemon-v2，而不是其他进程：

```
/* check that the PID matches the cmdline */
if ( (strncmp(cmdline, daemonPath, PATH_MAX))
    != 0 )
{
    fprintf(stderr, "PID %d doesn't belong "
        "to %s\n", pid, daemonPath);
    return 1;
}
```

5. 如果我们为程序设置 -k 参数，就必须设置变量 killit 为 1。这样我们可以杀死
（守护）进程。否则只是打印一条描述守护进程正在运行的信息：

```
if ( killit == 1 )
{
    if ( (kill(pid, SIGTERM)) == 0 )
    {
        printf("Successfully terminated "
            "my-daemon-v2\n");
    }
    else
    {
        perror("Couldn't terminate my-daemon-v2");
        return 1;
    }
}
else
{
    printf("The daemon is running with PID %d\n",
        pid);
}

    return 0;
}
```

6. 创建 printUsage() 函数：

```
void printUsage(char progname[], FILE *fp)
{
    fprintf(fp, "Usage: %s [-k] [-h]\n", progname);
    fprintf(fp, "If no options are given, a status "
        "message is displayed.\n"
        "-k will terminate the daemon.\n"
        "-h will display this usage help.\n");
}
```

7. 编译程序：

```
$> make my-daemon-ctl
gcc -Wall -Wextra -pedantic -std=c99    my-daemon ctl.c
-o my-daemon-ctl
```

8. 在进行下一步之前，确保你已经禁止并停止了 systemd 服务，参见第 7 章：

```
$> sudo systemctl disable my-daemon
$> sudo systemctl stop my-daemon
```

9. 现在如果你还没有编译守护进程（my-daemon-v2.c），请完成它：

```
$> make my-daemon-v2
gcc -Wall -Wextra -pedantic -std=c99    my-daemon-v2.c
-o my-daemon-v2
```

10. 手动启动守护进程（这次不使用 systemd）

```
$> sudo ./my-daemon-v2
```

11. 现在我们使用新的程序测试能否控制守护进程。注意，我们不能通过普通用户杀死守护进程：

```
$> ./my-daemon-ctl
The daemon is running with PID 17802 and cmdline ./
my-daemon-v2
$> ./my-daemon-ctl -k
Couldn't terminate daemon: Operation not permitted
$> sudo ./my-daemon-ctl -k
Successfully terminated daemon
```

12. 如果我们在守护进程被杀死之后再次运行程序。它会告诉我们没有这个 PID 文件。也就是说没有守护进程在运行：

```
$> ./my-daemon-ctl
Can't open PID-file (daemon isn't running?): No such file
or directory
```

10.2.3　它是如何工作的

由于守护进程创建了 PID 文件，我们可以通过这个文件获得守护进程的 PID。当守护进程被终止时，会删除 PID 文件。所以我们假设如果守护进程没有运行，就没有 PID 文件。

如果 PID 文件存在，我们首先从这个文件读取 PID。然后我们使用 PID 在 /proc 文件系统中组装该 PID 的 cmdline 文件的路径。Linux 系统中的每一个进程都在 /proc 文件系统中有一个目录，在该目录内，每个进程有一个名为 cmdline 的文件。该文件包含进程的完整命令行。例如，如果我们从当前目录运行守护进程，它会包含 ./my-daemon-v2。如果我们从 /usr/local/sbin/my-daemon-v2 运行守护进程，它会包含完整路径。

假如守护进程的 PID 是 12345，到 cmdline 的完整路径就是 /proc/12345/cmdline。这就是我们使用 sprintf() 组装的内容。

然后我们获取 cmdline 的内容。稍后我们使用这个文件的内容，验证 PID 是否与

my-daemon-v2 匹配。这样可以安全地保证我们不会错误地杀死其他进程。如果守护进程被 KILL 信号杀死，我们没有机会删除 PID 文件。如果另外一个进程在未来获得了同样的 PID，我们就有把那个进程杀死的风险。PID 数字最终都会被再次使用。

一旦我们获得守护进程的 PID，并且已经验证它属于正确的进程，就可以获得它的状态或者杀死它，这取决于我们是否使用了 -k 选项。

这是很多控制程序控制复杂的守护进程的方法。

10.2.4　参考

关于系统调用 kill() 的更多信息，请参见手册页 man 2 kill。

10.3　使用管道通信

在本范例中，我们会创建一个程序，该程序创建新进程。然后在两个进程之间使用**管道**通信。有时当我们创建了新进程，父进程和子进程需要一个通信方式，管道通常是一个简单方法。

知道在父子进程之间如何通信和交换数据，对于编写复杂的程序非常重要。

10.3.1　准备工作

在本范例中，我们仅仅需要 GCC 编译器、Make 工具和通用的 Makefile。

10.3.2　实践步骤

让我们一起写一个会创建进程的简单程序。

1. 编写代码并保存为 pipe-example.c。我们会逐步讲解代码。记得所有的代码都要保存到同一个文件中。我们从包含头文件和 main() 函数开始，然后创建一个大小为 2 的整数数组。稍后管道会使用这个数组。数组的第 1 个整数 (0) 是用于读管道的文件描述符。第 2 个整数 (1) 用于写管道：

```c
#define _POSIX_C_SOURCE  200809L
#include <stdio.h>
#include <unistd.h>
#include <fcntl.h>
#include <errno.h>
#define MAX 128
int main(void)
{
    int pipefd[2] = { 0 };
    pid_t pid;
    char line[MAX];
```

2. 使用 pipe() 系统调用创建管道。我们使用整数数组作为参数，然后使用 fork()

系统调用创建进程：

```
if ( (pipe(pipefd)) == -1 )
{
   perror("Can't create pipe");
   return 1;

}
if ( (pid = fork()) == -1 )
{
   perror("Can't fork");
   return 1;
}
```

3. 如果我们处于父进程中，就关闭读端（因为我们仅仅从父进程写）。然后我们使用
dprintf() 向管道的文件描述符（写端）写一个消息：

```
if (pid > 0)
{
   /* inside the parent */
   close(pipefd[0]); /* close the read end */
   dprintf(pipefd[1], "Hello from parent");
}
```

4. 在子进程中则正好相反，我们关闭管道写端，然后使用 read() 系统调用从管道中
读数据，最后我们使用 printf() 打印信息：

```
   else
   {
      /* inside the child */
      close(pipefd[1]); /* close the write end */
      read(pipefd[0], line, MAX-1);
      printf("%s\n", line); /* print message from
                             * the parent */
   }
   return 0;
}
```

5. 现在编译以便运行它：

```
$> make pipe-example
gcc -Wall -Wextra -pedantic -std=c99    pipe-example.c
-o pipe-example
```

6. 让我们运行程序。在父进程中通过管道发送消息 Hello from parent 到子进程。
然后在子进程中打印消息到屏幕上：

```
$> ./pipe-example
Hello from parent
```

10.3.3 它是如何工作的

pipe 系统调用通过数组返回两个文件描述符。第一个 pipefd[0] 是管道读端，而另

一个 pipefd[1] 是管道写端。在父进程中，我们向写端写入一条消息。然后，我们在子进程中从读端读取消息。但是在读写之前，我们先关闭管道中不需要的一端。

管道是最常用的 IPC 技术之一。但是它们有一些缺点，因为它们只能在有关联的进程中使用。也就是说进程必须有公共的父进程（或者一个父进程一个子进程）。

另外一种管道形式解决了这些限制，称为命名管道。命名管道的另一个名字是 FIFO。

10.3.4　参考

更多关于 pipe() 系统调用的信息，可以在手册页 man 2 pipe 中找到。

10.4　FIFO——在 shell 中使用它

在上一个范例中提到了使用 pipe() 系统调用的一个短板，它只能在有关联的进程中使用。但是我们可以使用命名管道。它的另外一个名字是**先入先出**（First In First Out，FIFO）。命名管道可以在任何进程之间使用，不管这些进程之间有没有关系。

命名管道是一种特殊类型的文件。就像创建其他文件一样，mkfifo() 函数在文件系统上创建这个文件。然后我们使用这个文件在进程之间进行读写。

同时还有一个名为 mkfifo 的命令，它可以在 shell 中直接创建命名管道。我们可以用这个管道在不相关的命令之间传递数据。

在介绍命名管道的范例中，我们使用 mkfifo 命令。在下面两个范例中，我们使用 mkfifo() 函数编写一个 C 程序，然后编写另外一个 C 程序来读取数据。

对于系统管理员和开发者来说，知道如何使用命名管道会让你有更多的灵活性。你不再受限于管道只能在相关联的进程之间交换数据，可以自由地在不同的进程或命令之间交换数据，即使是在不同的用户之间也是如此。

10.4.1　准备工作

该范例没有特殊要求。

10.4.2　实践步骤

在本范例中，我们探索 mkfifo 命令，学习如何通过它在不相关的进程之间传递数据。

1. 首先创建一个命名管道（也就是一个 FIFO 文件）。我们会在 /tmp 目录下创建 FIFO 文件，通常来说临时文件会放到这个目录中。其实你可以在任何地方创建它：

```
$> mkfifo /tmp/my-fifo
```

2. 让我们通过 file 和 ls 命令确认一下，它的确是一个 FIFO。注意到当前 FIFO 文件的权限还可以被任何人读取。这取决于你系统的 umask（掩码），在你的系统上有可能不同。如果我们需要传递敏感数据，要很警惕这个权限。在这种情况下，我们可以通过 chmod 改变权限：

```
$> file /tmp/my-fifo
/tmp/my-fifo: fifo (named pipe)
$> ls -l /tmp/my-fifo
prw-r--r-- 1 jake jake 0 jan 10 20:03 /tmp/my-fifo
```

3. 现在我们可以尝试通过管道发送数据。由于管道是一个文件，我们可以通过重定向（而不是管道符号）。换句话说，我们可以重定向数据到管道。这里我们重定向 uptime 的输出到管道。一旦重定向数据到管道，这个进程会挂起。这很正常，因为在另一端没有人接收这个数据。它并不是真的挂起了，只是被阻塞了：

```
$> uptime -p > /tmp/my-fifo
```

4. 打开一个新终端并输入如下命令接收数据。注意到此时第 1 个终端的命令会结束：

```
$> cat < /tmp/my-fifo
up 5 weeks, 6 days, 2 hours, 11 minutes
```

5. 我们同样可以做反向操作。首先打开接收端，然后发送数据。接收进程会被阻塞，直到它得到一些数据。执行下列命令设置接收端，保持它的运行状态：

```
$> cat < /tmp/my-fifo
```

6. 通过 uptime 命令发送数据到管道。请注意，一旦接收到数据，第 1 个进程会结束：

```
$> uptime -p > /tmp/my-fifo
```

7. 同样可以从多个进程发送数据到 FIFO。打开三个终端，在每个终端输入如下命令。但是对于第 2 个和第 3 个终端，替换下面的数字 1 为 2 和 3：

```
$> echo "Hello from terminal 1" > /tmp/my-fifo
```

8. 现在打开另外一个终端，输入如下命令，这会接收所有的信息：

```
$> cat < /tmp/my-fifo
Hello from terminal 3
Hello from terminal 1
Hello from terminal 2
```

10.4.3 它是如何工作的

FIFO 就是文件系统上的一个文件，而且是一个特殊的文件。一旦我们重定向数据到 FIFO，这个进程会**阻塞**或挂起，直到数据在另外一端被接收。

同样，如果我们首先开始接收进程，这个接收进程会堵塞，直到它获得管道的数据。这是因为 FIFO 不是一个可以保存数据的常规文件。我们只能通过它重定向数据，这就是管道。所以如果我们向它发送数据，但是另外一端什么也不做，就只能等待，直到有人在另外一端读取它。管道中的数据没地方可去，直到有人从另外一端接收它。

10.4.4　更多

如果一个系统上有多个用户，你可以通过 FIFO 向他们发送信息。这给我们提供了一个在不同用户之间复制粘贴数据的简便方法。请注意 FIFO 的权限，必须允许其他用户读取或写入。你可以在创建 FIFO 的时候通过 -m 参数设置所需的权限。例如，`mkfifo /tmp/shared-fifo -m 666` 允许任何用户读写这个 FIFO。

10.4.5　参考

关于 `mkfifo` 的更多信息，可以手册页 `man 1 mkfifo`。对于 FIFO 通用的更深入的解释，可以参考 `man 7 fifo`。

10.5　FIFO——构建发送者

现在我们知道了什么是 FIFO。我们将继续编写一个创建和使用 FIFO 的程序。在本范例中，我们编写一个创建 FIFO 的程序，并且向它发送数据。在下一个范例中，我们将编写一个接收这些信息的程序。

知道如何使用 FIFO 编程可以让你编写在不同的程序之间直接使用 FIFO 通信的程序，而不需要借助 shell 来重定向数据。

10.5.1　准备工作

我们需要 GCC 编译器、Make 工具和通用的 Makefile。

10.5.2　实践步骤

在本范例中，我们编写一个程序创建 FIFO，并向它发送信息。

1. 编写如下代码到文件中，并将其保存为 `fifo-sender.c`。代码有一点长，所以我们分步执行。记得所有代码都要保存到相同的文件中。我们从包含头文件、信号处理函数原型以及一些全局变量开始：

```
#define _XOPEN_SOURCE 700
#include <stdio.h>
#include <unistd.h>
#include <sys/types.h>
#include <sys/stat.h>
#include <unistd.h>
#include <fcntl.h>
#include <signal.h>
#include <stdlib.h>
#include <errno.h>

void cleanUp(int signum);
int fd; /* the FIFO file descriptor */
const char fifoname[] = "/tmp/my-2nd-fifo";
```

2. 编写 main() 函数。首先创建用于 sigaction() 函数的数据结构，然后检查用户是否提供了消息作为参数：

```
int main(int argc, char *argv[])
{
    struct sigaction action; /* for sigaction */
    if ( argc != 2 )
    {
        fprintf(stderr, "Usage: %s 'the message'\n",
            argv[0]);
        return 1;
    }
```

3. 现在，我们必须为需要捕捉的信号注册信号处理程序。这是因为希望当程序退出时我们可以删除 FIFO。请注意，我们还注册了 SIGPIPE 信号，关于这个信号的更多信息，请参见 10.5.3 节：

```
/* prepare for sigaction and register signals
 * (for cleanup when we exit) */
action.sa_handler = cleanUp;
sigfillset(&action.sa_mask);
action.sa_flags = SA_RESTART;
sigaction(SIGTERM, &action, NULL);
sigaction(SIGINT, &action, NULL);
sigaction(SIGQUIT, &action, NULL);
sigaction(SIGABRT, &action, NULL);
sigaction(SIGPIPE, &action, NULL);
```

4. 现在，让我们使用模式 644 创建 FIFO。由于模式 644 是 8 进制，所以需要在 C 语言中写为 0664。否则它会被解释为十进制 644（C 语言中，所有以 0 开始的数字是 8 进制）。现在我们可以用 open() 系统调用打开 FIFO，这和打开常规文件的系统调用是一样的：

```
if ( (mkfifo(fifoname, 0644)) != 0 )
{
    perror("Can't create FIFO");
    return 1;
}
if ( (fd = open(fifoname, O_WRONLY)) == -1)
{
    perror("Can't open FIFO");
    return 1;
}
```

5. 现在我们必须创建一个无限循环。在这个循环中，我们每隔一秒打印用户提供的消息。在这个循环之后，我们会关闭文件描述符，并删除 FIFO 文件。虽然在通常情况下我们不会运行到这个地方。

```
while(1)
{
    dprintf(fd, "%s\n", argv[1]);
```

```
        sleep(1);
    }
    /* just in case, but we shouldn't reach this */
    close(fd);
    unlink(fifoname);
    return 0;
}
```

6. 最后，我们创建 cleanUp() 函数，也就是我们前面注册的信号处理函数。在程序退出之前，我们使用这个函数执行清理工作。在这里，我们必须关闭文件描述符并删除 FIFO：

```
void cleanUp(int signum)
{
    if (signum == SIGPIPE)
        printf("The receiver stopped receiving\n");
    else
        printf("Aborting...\n");
    if ( (close(fd)) == -1 )
        perror("Can't close file descriptor");

    if ( (unlink(fifoname)) == -1)
    {
        perror("Can't remove FIFO");
        exit(1);
    }
    exit(0);
}
```

7. 编译程序：

```
$> make fifo-sender
gcc -Wall -Wextra -pedantic -std=c99    fifo-sender.c
-o fifo-sender
```

8. 运行程序：

```
$> ./fifo-sender 'Hello everyone, how are you?'
```

9. 现在打开另外一个终端，以便我们使用 cat 命令接收信息。程序中我们使用的文件名是 /tmp/my-2nd-fifo，消息会每秒重复一次。几秒之后，按下 *Ctrl+P* 组合键从 cat 退出：

```
$> cat < /tmp/my-2nd-fifo
Hello everyone, how are you?
Hello everyone, how are you?
Hello everyone, how are you?
Ctrl+P
```

10. 现在回到第 1 个终端。你会注意到它提示：接收方停止接收。

11. 再次在第一个终端启动 fifo-sender。

12. 再次切换到第 2 个终端，重新用 cat 命令接收信息。让 cat 命令一直运行。

```
$> cat < /tmp/my-2nd-fifo
```

13. 当第 2 个终端的 cat 命令运行的时候，切换回第 1 个终端并且按下 *Ctrl+C* 组合键终止程序 fifo-sender。此时，它提示被中断：

```
Ctrl+C
^CAborting...
```

cat 程序会在第二个终端退出。

10.5.3 它是如何工作的

在这个程序中我们注册了额外的信号，也就是 SIGPIPE。当另一个终端退出（在我们的例子中是 cat 程序）时，我们的程序会接收到 SIGPIPE 信号。如果我没有这样捕获信号，程序会由于信号 141 退出，但是没有执行清理工作。根据这个退出码，我们能够知道是 SIGPIPE 信号，因为 141-128=13，而 13 是 SIGPIPE 信号。参见 2.2 节和 2.3 节。

cleanUp() 函数中，当接收者停止接收信息的时候，我们使用这个信号编号（SIGPIPE，这是一个宏，实际是 13）打印一条特殊的消息。

另外，如果我们按下 *Ctrl+C* 组合键中止 fifo-sender 程序，将得到另一条消息：中止。

mkfifo() 函数使用特性模式创建 FIFO 文件。这里我们通过八进制指定模式。在 C 语言中，以 0 开始的数字是八进制。

我们使用 open() 系统调用打开 FIFO 之后，从它的返回值得到了文件描述符。我们使用 dprintf() 和文件描述符输出用户信息到管道。程序的第一个参数 argv[1] 是用户信息。

只要程序保持打开 FIFO，cat 就可以持续接收消息。这是为什么我们每秒重复一次循环。

10.5.4 参考

请参考 man 3 mkfifo 以获得 mkfio() 函数的更深入解释。

想要查看所有可能的信号，请参考 kill -L。

想要学习如何使用 dprintf()，请参考手册页 man 3 dprintf。

10.6 FIFO——构建接收者

在前面的范例中，我们编写了程序创建 FIFO，并且向它写入信息。我们还使用了 cat 接收信息。本范例中，我们会通过一个 C 程序从 FIFO 读取数据。

从 FIFO 中读取和从常规文件读取没有什么区别，与从标准输入中读取一样。

10.6.1 准备工作

在我们开始本范例之前，你最好已经完成了前一个范例。我们会使用前一个范例向 FIFO 写数据，然后在本范例中接收数据。

你需要 GCC 编译器、Make 工具和通用的 Makefile。

10.6.2 实践步骤

本范例中，我们将为前面的发送程序编写接收程序。

1. 让我们编写程序并另存为 `fifo-receiver.c`。我们会通过文件流打开 FIFO。然后在一个循环中逐字节读取，直到我们得到 End Of File（EOF）：

```
#include <stdio.h>
int main(void)
{
    FILE *fp;
    signed char c;
    const char fifoname[] = "/tmp/my-2nd-fifo";
    if ( (fp = fopen(fifoname, "r")) == NULL )
    {
        perror("Can't open FIFO");
        return 1;
    }
    while ( (c = getc(fp)) != EOF )
        putchar(c);
    fclose(fp);
    return 0;
}
```

2. 编译程序：

```
$> make fifo-receiver
gcc -Wall -Wextra -pedantic -std=c99    fifo-receiver.c
-o fifo-receiver
```

3. 启动前一个范例的 `file-sender` 并保持运行：

```
$> ./fifo-sender 'Hello from the sender'
```

4. 打开第 2 个终端并运行我们刚刚编译的 `file-receiver`。几秒钟之后，按下 *Ctrl+C* 组合键中止：

```
$> ./fifo-receiver
Hello from the sender
Hello from the sender
Hello from the sender
Ctrl+C
```

`file-sender` 会中止，与我们刚刚通过 `cat` 命令接收信息的过程一样。

10.6.3 它是如何工作的

由于 FIFO 是文件系统中的文件，因此我们可以使用 C 语言通过文件流的方式读取数据，例如 `getc()`、`putchar()` 等。

这个程序非常类似于第 5 章中的 `stream-read.c`。区别是，此处我们是按字节读取而不是按行读取。

10.6.4 参考

有关 getc() 和 putchar() 的更多信息可以分别参考 man 3 getc 和 man 3 putchar。

10.7 消息队列——构建发送者

另外一个流行的 IPC 技术是**消息队列**。顾名思义,一个进程在队列中留下一些消息,另外一个进程则读取它。

在 Linux 上有两种类型的消息队列:System V 和 POSIX。在本范例中我们会介绍 POSIX 消息队列,因为它相对比较现代并且容易使用。POSIX 消息队列的接口都是以 mq_ 开头的函数,例如 mq_open()、mp_send() 等。

10.7.1 准备工作

在本范例中,我们需要 GCC 编译器和 Make 工具。

10.7.2 实践步骤

在本范例中,我们会创建发送端程序。这个程序会创建一个消息队列,并且放一些消息在其中。在下一个范例中,我们会读取这些消息。

1. 编写下面的代码并保存到 msg-sender.c。注意,所有代码都要放到同一文件里面 msg-sender.c。

让我们从所需的头文件开始。我们同时定义了一个宏,用于最大消息长度。然后创建一个类型为 mq_attr 的数据结构,命名为 msgattr。我们会设置它的成员,将 mq_maxmsg 设置为 10,将 mq_msgsize 设置为 MAX_MSG_SIZE。第一个参数 mq_maxmsg 表示队列中消息的最大数量,第二个参数 mq_msgsize 定义了消息的最大长度:

```
#include <stdio.h>
#include <mqueue.h>
#include <fcntl.h>
#include <sys/stat.h>
#include <sys/types.h>
#include <string.h>
#define MAX_MSG_SIZE 2048
int main(int argc, char *argv[])
{
    int md; /* msg queue descriptor */
    /* attributes for the message queue */
    struct mq_attr msgattr;
    msgattr.mq_maxmsg = 10;
    msgattr.mq_msgsize = MAX_MSG_SIZE;
```

2. 我们使用第 1 个参数作为消息。所以这里我们检查用户是否输入了这个参数:

```
if ( argc != 2 )
{
    fprintf(stderr, "Usage: %s 'my message'\n",
        argv[0]);
    return 1;
}
```

3. 现在是时候通过 `mq_open()` 打开和创建消息队列了。第1个参数是队列的名称，在这里是 `/my_queue`。第2个参数是标志，在这里是 `O_CREATE` 和 `O_RDWR`。这与之前使用的 `open()` 函数标志是一样的。第3个参数是权限，同样和之前的文件权限是一样的。第4个参数是我们之前创建的数据结构。`mq_open()` 函数返回消息队列的描述符，并将其保存到变量 `md`。

  最后我们通过函数 `mq_send()` 发送消息到队列。第一个参数是 `md` 描述符。第二个参数是我们已经获得的、需要发送的信息，在这个例子中是程序的第一个参数。在第三个参数中，我们必须指定消息的大小。最后，我们需要设置消息的优先级。在本例中，我们设置为1，它其实可以是任意正整数（即无符号整数）。

  退出程序前的最后一件事是通过 `mq_close()` 关闭消息队列：

```
md = mq_open("/my_queue", O_CREAT|O_RDWR, 0644,
    &msgattr);
if ( md == -1 )
{
    perror("Creating message queue");
    return 1;
}
if ( (mq_send(md, argv[1], strlen(argv[1]), 1))
    == -1 )
{
    perror("Message queue send");
    return 1;
}
mq_close(md);
return 0;
}
```

4. 编译程序。注意，我们需要链接 `rt` 库，`rt` 表示**实时扩展库**：

```
$> gcc -Wall -Wextra -pedantic -std=c99 \
> msg-sender.c -o msg-sender -lrt
```

5. 现在，运行程序发送3个或4个消息到队列中：

```
$> ./msg-sender "The first message to the queue"
$> ./msg-sender "The second message"
$> ./msg-sender "And another message"
```

10.7.3 它是如何工作的

在本范例中，我们使用 POSIX 消息队列函数创建新队列并且发送消息给它。当我们创建队列时，使用 msgattr 的成员 mq_maxmsg 确定这个队列最大可以包含 10 条信息。

我们通过 mq_msgsize 设置每条信息的最大长度是 2048B。

我们通过 mq_open() 设置队列名称为 /my_queue。一个消息队列的名字必须是 / 开头。

队列创建之后，我们通过 mq_send() 发送消息。

在本范例的最后，我们向队列发送了三条消息。这些消息现在入队等待被接收。在下一个范例中。我们将学习如何编写程序接收这些消息，并将消息打印到屏幕上。

10.7.4 参考

Linux 中有一个特别好的 POSIX 消息队列功能描述，参见 man 7 mq_overview。

10.8 消息队列——构建接收者

前面我们构建了一个程序，创建名为 /mq_queue 的消息队列，然后发送三条消息给它。在本范例中，我们会创建程序从队列接收这些消息。

10.8.1 准备工作

本范例开始之前你需要完成前一个范例。否则，我们没有消息可以接收。

在本范例中，你将需要 GCC 编译器和 Make 工具。

10.8.2 实践步骤

在本范例中，我们接收之前范例发送的消息。

1. 编写如下代码并保存为 msg-receiver.c。注意所有的代码都要保存到同一个文件中。我们从头文件、变量、数据结构和一个名为 buffer 的字符指针开始。稍后我们会使用 buffer 分配内存：

```c
#include <stdio.h>
#include <mqueue.h>
#include <fcntl.h>
#include <sys/stat.h>
#include <sys/types.h>
#include <stdlib.h>
#include <string.h>

int main(void)
{
    int md; /* msg queue descriptor */
    char *buffer;
    struct mq_attr msgattr;
```

2. 下一步通过 mq_open() 打开消息队列。这一次我们仅仅需要提供两个参数：队列的名称和标志。这里我们仅指定了从这个队列读取数据：

```
md = mq_open("/my_queue", O_RDONLY);
if (md == -1 )
{
    perror("Open message queue");
    return 1;
}
```

3. 现在我们想通过 mq_getattr() 获得消息队列的属性。一旦有了消息队列的属性，就可以基于它的成员 mq_msgsize 使用 calloc() 分配消息内存。之前我们没有用过 calloc()。它的第 1 个参数是我们希望分配的元素的数量，第 2 个参数是每个元素的大小。calloc() 会返回一个指针指向分配的内存（在我们的例子中是 buffer）：

```
if ( (mq_getattr(md, &msgattr)) == -1 )
{
    perror("Get message attribute");
    return 1;
}
buffer = calloc(msgattr.mq_msgsize,
    sizeof(char));
if (buffer == NULL)
{
    fprintf(stderr, "Couldn't allocate memory");
    return 1;
}
```

4. 下一步我们会使用 mq_attr 的另外一个成员 mq_curmsgs，它包含了队列中当前的消息数量。我们首先打印消息的数量，然后循环处理所有的消息。在循环中，我们先使用 mq_receive 接收消息，然后使用 printf() 打印消息。最后，在迭代下一个消息之前，我们使用 memset() 将整个消息内存清空。

　　mq_receive 的第 1 个参数是描述符，第 2 个参数是接收消息的缓冲区，第 3 个参数是消息的大小，第 4 个参数是消息的优先级，这个例子里面是 NULL，表示我们接收到的所有信息都有最高的优先级：

```
printf("%ld messages in queue\n",
    msgattr.mq_curmsgs);
for (int i = 0; i<msgattr.mq_curmsgs; i++)
{
    if ( (mq_receive(md, buffer,
    msgattr.mq_msgsize, NULL)) == -1 )
    {
        perror("Message receive");
        return 1;
    }
    printf("%s\n", buffer);
    memset(buffer, '\0', msgattr.mq_msgsize);
}
```

5. 最后我们做一些清理工作。首先通过 free() 释放内存，然后在使用 mq_unlink()
   移除队列之前关闭消息队列描述符：

```
free(buffer);
mq_close(md);
mq_unlink("/my_queue");
return 0;
}
```

6. 编译程序：

```
$> gcc -Wall -Wextra -pedantic -std=c99\
> msg-reveiver.c -o msg-reveiver -lrt
```

7. 最终，让我们使用新程序接收这个信息：

```
$> ./msg-reveiver
3 messages in queue
The first message to the queue
The second message
And another message
```

8. 如果我们尝试再次运行程序，它直接提示没有此文件或目录。这个因为我们通过
   mq_unlink() 移除了消息队列。

```
$> ./msg-reveiver
Open message queue: No such file or directory
```

10.8.3　它是如何工作的

在先前的范例中，我们向 /mq_queue 发送了三条消息。通过本范例的程序，我们接收到了这些信息。

为了打开这个队列。我们使用了在创建消息队列时使用的相同函数，即 mq_open()。但是这一次，由于我们是对已经存在的队列进行操作，因此仅仅需要提供两个参数：队列的名称和标志。

每一次调用 mq_ 函数的错误都需要被检查。如果遇到错误，我们通过 perror() 打印错误，然后向 shell 返回 1。

再从队列读取实际信息之前，我们需要先使用 mq_getattr() 获得队列的属性。通过这个函数，我们给 mq_attr 数据结构填充了数据。对于读取消息来说，有两个重要的参数：mq_msgsize 是队列中每个消息的最大长度，mq_curmsgs 是队列中当前的消息数量。

我们使用从 mq_msgsize 获得的最大消息长度分配消息缓冲区，对应的分配函数是 calloc()。calloc() 函数返回清零的内存，这是它的伙伴函数 malloc 不会做的。

为了分配内存，我们需要创建所需类型的指针。这是我们在程序最开始使用 char *bufffer 所做的。calloc() 函数包含两个参数：成员的数量和每个成员的大小。这里我们希望成员的数量和 mq_msgsize 一样。每个元素是 char，所以每个元素的大小

是 sizeof(char)。在我们的例子中，这个函数返回内存的指针被保存在 char 类型的指针 buffer 中。

当我们接受消息的时候，在每一次循环迭代中，我们把它们保存在缓冲区中。

循环迭代了所有的消息。我们从 mq_curmsgs 得到消息的数量。

最后，一旦我们读取所有消息，就关闭并删除队列。

10.8.4　参考

对于 mq_attr 数据结构的更多信息，我建议你阅读 man 3 mq_open 的手册页。

我们在本范例和上一范例中提到的每个函数都有它自己的手册，例如 man 3 mq_send、man 3 mq_receive、man 3 mq_getattr 等。

如果你不熟悉 calloc() 和 malloc() 函数，我建议你阅读 man 3 calloc。这个手册页包含了 malloc()、calloc()、free() 等函数。

memset() 函数同样有它自己的手册页：man 3 memset。

10.9　在父子进程间使用共享内存通信

在本范例中，我们学习如何在两个相关的进程（父进程和子进程）之间使用共享内存。共享内存有各种各样的形式，而且有不同的使用方法。在本书中我们聚焦 POSIX 共享内存函数。

在 Linux 中共享内存可以用于相关的进程，这是本范例中我们将要探索的。但是同时也可以在不相关的进程中使用，也就是文件描述符的共享内存。当我们使用这种形式的共享内存时，内存关联到目录 /dev/shm 中的一个文件。我们会在下个范例中看这种情况。

在本范例中，我们使用匿名共享内存，即不和文件关联的内存。

共享内存表示在两个进程之间共享的内存。

知道如何使用共享内存能够让你编写更高级的程序。

10.9.1　准备工作

在本范例中，你将需要 GCC 编译器和 Make 工具。

10.9.2　实践步骤

在本范例中，我们编写一个使用共享内存的程序。在创建进程之前，进程会首先写一个消息到共享内存。然后在创建进程之后，子进程会修改共享内存中的消息。最后父进程会再次修改共享内存中的消息。

1. 编写程序保存在名为 shm-parent-child.c 的文件中。像往常一样，我把代码分成多个步骤。所有代码都要保存到同一个文件中。首先我们编写所有的头文件。这里我们需要相对多一些的头文件。我们同样会定义一个宏，用以表示内存的大小。把三个消息放到字符数组中：

```
#include <stdio.h>
#include <sys/mman.h>
#include <sys/types.h>
#include <sys/stat.h>
#include <sys/wait.h>
#include <fcntl.h>
#include <unistd.h>
#include <string.h>
#define DATASIZE 128

int main(void)
{
    char *addr;
    int status;
    pid_t pid;
    const char startmsg[] = "Hello, we are running";
    const char childmsg[] = "Hello from child";
    const char parentmsg[] = "New msg from parent";
```

2. 现在到了让人激动的部分——映射共享内存。我们总共需要为内存映射函数 mmap() 提供 6 个参数：

第 1 个参数是内存地址。我们设置为空，表示由内核设置地址。

第 2 个参数是内存区域的大小。

第 3 个参数是内存区域所需要的保护属性。这里我们设置为写和读。

第 4 个参数是我们的标志。我们设置为共享和匿名，这表示可以在进程之间共享，同时不会关联到文件。

第 5 个参数是文件描述符。但是这一次由于我们使用匿名方式，也就意味着这片内存不会关联到文件。由于这个原因，我们将参数设置为 -1，以保证兼容性。

第 6 个参数是偏移值，这里我们设置为 0。

```
addr = mmap(NULL, DATASIZE,
    PROT_WRITE | PROT_READ,
    MAP_SHARED | MAP_ANONYMOUS, -1, 0);
if (addr == MAP_FAILED)
{
    perror("Memory mapping failed");
    return 1;
}
```

3. 现在内存已经准备好。我们可以通过 memcpy() 复制第 1 个消息。memcpy() 的第 1 个参数是指向内存的指针，在此是字符指针 addr。第 2 个参数是我们希望复制的数据或消息，在此是 startmsg。最后一个消息是我们希望复制的数据的大小，在此是 startmsg 的长度加上 1。strlen() 函数不会包括字符串的终止符号。这是为什么要加 1。

这时候我们打印进程的 PID 和共享内存中的消息。在这之后创建新进程：

```
memcpy(addr, startmsg, strlen(startmsg) + 1);
printf("Parent PID is %d\n", getpid());
printf("Original message: %s\n", addr);
if ( (pid = fork()) == -1 )
{
    perror("Can't fork");
    return 1;
}
```

4. 如果我们在子进程中，就复制子进程的消息到共享内存。如果我们在父进程中，就等待子进程，然后复制父进程的消息到内存，然后打印双方的消息。最终我们取消共享内存的映射以完成清理。虽然这不是必需的：

```
if (pid == 0)
{
    /* child */
    memcpy(addr, childmsg, strlen(childmsg) + 1);
}
else if(pid > 0)
{
    /* parent */
    waitpid(pid, &status, 0);
    printf("Child executed with PID %d\n", pid);
    printf("Message from child: %s\n", addr);
    memcpy(addr, parentmsg,
        strlen(parentmsg) + 1);
    printf("Parent message: %s\n", addr);
}
munmap(addr, DATASIZE);
return 0;
}
```

5. 编译程序。注意我们使用了另一个 C 语言标准 GNU11。我们这么做的原因是，C99 标准不包括 MAP_ANONYMOUS（匿名映射）的宏。但是 GNU11 包括。GNU11 是 C11 标准加了一些 GNU 扩展。同时注意我们再次使用了实时扩展库：

```
$> gcc -Wall -Wextra -std=gnu11\
> shm-parent-child.c -o shm-parent-child -lrt
```

6. 测试程序：

```
$> ./shm-parent-child
Parent PID is 9683
Original message: Hello, we are running
Child executed with PID 9684
Message from child: Hello from child
Parent message: New msg from parent
```

10.9.3　它是如何工作的

共享内存是在不相关或者相关的进程和线程之间常见的 IPC 技术。在这个范例中，我们可以看到在父进程和子进程中使用了共享内存。

内存区域通过 `mmap()` 函数映射。这个函数返回映射过的地址。如果遇到错误会返回 `MAP_FAILED`。一旦映射返回，我们检查指针是否是 `MAP_FAILED`，如果是，并且存在错误，就中止它。

一旦我们映射了内存，并且获得它的指针，就使用 `memcpy()` 向它复制数据。

最后我们使用 `munmap()` 取消内存映射。严格来说，这不是必要的。因为在最后一个进程退出的时候，它总会被取消映射。然而这并不是一个很好的习惯，你应该自己做好清理，例如释放已经分配的内存。

10.9.4　参考

`mmap()` 和 `munmap()` 的更多信息参考 `man 2 mmap` 手册页。关于 `memcpy()` 的详细解释，请参考 `man 3 memcpy` 手册。

对于 C 标准和 GNU 扩展的深入解释，参见：`https://gcc.gnu.org/onlinedocs/gcc/Standards.html`。

10.10　在不相关的进程中使用共享内存

在上一个范例中，我们在父进程和子进程之间使用共享内存。在这个范例中，我们学习如何使用文件描述符映射内存，以便在不相关的进程中使用共享内存。使用这个方法创建共享内存会在 `/dev/shm` 目录下创建文件，shm 表示共享内存。

知道如何在不相关的进程中使用共享内存，可以扩展你使用这种 IPC 技术的领域。

10.10.1　准备工作

在本范例中，你需要 GCC 编译器和 Make 工具。

10.10.2　实践步骤

首先我们编写程序。程序中包括打开并创建共享内存的文件描述符。然后我们映射内存。这时候，我们编写另外一个程序读取内存区域。与上一个范例仅仅使用消息不同，我们写入和读取长度为 3 的浮点**数组**。

10.10.2.1　创建写者

首先创建写者。

1. 创建一个程序，它会创建共享内存，并且向它写入一些数据。把下面的代码保存到一个文件中，并保存为 `write-memory.c`。与往常一样，代码会分成多个步骤，但是所有代码都要放到同一个文件中。

与前面的范例一样，我们会有一系列头文件。我们创建所需的变量，这里我们需要一个变量保存文件描述符。请注意，即使我称它为文件描述符，它仍然是一个内存区域描述符。memid 包括映射内存描述符的名称。然后我们使用 shm_open() 打开和创建这个"文件描述符"：

```c
#include <stdio.h>
#include <sys/mman.h>
#include <sys/types.h>
#include <sys/stat.h>
#include <fcntl.h>
#include <unistd.h>
#include <string.h>
#define DATASIZE 128

int main(void)
{
    int fd;
    float *addr;
    const char memid[] = "/my_memory";
    const float numbers[3] = { 3.14, 2.718, 1.202};
    /* create shared memory file descriptor */
    if ( (fd = shm_open(memid,
        O_RDWR | O_CREAT, 0600)) == -1)
    {
        perror("Can't open memory fd");
        return 1;
    }
```

2. 有文件支持的内存初始大小是 0。为了把它扩展到所需的 128B。我们需要使用截断函数 ftruncate()：

```c
/* truncate memory to DATASIZE */
if ( (ftruncate(fd, DATASIZE)) == -1 )
{
    perror("Can't truncate memory");
    return 1;
}
```

3. 现在我们需要映射内存。但是这一次我们使用文件描述符 fd，而不是 -1。我们同样去掉了 MAP_ANONYMOUS 部分。因为它是有文件支持的内存。然后我们通过 memcpy() 复制浮点数组到内存。为了让读取程序有机会读取这片内存，我们必须暂停，通过 getchar() 等待输入回车键。然后执行一些清理工作，包括取消内存映射、删除文件描述符，以及通过 shm_unlink 删除对应的文件：

```c
/* map memory using our file descriptor */
addr = mmap(NULL, DATASIZE, PROT_WRITE,
    MAP_SHARED, fd, 0);
if (addr == MAP_FAILED)
{
```

```
        perror("Memory mapping failed");
        return 1;
    }

    /* copy data to memory */
    memcpy(addr, numbers, sizeof(numbers));

    /* wait for enter */
    printf("Hit enter when finished ");
    getchar();
    /* clean up */
    munmap(addr, DATASIZE);
    shm_unlink(memid);
    return 0;
}
```

4. 编译程序:

```
$> gcc -Wall -Wextra -std=gnu11 write-memory.c \
> -o write-memory -lrt
```

10.10.2.2 创建读者

创建读者:

1. 创建一个程序，它会读取内存区域，并且把数组中的数字打印出来。写入下面的程序并保存为 read-memory.c。这个程序和 write-memory.c 很类似。区别是前者写入内存，而这里读取内存:

```
#include <stdio.h>
#include <sys/mman.h>
#include <sys/types.h>
#include <sys/stat.h>
#include <fcntl.h>
#include <unistd.h>
#include <string.h>
#define DATASIZE 128

int main(void)
{
    int fd;
    float *addr;
    const char memid[] = "/my_memory";
    float numbers[3];

    /* open memory file descriptor */
    fd = shm_open(memid, O_RDONLY, 0600);
    if (fd == -1)
    {
        perror("Can't open file descriptor");
        return 1;
    }

    /* map shared memory */
```

```
    addr = mmap(NULL, DATASIZE, PROT_READ,
        MAP_SHARED, fd, 0);
    if (addr == MAP_FAILED)
    {
        perror("Memory mapping failed");
        return 1;
    }

    /* read the memory and print the numbers */
    memcpy(numbers, addr, sizeof(numbers));
    for (int i = 0; i<3; i++)
    {
        printf("Number %d: %.3f\n", i, numbers[i]);
    }
    return 0;
}
```

2. 编译程序：

```
$> gcc -Wall -Wextra -std=gnu11 read-memory.c \
> -o read-memory -lrt
```

10.10.2.3 测试所有的东西

执行如下步骤：

1. 现在是时候测试了。打开终端并运行我们编译的 write-memory 程序，保持运行：

```
$> ./write-memory
Hit enter when finished
```

2. 打开另一个终端并检查 /dev/shm 下面的文件：

```
$> ls -l /dev/shm/my_memory
-rw------- 1 jake jake 128 jan 18 19:19 /dev/shm/my_
memory
```

3. 现在运行我们编译的 read-memory 程序。这会从共享内存中读取三个数字，然后把它们打印到屏幕上：

```
$> ./read-memory
Number 0: 3.140
Number 1: 2.718
Number 2: 1.202
```

4. 返回正在运行 write-memory 的终端，输入回车键。这样，程序会清理并退出。一旦你完成了这一步，让我们看一看文件是否还在 /dev/shm 中：

```
./write-memory
Hit enter when finished Enter

$> ls -l /dev/shm/my_memory
ls: cannot access '/dev/shm/my_memory': No such file or
directory
```

10.10.3 它是如何工作的

使用非匿名的共享内存与我们在前一个范例中做的事情非常类似。唯一的不同是：我们通过 shm_open() 打开了一个特殊的文件描述符。我想你注意到了这个标志非常类似于常规的 open 函数：O_RDWR 用于读写，O_CREATE 用于在文件不存在时创建文件。这样使用 shm_open() 创建的文件位于 /dev/shm 目录下，其文件名是第 1 个参数指定的。而且权限也很像常规的文件，在我们的例子中，0600 表示用户可以读写，其他人没有任何权限。

我们将从 shm_open() 得到的文件描述符传递到 mmap() 调用。同时，我们去掉了 mmap() 调用中的 MAP_ANONYMOUS 宏，这是我们在上一个范例中使用的。跳过这个宏意味着这个内存不再属于匿名页，而是关联到文件。我们可以通过 ls -l 命令查看文件，看到它的确有我们指定的名字和正确的权限。

我们写的下一个程序使用 shm_open() 打开了共享内存的文件描述符，在 mmap() 之后，我们循环迭代浮点数所在的内存区域。

最终我们在 write-memory 程序中单击回车，通过调用 shm_unlink() 删除了 /dev/shm 目录下的对应文件。

10.10.4 参考

在 man 3 shm_open 中，有很多关于 shm_open() 和 shm_unlink() 的信息。

10.11 UNIX 套接字编程——构建发送者

UNIX 套接字（Socket）非常类似于 TCP/IP 套接字。但是它们是本地的，由文件系统上的套接字文件呈现。同时整体来说，UNIX 套接字和 TCP/IP 套接字的函数或多或少是一样的。UNIX 套接字的完整名称是 UNIX 域套接字。

UNIX 套接字是在（同一机器）本地通信的一种常见方式。

知道如何使用 UNIX 套接字，能够让你容易地编写程序在本地通信。

10.11.1 准备工作

在本范例中，你需要 GCC 编译器、Make 工具和通用的 Makefile。

10.11.2 实践步骤

在本范例中，我们会编写一个作为服务器的程序。它从客户端接收消息，并在每次收到消息的时候回复"Message received"（消息已收到）。同时它会在服务器或客户端退出的时候执行清理并退出。

1. 编写如下代码并保存到 `unix-server.c`。代码分成多个步骤，所有的代码还是要保存到一个文件中。

   头文件列表有一点长。我们也会定义一个宏，用于我们接收的最大消息长度。同时我们会定义 `cleanUp()` 函数的原型，该函数用于清理文件。这个函数同时作为信号处理函数。我们也定义一些全局变量（这样 `cleanUp()` 可以访问这些变量）：

```c
#define _XOPEN_SOURCE 700
#include <stdio.h>
#include <sys/types.h>
#include <sys/socket.h>
#include <sys/un.h>
#include <string.h>
#include <unistd.h>
#include <signal.h>
#include <stdlib.h>
#include <errno.h>
#define MAXLEN 128

void cleanUp(int signum);
const char sockname[] = "/tmp/my_1st_socket";
int connfd;
int datafd;
```

2. 开始编写 `main()` 函数。定义一些变量，同时我们为所有信号注册信号处理函数。新的东西是 `sockaddr_un` 数据结构，它包含套接字的类型和文件路径：

```c
int main(void)
{
    int ret;
    struct sockaddr_un addr;
    char buffer[MAXLEN];
    struct sigaction action;
    /* prepare for sigaction */
    action.sa_handler = cleanUp;
    sigfillset(&action.sa_mask);
    action.sa_flags = SA_RESTART;
    /* register the signals we want to handle */
    sigaction(SIGTERM, &action, NULL);
    sigaction(SIGINT, &action, NULL);
    sigaction(SIGQUIT, &action, NULL);
    sigaction(SIGABRT, &action, NULL);
    sigaction(SIGPIPE, &action, NULL);
```

3. 现在我们有了所有的信号处理函数变量和数据结构。我们可以通过 `socket()` 函数创建套接字文件描述符。一旦完成这个操作，我们会设置连接的类型（协议族类型）、套接字路径。然后我们通过调用 `bind()` 函数绑定套接字，这样我们就可以使用它了：

```c
/* create socket file descriptor */
connfd = socket(AF_UNIX, SOCK_SEQPACKET, 0);
```

```
if ( connfd == -1 )
{
    perror("Create socket failed");
    return 1;
}
/* set address family and socket path */
addr.sun_family = AF_UNIX;
strcpy(addr.sun_path, sockname);
/* bind the socket (we must cast our sockaddr_un
 * to sockaddr) */
if ( (bind(connfd, (const struct sockaddr*)&addr,
    sizeof(struct sockaddr_un))) == -1 )
{
    perror("Binding socket failed");
    return 1;
}
```

4. 准备套接字文件描述符。具体方式是通过调用 listen() 函数，listen() 的第 1
个参数是套接字文件描述符，第 2 个参数是我们所需的积压缓冲区大小。完成上述
操作之后，我们通过 accept() 函数接受连接。这个函数会给我们返回一个新的套
接字文件描述符（也就是我们定义的 datafd），我们会用这个变量进行数据的收发。
一旦连接被接受，我们会打印 "Client connected"（客户端已连接）到本地终端：

```
/* prepare for accepting connections */
if ( (listen(connfd, 20)) == -1 )
{
    perror("Listen error");
    return 1;
}
/* accept connection and create new file desc */
datafd = accept(connfd, NULL, NULL);
if (datafd == -1 )
{
    perror("Accept error");
    return 1;
}
printf("Client connected\n");
```

5. 现在我们开始程序的主循环。在外层循环，当接收到消息的时候，我们回复确认消
息。在内层循环，我们从新的套接字文件描述符读取数据并保存到 buffer，然后
打印到终端上。如果 read() 返回 −1，意味着有东西出错了，我们需要跳出内层
循环，读取下一行。如果 read() 返回 0，意味着客户端断开连接，我们需要调用
cleanUp() 并且退出：

```
while(1) /* main loop */
{
    while(1) /* receive message, line by line */
    {
        ret = read(datafd, buffer, MAXLEN);
        if ( ret == -1 )
```

```
        {
            perror("Error reading line");
            cleanUp(1);
        }
        else if ( ret == 0 )
        {
            printf("Client disconnected\n");
            cleanUp(1);
        }
        else
        {
            printf("Message: %s\n", buffer);
            break;
        }
    }
    /* write a confirmation message */
    write(datafd, "Message received\n", 18);
    }
    return 0;
}
```

6. 创建 cleanUp() 函数的函体：

```
void cleanUp(int signum)
{
    printf("Quitting and cleaning up\n");
    close(connfd);
    close(datafd);
    unlink(sockname);
    exit(0);
}
```

7. 编译程序，这一次我们会得到一个告警，这是 GCC 对于 cleanUp() 函数中未使用的变量 signum 的告警。这个告警的原因是：我们没有在 cleanUp() 函数中使用该变量。所以我们可以安全地忽略这个告警。

```
$> make unix-server
gcc -Wall -Wextra -pedantic -std=c99    unix-server.c
-o unix-server
unix-server.c: In function 'cleanUp':
unix-server.c:94:18: warning: unused parameter 'signum'
[-Wunused-parameter]
 void cleanUp(int signum)
                  ~~~~^~~~~~
```

8. 运行程序。由于我们还没有客户端，程序不会有任何输出或者做任何事情。然而，它的确创建了套接字文件。就这样把程序放在这里：

```
$> ./unix-server
```

9. 打开一个终端，检查套接字文件。这里我们可以看到它是一个套接字文件：

```
$> ls -l /tmp/my_1st_socket
srwxr-xr-x 1 jake jake 0 jan 19 18:35 /tmp/my_1st_socket
```

```
$> file /tmp/my_1st_socket
/tmp/my_1st_socket: socket
```

10. 现在返回到程序运行的终端，按下 *Ctrl+C* 组合键中止它。然后我们看到这个文件仍然在这里（并不应该如此）：

```
./unix-server
Ctrl+C
Quitting and cleaning up
$> file /tmp/my_1st_socket
/tmp/my_1st_socket: cannot open `/tmp/my_1st_socket' (No
such file or directory)
```

10.11.3　它是如何工作的

sockaddr_un 数据结构是 UNIX 域套接字的特殊数据结构。在 TCP/IP 套接字中有另外一个称为 sockaddr_in 的数据结构。_un 后缀表示 UNIX 的套接字，而 _in 表示因特网套接字。

我们用于创建套接字文件描述符的 socket() 函数接受三个参数：第 1 个是地址族（AF_UNIX）；第 2 个是类型（SOCK_SQGPACKET，这个类型提供了双向通信的能力）；第 3 个是协议。我们把协议填成 0，因为对于这个套接字来说并没有什么可选协议。

还有另外一个通用的数据结构名为 sockaddr。当我们把 sockaddr_un 数据结构作为 bind() 参数时，我们需要把它的类型转化为 sockaddr。这么做是因为 bind() 函数需要 sockaddr 类型的数据结构，也就是需要 sockaddr 指针。最后一个参数是提供给bind() 函数的数据结构的大小，也就是 sockaddr_un 的大小。

一旦我们创建了套接字，并使用 bind() 函数绑定，就可以通过 listen() 准备接入连接。

最终我们通过 accept() 接受连接。这会给我们一个新的套接字文件描述符，后面我们会用它进行消息的收发。

10.11.4　参考

针对本节所用的函数，在手册页中有一些更深入的信息。我建议你把它们都查看一遍：

❑ man 2 socket
❑ man 2 bind
❑ man 2 listen
❑ man 2 accept

10.12　UNIX 套接字编程——构建接收者

在上一个范例中我们创建了 UNIX 域套接字的服务器。在本范例中，我们会为套接字创建一个客户端，然后进行客户端和服务器的通信。

在本范例中，我们会看到如何使用套接字在客户端和服务器间进行通信。知道如何通过套接字通信是使用套接字的必要技能。

10.12.1 准备工作

在进行本范例之前。你需要完成前一个范例。

在本范例中，你需要 GCC 编译器、Make 工具和通用的 Makefile。

10.12.2 实践步骤

在这个范例中，我们会为前一个范例中的服务端编写客户端程序。一旦它们连接，客户端就可以向服务端发送消息，服务端会回复"Message received"（消息已收到）。

1. 编写如下代码并保存到 unix-client.c。所有的代码都保存到 unix-client.c 文件中。程序的前一半和服务端差不多。除了两点：我们使用两个缓冲区，而不是一个；我们没有信号处理：

```
#define _XOPEN_SOURCE 700
#include <stdio.h>
#include <sys/types.h>
#include <sys/socket.h>
#include <sys/un.h>
#include <string.h>
#include <unistd.h>
#include <signal.h>
#include <stdlib.h>
#include <errno.h>
#define MAXLEN 128

int main(void)
{
    const char sockname[] = "/tmp/my_1st_socket";
    int fd;
    struct sockaddr_un addr;
    char sendbuffer[MAXLEN];
    char recvbuffer[MAXLEN];

    /* create socket file descriptor */
    fd = socket(AF_UNIX, SOCK_SEQPACKET, 0);
    if ( fd == -1 )
    {
        perror("Create socket failed");
        return 1;
    }
    /* set address family and socket path */
    addr.sun_family = AF_UNIX;
    strcpy(addr.sun_path, sockname);
```

2. 与先前使用 bind()、listen() 和 accept() 不同，我们使用 connect() 初始

化一个到服务端的连接。`connect()` 函数接受的参数和 bind() 函数是一样的：

```
/* connect to the server */
if ( (connect(fd, (const struct sockaddr*) &addr,
    sizeof(struct sockaddr_un))) == -1 )
{
    perror("Can't connect");
    fprintf(stderr, "The server is down?\n");
    return 1;
}
```

3. 现在我们已经连接到了服务端，可以使用 `write()` 通过套接字文件描述符发送消息。这里我们用 `fgets()` 把用户输入保存到缓冲区，同时把**换行符**转化为 NULL **字符**，然后把这个缓冲区写入文件描述符：

```
while(1) /* main loop */
{
    /* send message to server */
    printf("Message to send: ");
    fgets(sendbuffer, sizeof(sendbuffer), stdin);
    sendbuffer[strcspn(sendbuffer, "\n")] = '\0';
    if ( (write(fd, sendbuffer,
        strlen(sendbuffer) + 1)) == -1 )
    {
        perror("Couldn't write");
        break;
    }

    /* read response from server */
    if ( (read(fd, recvbuffer, MAXLEN)) == -1 )
    {
        perror("Can't read");
        return 1;
    }
    printf("Server said: %s\n", recvbuffer);
}
return 0;
}
```

4. 编译程序：

```
$> make unix-client
gcc -Wall -Wextra -pedantic -std=c99    unix-client.c
-o unix-client
```

5. 运行程序。因为服务端没有启动，它完全不能工作：

```
$> ./unix-client
Can't connect: No such file or directory
The server is down?
```

6. 在另外一个终端中启动服务端并保持运行：

```
$> ./unix-server
```

7. 返回客户端终端，然后重新运行：

```
$> ./unix-client
Message to send:
```

你会看到服务端发送了一条消息：Client connected。

8. 在客户端程序中写一些消息。你会发现，当输入回车之后，消息会出现在服务端。在若干条消息之后，按下 *Ctrl+C* 组合键：

```
$> ./unix-client
Message to send: Hello, how are you?
Server said: Message received

Message to send: Testing 123
Server said: Message received

Message to send: Ctrl+C
```

9. 切换到服务端的终端。你会看到和下面类似的信息：

```
Client connected
Message: Hello, how are you?
Message: Testing 123
Client disconnected
Quitting and cleaning up
```

10.12.3　它是如何工作的

在前面的范例中，我们编写了套接字服务端。在本范例中，我们编写了客户端，并通过 connect() 系统调用连接到服务端。这个系统调用的参数和 bind() 一样。一旦连接建立，服务端和客户端都可以通过 write() 和 read() 借助套接字文件描述符进行写和读（双向通信）。这和通过文件描述符读写文件没有什么区别。

10.12.4　参考

关于 connect() 系统调用的更多信息，可以参考 man 2 connect 手册页。

Chapter 11 第 11 章

在程序中使用线程

在本章中，我们将学习什么是线程，以及如何在 Linux 中使用它们。我们将编写几个程序，这些程序使用 POSIX 线程，而不是常见的 pthreads。我们还将学习什么是竞态条件、如何通过使用互斥锁来防止竞态条件，以及如何更有效地进行互斥锁编程。最后，我们将学习什么是条件变量。

知道如何编写线程化程序将让程序运行得更快，也更有效率。

本章涵盖以下主题：

❑ 编写第一个线程化程序
❑ 从线程中读取返回值
❑ 触发竞态条件
❑ 使用互斥锁来防止竞态条件
❑ 更有效的互斥锁编程
❑ 使用条件变量

让我们开始吧！

11.1 技术要求

在开始本章的学习之前，你需要 GCC 编译器、Make 工具，以及常规的 Makefile。如果你还没有安装这些工具，请参考第 1 章进行安装。

你还需要一款名为 htop 的程序来观察 CPU 负载。你可以在发行版包管理器中安装它。在所有的发行版中，该程序都名为 htop。

本章中的所有代码示例都可以从 **GitHub** 下载，地址为 `https://github.com/ PacktPublishing/Linux-System-Programming-Techniques/tree/master/ ch11`。

11.2　编写第一个线程化程序

本节，我们将编写一个小程序，以并行的方式检查两个数字是否为质数。在检查这两个数字时，每一个检测过程都运行在各自的线程中，另一个线程将在终端中输出".'"号以表示程序仍然在运行中。在该程序中，总共将运行三个线程。每一个线程都将打印各自的结果，因此在本程序中不必保存并返回结果。

了解线程的基础知识将为学习更高级的程序奠定基础。

11.2.1　准备工作

本节，你需要使用 `htop` 程序来观察两个 CPU 核的负载上升。当然，其他类似的程序也可以，例如 **KDE 桌面环境**中的 KSysGuard。理想情况下，你的计算机最好拥有一个以上 CPU 核。如今，大多数计算机都不止一个 CPU 核，即使在树莓派或者其他小型设备中也是如此，因此这应该不成问题。即使你只有单核 CPU，程序也能正常运行，但是难以观察线程行为。

你还需要 GCC 编译器和 Make 工具。

11.2.2　实践步骤

在本章中，我们打算更多地使用 pthreads（较少使用 POSIX 线程）。要使用 pthreads，我们需要链接到 `pthread` 库。因此，我们首先编写一个新的 Makefile。为本章创建一个新的目录，并在该目录的某个文件中编写代码。将其保存为 `Makefile`。注意额外的 `-lpthread`，这是在通用的 Makefile 中所没有的：

```
CC=gcc
CFLAGS=-Wall -Wextra -pedantic -std=c99
LDFLAGS=-lpthread
%: %.c
        $(CC) $< $(CFLAGS) -o $@ $(LDFLAGS)
```

现在，我们继续编写程序。代码稍微有一点长，因此将其分为几个步骤。所有代码全部位于单个文件中。将代码保存为 `first-threaded.c`：

1. 首先以头文件、函数原型、`main()` 函数，以及一些必要的变量为开始。注意新的头文件 pthread.h。在此，我们也有一个新的名为 `pthread_t` 的类型。该类型用于线程 ID。还有一个 `pthread_attr_t` 类型，它用于线程属性。我们也执行一个检查，查看用户是否输入了两个参数（这两个参数是数字，将被检查是否为质数）。

随后，我们使用 atoll() 将两个参数转换为 long long 整型：

```
#include <stdio.h>
#include <stdlib.h>
#include <unistd.h>
#include <pthread.h>

void *isprime(void *arg);
void *progress(void *arg);

int main(int argc, char *argv[])
{
    long long number1;
    long long number2;
    pthread_t tid_prime1;
    pthread_t tid_prime2;
    pthread_t tid_progress;
    pthread_attr_t threadattr;
    if ( argc != 3 )
    {
        fprintf(stderr, "Please supply two numbers.\n"
            "Example: %s 9 7\n", argv[0]);
        return 1;
    }
    number1 = atoll(argv[1]);
    number2 = atoll(argv[2]);
```

2. 随后我们使用 pthread_attr_init()，并以一些默认设置来初始化线程属性数据结构 threadattr。

然后，我们将使用 pthread_create() 创建三个线程。pthread_create() 函数需要 4 个参数。第 1 个参数是线程 ID 变量。第 2 个参数是用于线程的属性。第 3 个参数是将在线程中执行的函数。第 4 个参数是该函数的参数。我们使用 pthread_detach() 将"进度条"线程标记为分离状态。这样，当它结束运行的时候，线程资源会被自动释放：

```
pthread_attr_init(&threadattr);
pthread_create(&tid_progress, &threadattr,
    progress, NULL);
pthread_detach(tid_progress);
pthread_create(&tid_prime1, &threadattr,
    isprime, &number1);
pthread_create(&tid_prime2, &threadattr,
    isprime, &number2);
```

3. 要让程序等待所有线程结束，我们必须为每个线程调用 pthread_join()。注意，我们并不等待进度条线程结束，而是将其标记为分离状态。在此，我们将在退出程序前使用 pthread_cancel() 终止进度条线程：

```
pthread_join(tid_prime1, NULL);
pthread_join(tid_prime2, NULL);
```

```
   pthread_attr_destroy(&threadattr);
   if ( pthread_cancel(tid_progress) != 0 )
      fprintf(stderr,
         "Couldn't cancel progress thread\n");
   printf("Done!\n");
   return 0;
}
```

4. 编写计算特定数字是否为质数的函数主代码。注意，函数的返回类型是 void 指针，其参数也是一个 void 指针。这是 pthread_create() 正常运行的要求。由于其参数是 void 指针，而我们希望它是一个 long long int，因此必须首先转换它。我们将 void 指针转换为 long long int 并将它保存到一个新变量中（有关更详细的选项，请参考 11.2.5 节）以实现这一点。注意我们在该函数中返回 NULL。这是因为我们必须返回某个值，而 NULL 在这里可以正常工作：

```
void *isprime(void *arg)
{
   long long int number = *((long long*)arg);
   long long int j;
   int prime = 1;

   /* Test if the number is divisible, starting
    * from 2 */
   for(j=2; j<number; j++)
   {
      /* Use the modulo operator to test if the
       * number is evenly divisible, i.e., a
       * prime number */
      if(number%j == 0)
      {
         prime = 0;
      }
   }
   if(prime == 1)
   {
      printf("\n%lld is a prime number\n",
         number);
      return NULL;
   }
   else
   {
      printf("\n%lld is not a prime number\n",
         number);
      return NULL;
   }
}
```

5. 编写用于进度条的函数。它并不是真的进度条，而仅仅每秒打印一个"点"号，向用户展示程序仍然在运行。由于我们并不打印任何换行字符，因此必须在调用 printf() 以后调用 fflush()（请记住标准输出是按行缓冲的）：

```
void *progress(void *arg)
{
    while(1)
    {
        sleep(1);
        printf(".");
        fflush(stdout);
    }
    return NULL;
}
```

6. 使用新 Makefile 来编译程序。注意，我们在此收到了一个关于未使用变量的告警。这个未使用的变量是用于 progress 函数的 arg 变量。我们可以放心地忽略这个告警，因为并不使用它：

```
$> make first-threaded
gcc first-threaded.c -Wall -Wextra -pedantic -std=c99 -o
first-threaded -lpthread
first-threaded.c: In function 'progress':
first-threaded.c:75:22: warning: unused parameter 'arg'
[-Wunused-parameter]
 void *progress(void *arg)
```

7. 在运行程序前，开启一个新终端并在其中启动 htop。将其放到目之所及的任何地方。

8. 在第一个终端中运行程序。选择两个数字，这两个数字既不要太小以至于程序很快就结束，也不要太大以至于让程序一直运行。对于我来说，下面的数字足够大，使得程序能够运行大约一分半钟。运行时间取决于 CPU 速度。在运行程序时，观察 htop 程序。你将发现：在第一个数字被计算完成前，两个核占用 100%，然后仅仅一个核占用 100%：

```
$> ./first-threaded 990233331 9902343047
..........
990233331 is not a prime number
..................................................
.....................
9902343047 is a prime number
Done!
```

11.2.3　它是如何工作的

两个数字在各自的线程中被单独检查。与非线程化程序相比，这加快了处理速度。非线程化程序会依次检查每个数字。也就是说，第二个数字必须等待第一个完成。但是，就像我们在此编写的程序一样，使用线程化程序可以同时检查两个数字。

isprime() 函数是执行计算过程的地方。同一个函数被两个线程所使用。对于两个线程来说，我们也使用相同的默认参数。

我们在线程中执行该函数，这是通过为每一个数字调用 pthread_create() 来实现的。请注意，我们没有在 pthread_create() 参数中，在 isprime() 函数后面放置任何括号。在函数名后面放置括号会执行该函数。但是，我们希望由 pthread_create() 函数来执行该函数。

我们不会连接进度条线程——在调用 pthread_cancel() 前，它会一直运行，我们标记它为分离状态，这样当线程中止运行时，其资源将被释放。我们使用 pthread_detach() 将其标记为分离状态。

默认情况下，线程**可中止状态**是启用的，这意味着线程可以被中止。但是，默认情况下，其**可中止状态类型**是被延迟的，这意味着可中止点将被延迟，直到线程调用的下一个函数是一个**中止点**。sleep() 函数是这样的中止点函数。因此，一旦进度条线程执行 sleep()，它将被中止。可中止状态类型可以被修改为异步方式，这意味着它可以被随时中止。

在 main() 函数的末尾，我们针对两个线程 ID（它们正在执行 isprime()）调用 pthread_join()。这是让进程等待线程完成所必需的。否则，它会让进程立即结束。pthread_join() 的第一个参数是线程 ID。第二个参数是一个变量，该变量是保存线程返回值的地方。但是，由于我们此时对返回值并不感兴趣——它仅仅返回 NULL，我们将该参数设置为 NULL，这样会忽略返回值。

11.2.4 更多

要修改线程的可中止状态，可以使用 pthread_setcancelstate()。更多信息请参考 man 3 pthread_setcancelstate。

要修改线程的可中止类型，可以使用 pthread_setcanceltype()。更多信息请参考 man 3 pthread_setcanceltype。

要查看哪些函数列表是可中止点，请参考 man 7 pthreads，并在手册页中搜索 cancelation points。

从 void 指针到 long long int 的转换过程看起来比较神秘。而不是像我们一样在单行中完成所有工作：

```
long long int number = *((long long*)arg);
```

我们可以将它编写到两个步骤中，这样略显冗长，如下：

```
long long int *number_ptr = (long long*)arg;
long long int number = *number_ptr;
```

11.2.5 参考

对于 pthread_create() 和 pthread_join() 来说，在手册页中有不少有用信息。你可以通过 man 3 pthread_create 和 man 3 pthread_join 来阅读这些手册页。

有关 pthread_detach() 的更多信息，请参见 man 3 pthread_detach。

有关 pthread_cancel() 的更多信息，请参见 man 3 pthread_cancel。

11.3 从线程中读取返回值

在本节中，我们将继续。我们将以**返回值**的方式从线程获得结果，而不是让线程自己打印结果。这类似于函数返回值。

知道如何从线程获得其返回值将让你做更多关于线程的复杂工作。

11.3.1 准备工作

为了让本范例更有意义，建议你首先完成前一个范例。

你也需要我们在前一个范例中编写的 Makefile。

11.3.2 实践步骤

本程序类似于前一个范例，但是每个线程并不打印自己的结果，而是将结果返回给 main()。这类似于函数向 main() 返回一个变量，唯一的区别是：这里我们必须在二者之间进行一些类型转换。这种方法的缺点是：在两个线程全部运行结束之前，我们看不到其结果，除非我们特意为第一个线程提供更小的数字。如果第一个线程的数字更大，那么在第一个线程运行结束之前，我们不会得到第二个线程的结果，即使第二个线程已经运行结束。当然，即使我们没有立即看到打印的结果，它们仍然像以前一样在两个单独的线程中处理。

1. 代码较长，因此将其拆分到几个步骤中。将代码编写到一个单独的名为 second-threaded.c 的文件中。通常，我们从头文件、函数原型、以及 main() 函数的起始部分开始编写。注意，我们有一个额外的名为 stdint.h 的头文件。该文件用于 uintptr_t 数据类型，我们会将返回值转换为该类型。这将比转换为 int 类型更安全，因为这能确保与我们正在转换的指针具有相同的长度。我们还定义两个 void 指针（prime1Return 和 prime2Return），将返回值保存在其中。除了这些变化以外，代码其他部分是相同的：

```
#include <stdio.h>
#include <stdlib.h>
#include <unistd.h>
#include <pthread.h>
#include <stdint.h>

void *isprime(void *arg);
void *progress(void *arg);

int main(int argc, char *argv[])
{
    long long number1;
    long long number2;
    pthread_t tid_prime1;
    pthread_t tid_prime2;
    pthread_t tid_progress;
    pthread_attr_t threadattr;
```

```
    void *prime1Return;
    void *prime2Return;
    if ( argc != 3 )
    {
        fprintf(stderr, "Please supply two numbers.\n"
            "Example: %s 9 7\n", argv[0]);
        return 1;
    }
    number1 = atoll(argv[1]);
    number2 = atoll(argv[2]);
    pthread_attr_init(&threadattr);
    pthread_create(&tid_progress, &threadattr,
        progress, NULL);
    pthread_detach(tid_progress);
    pthread_create(&tid_prime1, &threadattr,
        isprime, &number1);
    pthread_create(&tid_prime2, &threadattr,
        isprime, &number2);
```

2. 在后一部分，我们将前面定义的 void 指针作为 pthread_join() 的第二个参数，这实际上是这些变量的地址。这会将线程返回值保存到这些变量中。随后，我们检查这些返回值，以确定这些数字是否为质数。由于这些变量是 void 指针，我们必须首先将其转换为 uintptr_t 类型：

```
pthread_join(tid_prime1, &prime1Return);
if (  (uintptr_t)prime1Return == 1 )
    printf("\n%lld is a prime number\n",
        number1);
else
    printf("\n%lld is not a prime number\n",
        number1);

pthread_join(tid_prime2, &prime2Return);
if ( (uintptr_t)prime2Return == 1 )
    printf("\n%lld is a prime number\n",
        number2);
else
    printf("\n%lld is not a prime number\n",
        number2);

pthread_attr_destroy(&threadattr);
if ( pthread_cancel(tid_progress) != 0 )
    fprintf(stderr,
        "Couldn't cancel progress thread\n");
    return 0;
}
```

3. 编写前一个范例中的函数。但是这次我们返回 0 或者 1，并转换为 void 指针（因为这是函数定义所要求的，我们不能违反这个规则）：

```
void *isprime(void *arg)
{
    long long int number = *((long long*)arg);
```

```
    long long int j;
    int prime = 1;

    /* Test if the number is divisible, starting
     * from 2 */
    for(j=2; j<number; j++)
    {
       /* Use the modulo operator to test if the
        * number is evenly divisible, i.e., a
        * prime number */
       if(number%j == 0)
          prime = 0;
    }
    if(prime == 1)
       return (void*)1;
    else
       return (void*)0;
}

void *progress(void *arg)
{
    while(1)
    {
       sleep(1);
       printf(".");
       fflush(stdout);
    }
    return NULL;
}
```

4. 编译该程序。我们仍然得到相同的、关于未使用变量的警告，但是忽略它是安全的。
我们确信没有在任何地方使用它：

```
$> make second-threaded
gcc second-threaded.c -Wall -Wextra -pedantic -std=c99 -o
second-threaded -lpthread
second-threaded.c: In function 'progress':
second-threaded.c:83:22: warning: unused parameter 'arg'
[-Wunused-parameter]
 void *progress(void *arg)
                ~~~~~~^~~
```

5. 现在，我们试着运行程序，首先以一个更大的数字作为第一个参数，然后以更小的
数字作为第一个参数：

```
$> ./second-threaded 9902343047 99023117
........................................................
...........................
9902343047 is a prime number
99023117 is not a prime number
$> ./second-threaded 99023117 9902343047
.
99023117 is not a prime number
........................................................
...........................
9902343047 is a prime number
```

11.3.3　它是如何工作的

本程序的总体基础与前一个范例相同。这里的区别是：我们从线程返回计算结果到main()，就像函数那样。由于isprime()函数的返回值是void指针，我们也必须返回该类型。要保存返回值，我们将变量地址传递为pthread_join()的第二个参数。

由于每次对pthread_join()的调用将**阻塞**到线程运行结束时，因此在两个线程全部完成时，我们才能得到其结果（除非我们给第一个线程更小的数字）。

在本范例中我们使用的新类型uintptr_t是一个特殊类型，它与无符号整型指针的长度匹配。使用int类型也许能够正常运行，但是并不能完全确保这一点。

11.4　触发竞态条件

竞态条件是指：不止一个线程（或者进程）试图并发地写入同一个变量。由于我们并不知道哪一个线程首先访问变量，因此不能安全地预见会发生什么。所有线程都试图首先访问它，它们会**竞争**访问变量。

知道哪些情况将触发竞态条件有助于避免竞态条件，使程序更安全。

11.4.1　准备工作

本范例仅需要本章第一个范例中编写的Makefile，以及GCC编译器和Make工具。

11.4.2　实践步骤

在本范例中，我们将编写一个触发竞态条件的程序。如果程序按照预期正常运行，它应当在每次运行时将变量i加1，最终i的值为5 000 000 000。存在5个线程，每个线程从1到1 000 000 000进行加操作。不过，由于所有线程并发访问变量i（或多或少），导致该变量总是不会达到5 000 000 000。线程每次访问变量时，它都会获取当前值并加1。但在此期间，另一个线程也可能读取当前值并加1，然后覆盖其他线程执行加1操作的结果。换句话说，线程正在覆盖彼此的工作：

1. 代码被拆分为几步。注意，所有代码位于名为race.c的单个文件中。我们将开始于头文件、一个函数原型、以及一个类型为long long int的全局变量i。然后我们编写main()函数，该函数使用pthread_create()创建5个线程，然后使用pthread_join()等待其运行结束。最后，它打印最终的变量i：

```
#include <stdio.h>
#include <pthread.h>

void *add(void *arg);
long long int i = 0;
```

```
int main(void)
{
    pthread_attr_t threadattr;
    pthread_attr_init(&threadattr);
    pthread_t tid_add1, tid_add2, tid_add3,
        tid_add4, tid_add5;

    pthread_create(&tid_add1, &threadattr,
        add, NULL);
    pthread_create(&tid_add2, &threadattr,
        add, NULL);
    pthread_create(&tid_add3, &threadattr,
        add, NULL);
    pthread_create(&tid_add4, &threadattr,
        add, NULL);
    pthread_create(&tid_add5, &threadattr,
        add, NULL);

    pthread_join(tid_add1, NULL);
    pthread_join(tid_add2, NULL);
    pthread_join(tid_add3, NULL);
    pthread_join(tid_add4, NULL);
    pthread_join(tid_add5, NULL);

    printf("Sum is %lld\n", i);
    return 0;
}
```

2. 编写 add() 函数，该函数将在线程内运行：

```
void *add(void *arg)
{
    for (long long int j = 1; j <= 1000000000; j++)
    {
        i = i + 1;
    }
    return NULL;
}
```

3. 编译程序。再次提示，忽略警告是安全的：

```
$> make race
gcc race.c -Wall -Wextra -pedantic -std=c99 -o race
-lpthread
race.c: In function 'add':
race.c:35:17: warning: unused parameter 'arg' [-Wunused-
parameter]
 void *add(void *arg)
            ~~~~~~^~~
```

4. 我们将多次运行程序。请注意，我们每次运行时，都得到不同的值。那是因为线程的时序不可预测。但是最有可能的情况是：结果总是小于 5 000 000 000，而 5 000 000 000 才是正确的值。需要注意的是，程序需要经过很多秒的时间才能结束：

```
$> ./race
Sum is 1207835374
$> ./race
Sum is 1132939275
$> ./race
Sum is 1204521570
```

5. 这个程序目前效率很低。我们将在命令前面使用 time 命令对程序进行计时。在不同的计算机上，完成程序所需的时间会有所不同。在 11.6 节中，我们将使程序变得更加高效：

```
$> time ./race
Sum is 1188433970

real    0m20,195s
user    1m31,989s
sys     0m0,020s
```

11.4.3 它是如何工作的

由于所有线程同时读取和写入同一个变量，它们使得彼此工作都失效。如果它们像非线程化程序那样正确运行，其结果将是 5 000 000 000，这才是我们预期的结果。

想要更好地理解这里发生了什么，让我们一步一步来分析。注意这仅仅是一个粗略的示意，针对每次运行来说，确切的值和线程时序都是不一样的。

第一个线程读取 i 的值，我们假设其值为 1。第二个线程也读取 i，其值仍然为 1，这是因为第一个线程仍然没有递增其值。现在，第一个线程递增其值为 2 并保存到 i。第二个线程也执行同样的操作，递增其值为 2（1+1=2）。现在，第三个线程启动并读取变量 i 为 2，然后递增其值为 3（2+1=3）。现在其结果为 3 而不是 4。这种情况在程序运行过程中持续发生，并且无法知道结果将是什么。程序每次运行时，线程的时序都会略有不同。图 11.1 包含可能出现问题的简化示例：

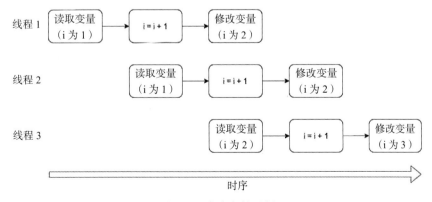

图 11.1 竞态条件示例

11.5 使用互斥锁来防止竞态条件

互斥锁是一种锁机制，它防止多个进程并发地对共享变量进行访问。这防止了竞态条件。通过互斥锁，我们仅仅对代码关键部分进行锁定，例如，对共享变量的更新操作。这将确保程序的其他部分并行运行（假设锁机制可以做到这一点）。

不过，如果我们在编写程序时不小心行事，互斥锁可能会大大降低程序速度，在本范例中将看到这一点。在下一个范例中，我们将修复此问题。

了解如何使用互斥锁将帮助你克服许多与竞态条件相关的问题，使程序更安全。

11.5.1 准备工作

为了使本范例更有意义，建议你首先完成前一个范例。你还需要本章第一个范例中编写的 Makefile、GCC 编译器，以及 Make 工具。

11.5.2 实践步骤

本程序建立在上一个范例之上，但这里展示了完整的代码。代码被拆分为几个步骤。所有代码都放在同一个文件中，该文件命名为 `locking.c`。

1. 我们将像往常一样从文件顶部开始。新增的代码被突出显示。首先，我们定义一个名为 mutex 的 `pthread_mutex_t` 类型的新变量。这是用于锁的变量。我们将该变量放在全局定义中，这样该变量将能够被 main() 和 add() 访问。添加的第二处地方是对互斥变量的初始化，这是通过使用 `pthread_mutex_init()` 实现的。NULL 作为 `pthread_mutex_init()` 第二个参数，这意味着我们希望使用互斥锁的默认属性：

```
#include <stdio.h>
#include <pthread.h>

void *add(void *arg);
long long int i = 0;
pthread_mutex_t i_mutex;

int main(void)
{
    pthread_attr_t threadattr;
    pthread_attr_init(&threadattr);
    pthread_t tid_add1, tid_add2, tid_add3,
      tid_add4, tid_add5;

    if ( ( pthread_mutex_init(&i_mutex, NULL)) != 0 )
    {
        fprintf(stderr,
          "Couldn't initialize mutex\n");
        return 1;
    }
```

```
    pthread_create(&tid_add1, &threadattr,
        add, NULL);
    pthread_create(&tid_add2, &threadattr,
        add, NULL);
pthread_create(&tid_add3, &threadattr,
    add, NULL);
pthread_create(&tid_add4, &threadattr,
    add, NULL);
pthread_create(&tid_add5, &threadattr,
    add, NULL);

pthread_join(tid_add1, NULL);
pthread_join(tid_add2, NULL);
pthread_join(tid_add3, NULL);
pthread_join(tid_add4, NULL);
pthread_join(tid_add5, NULL);
```

2. 当我们完成计算过程后，使用 `pthread_mutex_destroy()` 销毁 mutex 变量：

```
    printf("Sum is %lld\n", i);
    if ( (pthread_mutex_destroy(&i_mutex)) != 0 )
    {
        fprintf(stderr, "Couldn't destroy mutex\n");
        return 1;
    }
    return 0;
}
```

3. 最后，我们在 `add()` 函数中使用加锁、解锁机制。我们锁定更新变量 i 的代码块，并在更新完成后解锁。这样，变量在更新过程中被锁定，因此在更新完成之前没有其他线程可以访问它：

```
void *add(void *arg)
{
    for (long long int j = 1; j <= 1000000000; j++)
    {
        pthread_mutex_lock(&i_mutex);
        i = i + 1;
        pthread_mutex_unlock(&i_mutex);
    }
    return NULL;
}
```

4. 编译程序。我们可以忽略关于未使用变量的警告：

```
$> make locking
gcc locking.c -Wall -Wextra -pedantic -std=c99 -o locking
-lpthread
locking.c: In function 'add':
locking.c:47:17: warning: unused parameter 'arg'
[-Wunused-parameter]
 void *add(void *arg)
             ~~~~~~^~~
```

5. 运行程序。我们使用 `time` 命令对执行过程进行计时。这次的计算将是正确的，结果最终为 5 000 000 000。但是，程序将运行很长时间才能结束运行。在我的计算机中，完成程序运行了 5 分钟以上：

```
$> time ./locking
Sum is 5000000000

real    5m23,647s
user    8m24,596s
sys     16m11,407s
```

6. 我们与简单的、非线程化程序来比较一下执行时间，这个程序以相同的基本算法实现了相同的结果。我们将这个程序命名为 non-threaded.c：

```
#include <stdio.h>

int main(void)
{
    long long int i = 0;
    for (int x = 1; x <= 5; x++)
    {
        for (long long int j = 1; j <= 1000000000; j++)
        {
            i = i + 1;
        }
    }
    printf("Sum is %lld\n", i);
    return 0;
}
```

7. 编译这个程序并对其进行计时。注意这个程序在获得相同结果的同时，其执行速度有多快：

```
$> make non-threaded
gcc non-threaded.c -Wall -Wextra -pedantic -std=c99 -o
non-threaded -lpthread
$> time ./non-threaded
Sum is 5000000000

real    0m10,345s
user    0m10,341s
sys     0m0,000s
```

11.5.3 它是如何工作的

线程化程序并不会自然而然地比非线程化程序更快。在上一个范例中第 7 步中的非线程化程序，甚至比上一个范例中的线程化程序还要快，甚至该程序没有使用任何互斥锁。

这是为什么呢？

我们编写的线程化程序有几个效率低下的地方。我们将从讨论上一个范例中的 race.c 程序的问题开始。那个程序比非线程版本慢是因为很多小细节。例如，启动每个线程需要一些时间（少量时间，但仍然有消耗）。还有一个低效率的地方是每次仅更新全局变量 i 一步。所有线程也在同一时刻访问同一个全局变量。我们有 5 个线程，每个线程将其局部 j 变量加 1。每次递增局部变量时，线程都会更新全局变量 i。由于所有这些操作都执行了 5 000 000 000 次，所以这比在单个线程中顺序运行花费的时间要长一些。

接下来讨论本范例中的 locking.c 程序中，我们添加了一个互斥锁来锁定 i = i + 1 这段代码。由于这确保只有一个线程可以同时访问变量 i，这使得整个程序再次顺序化执行，而不是所有线程并行运行，如下情况将会出现：

1. 运行一个线程。
2. 锁住 i = i + 1 代码部分。
3. 运行 i = i + 1 以更新 i。
4. 解锁 i = i + 1。
5. 运行下一个线程。
6. 锁住 i = i + 1 代码部分。
7. 运行 i = i + 1 以更新 i。
8. 解锁 i = i + 1。

这些步骤将重复 5 000 000 000 次。每次启动线程都消耗时间。然后需要额外的时间来对互斥锁进行加锁、解锁，并且递增变量 i 也需要时间。切换到另一个线程并重新开始整个加锁、解锁过程也需要时间。

在下一个范例中，我们将处理这些问题并使程序运行得更快。

11.5.4 参考

关于互斥锁的更多信息，请参考手册页 man 3 pthread_mutex_ init、man 3 pthread_mutex_lock、man 3 pthread_mutex_unlock，以及 man 3 pthread_mutex_destroy。

11.6 更有效的互斥锁编程

在前面的范例中，我们看到线程化程序并不一定比非线程化程序更快。当我们引入互斥锁时，程序严重变慢。变慢的主要原因是数十亿次线程之间来回切换，以及加锁、解锁操作。

所有这些加锁、解锁操作，以及来回切换的解决方案是尽可能少地加锁、解锁。另外，尽可能少地更新变量 i，并在每个线程中做尽可能多的工作。

在本范例中，我们将使线程化程序更快、更有效。

了解如何编写有效的线程化程序将有助于在线程方面远离诸多陷阱。

11.6.1 准备工作

为了使本范例更有意义，建议你完成本章前两个范例。除此之外，我们需要 Makefile、

GCC 编译器，以及 Make 工具。

11.6.2　实践步骤

该程序基于前面 locking.c 程序。唯一的区别在于 add() 函数。因此，这里仅仅展示 add() 函数，其余部分与 locking.c 相同。完整的程序可以从本章 GitHub 目录中下载。文件名字是 efficient.c。

1. 复制 locking.c 文件，并命名为新文件 efficient.c。
2. 重写 add() 函数，代码如下。注意我们已经删除了 for 循环。取而代之的是，我们在 while 循环中递增局部变量 j，直到该变量达到 1 000 000 000。然后，我们将局部变量 j 添加到全局变量 i 中。这减少了我们对互斥锁的加锁、解锁次数（从 5 000 000 000 次减少到仅仅 5 次）：

```
void *add(void *arg)
{
    long long int j = 1;
    while(j < 1000000000)
    {
        j = j + 1;
    }

    pthread_mutex_lock(&i_mutex);
    i = i + j;
    pthread_mutex_unlock(&i_mutex);
    return NULL;
}
```

3. 编译程序：

```
$> make efficient
gcc efficient.c -Wall -Wextra -pedantic -std=c99 -o
efficient -lpthread
efficient.c: In function 'add':
efficient.c:47:17: warning: unused parameter 'arg'
[-Wunused-parameter]
 void *add(void *arg)
       ~~~~~~^~~
```

4. 运行程序，并使用 time 命令来对它进行计时。注意这个程序有多快：

```
$ time ./efficient
Sum is 5000000000

real    0m1,954s
user    0m8,858s
sys     0m0,004s
```

11.6.3　它是如何工作的

这个程序比非线程化版本和第一个锁版本快得多。回想一下执行时间，非线程化版本

大约需要 10 秒才能完成，第一个线程化版本（race.c）大约需要 20 秒才能完成，第一个
互斥锁版本（locking.c）花了 5 分钟多才完成。最终版本（efficient.c）只用了不到
2 秒就完成了——这是一个巨大的提升。

这个程序的速度提升如此之多，其主要原因有两个。第一，这个程序只加锁和解锁互
斥锁 5 次（与上一个范例中的 5 000 000 000 相比）。第二，每个线程现在可以在向全局变量
写入任何内容之前完成其所有工作（while 循环）。

简而言之，每个线程现在都可以不受任何干扰地完成其工作，使其真正线程化。只有
当线程完成其工作时，它们才会将结果写入全局变量。

11.7　使用条件变量

使用**条件变量**，我们可以在另一个线程完成工作或发生其他事件时向线程发出**信号**。
例如，我们可以使用条件变量重写 11.3 节中的质数程序，将其重写为等待第一个结束运行
的线程。这样，程序就不必先等待第一个线程，然后再等待第二个线程。相反，第一个结
束运行的线程使用条件变量向 main() 发出信号，表示它已经结束运行，然后 main() 等
待该线程结束运行。

了解如何使用条件变量将有助于线程化程序更灵活。

11.7.1　准备工作

为了让本范例更有意义，建议你首先完成 11.3 节。你还需要 GCC 编译器、在 11.2 节
中编写的 Makefile，以及 Make 工具。

11.7.2　实践步骤

在本范例中，我们将重写 11.3 节中的质数程序来使用条件变量。完整的程序将展示在
这里，但是我们仅仅讨论本范例新增的部分。

由于代码比较长，因此拆分为几步。将代码保存到名为 cond-var.c 文件中。

1. 与往常一样，我们从顶部开始。在此添加了三个新变量：一个名为 lock 的互斥锁，
   一个名为 ready 的条件变量，以及一个用于质数线程的线程 ID，我们将其命名为
   primeid。primeid 变量被用于从已经结束运行的线程发送线程 ID：

   ```
   #include <stdio.h>
   #include <stdlib.h>
   #include <unistd.h>
   #include <pthread.h>
   #include <stdint.h>

   void *isprime(void *arg);
   void *progress(void *arg);
   ```

```
pthread_mutex_t lock;
pthread_cond_t ready;
pthread_t primeid = 0;

int main(int argc, char *argv[])
{
    long long number1;
    long long number2;
    pthread_t tid_prime1;
    pthread_t tid_prime2;
    pthread_t tid_progress;
    pthread_attr_t threadattr;
    void *prime1Return;
    void *prime2Return;
```

2. 我们必须在随后初始化**互斥锁**和**条件变量**：

```
if ( (pthread_mutex_init(&lock, NULL)) != 0 )
{
fprintf(stderr,
    "Couldn't initialize mutex\n");
return 1;
}

if ( (pthread_cond_init(&ready, NULL)) != 0 )
{
fprintf(stderr,
  "Couldn't initialize condition variable\n");
return 1;
}
```

3. 检查参数数量。如果参数个数正确，则使用 pthread_create() 启动线程：

```
if ( argc != 3 )
{
    fprintf(stderr, "Please supply two numbers.\n"
       "Example: %s 9 7\n", argv[0]);
    return 1;
}
number1 = atoll(argv[1]);
number2 = atoll(argv[2]);
pthread_attr_init(&threadattr);
pthread_create(&tid_progress, &threadattr,
    progress, NULL);
pthread_detach(tid_progress);
pthread_create(&tid_prime1, &threadattr,
    isprime, &number1);
pthread_create(&tid_prime2, &threadattr,
    isprime, &number2);
```

4. 现在进入有趣的部分。我们以锁定互斥锁为开始，这样 primeid 变量会受到保护。随后，我们使用 pthread_cond_wait() 来等待条件变量被触发。这会释放互斥锁，这样线程可以写入 primeid。注意我们也在一个 while 循环中反复调用 pthread_cond_wait()。这样做是因为我们仅仅希望等待信号，直到 primeid

不为 0。由于 phread_cond_wait() 会被阻塞,因此它不会占用任何 CPU 执行周期。当我们得到信号时,向下运行到 if 语句。它检查哪个线程已经完成并连接它。然后我们返回,并再次通过 for 循环重新开始。当线程已经连接时,每次都会完成 if 或者 else 语句,primeid 变量被重置为 0。这将会让下一次循环再次通过 pthread_cond_wait() 进行等待:

```
pthread_mutex_lock(&lock);
for (int i = 0; i < 2; i++)
{
    while (primeid == 0)
        pthread_cond_wait(&ready, &lock);
    if (primeid == tid_prime1)
    {
        pthread_join(tid_prime1, &prime1Return);
        if ( (uintptr_t)prime1Return == 1 )
            printf("\n%lld is a prime number\n",
                number1);
        else
            printf("\n%lld is not a prime number\n",
                number1);
        primeid = 0;
    }
    else
    {
        pthread_join(tid_prime2, &prime2Return);
        if ( (uintptr_t)prime2Return == 1 )
            printf("\n%lld is a prime number\n",
                number2);
        else
            printf("\n%lld is not a prime number\n",
                number2);
        primeid = 0;
    }
}
pthread_mutex_unlock(&lock);
    pthread_attr_destroy(&threadattr);
    if ( pthread_cancel(tid_progress) != 0 )
        fprintf(stderr,
            "Couldn't cancel progress thread\n");

    return 0;
}
```

5. 查看 isprime() 函数。这里我们有一些新代码行。一旦函数完成对数字的计算,我们锁定互斥锁以保护 primeid 变量。然后我们将线程 ID 设置到 primeid 变量,触发条件变量 ready 并释放互斥锁。这将唤醒 main() 函数,因为该函数目前正在使用 pthread_cond_wait() 进行等待:

```
void *isprime(void *arg)
{
    long long int number = *((long long*)arg);
```

```
        long long int j;
        int prime = 1;

        for(j=2; j<number; j++)
        {
            if(number%j == 0)
                prime = 0;
        }
        pthread_mutex_lock(&lock);
        primeid = pthread_self();
        pthread_cond_signal(&ready);
        pthread_mutex_unlock(&lock);
        if(prime == 1)
            return (void*)1;
        else
            return (void*)0;
    }
```

6. 查看 progress() 函数。这里没有修改任何代码：

```
    void *progress(void *arg)
    {
        while(1)
        {
            sleep(1);
            printf(".");
            fflush(stdout);
        }
        return NULL;
    }
```

7. 编译程序：

```
$> make cond-var
gcc cond-var.c -Wall -Wextra -pedantic -std=c99 -o cond-
var -lpthread
cond-var.c: In function 'progress':
cond-var.c:114:22: warning: unused parameter 'arg'
[-Wunused-parameter]
 void *progress(void *arg)
```

8. 现在，让我们试试这个程序。我们会同时使用更小的数字作为第一个参数，然后将其作为第二个参数。不论哪种情况，计算速度最快的数字将被立即显示出来，而不必等待其他线程结束运行：

```
$> ./cond-var 990231117 9902343047
........
990231117 is not a prime number
.........................................................
.....................
9902343047 is a prime number
$> ./cond-var 9902343047 990231117
........
990231117 is not a prime number
.........................................................
.....................
9902343047 is a prime number
```

11.7.3 它是如何工作的

当我们使用pthread_cond_wait()在while循环中等待时，同时以条件变量ready和互斥锁lock来调用它。这样，在我们等待互斥锁被释放时，就知道释放哪个互斥锁，以及等待哪一个信号。

在等待期间，其他线程可以写入primeid变量。在写入前，其他线程将首先通过互斥锁锁住变量。一旦它们写入变量，就会触发条件变量并释放互斥锁。这会唤醒main()函数，该函数当前正在通过pthread_cond_wait()等待。main()函数随后检查哪一个线程已经完成工作，并使用pthread_join()等待其结束运行。然后，main()函数将primeid变量重置为0，并退回执行pthread_cond_wait()进行等待，直到下一个线程发出通知信号，表示其已经完成工作。我们正在等待两个线程，因此在main()中的for循环将运行两次。

每个线程使用pthread_self()获得自己的线程ID。

11.7.4 参考

参考如下手册页，以获得有关条件变量的更多信息：

❏ man 3 pthread_cond_init()

❏ man 3 pthread_cond_wait()

❏ man 3 pthread_cond_signal()

Chapter 12 | 第 12 章

调 试 程 序

没有哪个程序在第一次运行时就完美无缺。在本章中，我们将学习如何使用 GDB 和 Valgrind 调试程序。通过使用 Valgrind，我们可以找到程序中的**内存泄漏**。

我们还将了解什么是内存泄漏、内存泄漏导致什么问题，以及如何防止它们。调试程序以及查看内存是完整理解系统编程的重要一步。

本章涵盖以下主题：

❑ 开始 GDB

❑ 使用 GDB 进入函数内部

❑ 使用 GDB 观察内存

❑ 在运行期间修改变量

❑ 在新创建的程序中使用 GDB

❑ 在多线程中调试程序

❑ 使用 Valgrind 找到一个简单的内存泄漏

❑ 使用 Valgrind 找到缓冲区溢出

12.1 技术要求

在本章中，你需要 GDB 工具、Valgrind、GCC 编译器、Makefile，以及 Make 工具。

如果你还没有安装 GDB 和 Valgrind，现在就可以动手安装了。视你的发行版而定，请遵循下面的操作说明。如果你没有安装 sudo，或者没有 sudo 权限，则可以使用 su 切换到 root（忽略 sudo 部分）。

对于 Debian 或者 Ubuntu 系统，运行如下命令：

```
$> sudo apt-get install gdb valgrind
```

对于 CentOS、Fedora 以及 Red Hat 系统，运行如下命令：

```
$> sudo dnf install gdb valgrind
```

本章所有代码示例都可以在 GitHub 中找到：https://github. com/PacktPublishing/ Linux-System-Programming-Techniques/tree/ master/ch12。

12.2　开始 GDB

在本范例中，我们将学习 GDB（GNU 调试器）基础。我们将学习如何启动 GDB、如何设置断点，以及如何在程序中单步前进；还将学习什么是**调试符号表**，以及如何启用它们。

对于 Linux 和其他类 UNIX 系统来说，GDB 是最流行的调试器。它允许你在运行时查看（并修改）变量、单步执行指令、查看代码、读取返回值，等等。

在遇到程序问题时，知道如何使用调试器可以节省很多时间。不要猜测你的程序中的问题到底是什么，而应该使用 GDB 跟踪其运行情况并发现错误。

12.2.1　准备工作

对本范例来说，你需要 GCC 编译器、Make 工具，以及 GDB 工具。GDB 的安装说明请参考 12.1 节。

12.2.2　实践步骤

在本范例中，我们针对正在运行的程序使用 GDB。该程序并没有 bug，我们将关注点放在如何在 GDB 中执行基本操作。

1. 在单个文件中编写如下程序，并保存为 loop.c。随后，我们将使用 GDB 观察程序：

```c
#include <stdio.h>
int main(void)
{
   int x;
   int y = 5;
   char text[20] = "Hello, world";
   for (x = 1; y < 100; x++)
   {
      y = (y*3)-x;
   }
   printf("%s\n", text);
   printf("y = %d\n", y);
   return 0;
}
```

2. 在我们可以使用完整的 GDB 功能前，需要在编译程序时打开**调试符号表**。因此，编写如下新 Makefile，并在 loop.c 程序相同目录下将其保存为名为 Makefile 的文件。注意我们添加了 -g 选项到 CFLAGS。这些调试符号表使得我们在运行程序时，在 GDB 中查看代码成为可能：

```
CC=gcc
CFLAGS=-g -Wall -Wextra -pedantic -std=c99
```

3. 使用新 Makefile 编译程序：

```
$> make loop
gcc -g -Wall -Wextra -pedantic -std=c99    loop.c   -o
loop
```

4. 运行程序：

```
$> ./loop
Hello, world
y = 117
```

5. 在 loop、loop.c 相同目录下输入下面的命令，用 GDB 启动 loop 程序（为了在 GDB 中显示代码，需要源代码文件 loop.c）：

```
$> gdb ./loop
```

6. 现在，你看到一些版权说明及版本信息。移到最后有一个提示符（gdb）。这是我们输入命令的地方。运行程序并看看会发生什么。我们简单地输入 run 并按回车键以运行程序：

```
(gdb) run
Starting program: /home/jack/ch12/code/loop
Hello, world
y = 117
[Inferior 1 (process 10467) exited normally]
```

7. 这并没有真正为我们带来更多信息。我们完全可以在终端中直接运行程序。因此，我们这次在第一行设置一个**断点**。断点并非真的位于第一行，该行仅仅是一个 include 行。实际上，GDB 自动将断点设置在第一个实际代码所在的位置。断点是程序执行暂停的地方，这样我们就有机会观察它：

```
(gdb) break 1
Breakpoint 1 at 0x55555555514d: file loop.c, line 6.
```

8. 重新运行程序。这次程序将在第 6 行（断点处）停止：

```
$> (gdb) run
Starting program: /home/jack/ch12/code/loop

Breakpoint 1, main () at loop.c:6
6          int y = 5;
```

9. 使用 watch 命令开始观察 y 变量。随后，GDB 将告诉我们 y 的每一次变化：

```
$> (gdb) watch y
Hardware watchpoint 2: y
```

10. 使用 next 命令执行代码中的下一条语句。我们希望在代码中向前移动，为了避免每次都输入 next，仅仅输入回车符。这样做将使 GDB 执行最后一条命令。注意变化后的 y 值。也请注意，我们可以看到每一步执行的代码：

```
(gdb) next

Hardware watchpoint 2: y

Old value = 0
New value = 5
main () at loop.c:7
7           char text[20] = "Hello, world";
(gdb) next
8           for (x = 1; y < 100; x++)
(gdb) next
10              y = (y*3)-x;
```

11. 显示的代码行是将要执行的下一行语句。因此，在上一步中，我们看到下一步将要执行的代码是第 10 行：y = (y*3)-x。因此我们在此输入回车符，这将更新 y 值，断点将会提示我们关于 y 值的信息：

```
(gdb) next

Hardware watchpoint 2: y

Old value = 5
New value = 14
main () at loop.c:8
8           for (x = 1; y < 100; x++)
(gdb) next
10              y = (y*3)-x;
(gdb) next

Hardware watchpoint 2: y

Old value = 14
New value = 40
main () at loop.c:8
8           for (x = 1; y < 100; x++)
(gdb) next
10              y = (y*3)-x;
(gdb) next

Hardware watchpoint 2: y

Old value = 40
New value = 117
8           for (x = 1; y < 100; x++)
```

12. 在进一步操作前，我们观察 text 字符数组以及 x 变量。我们使用 print 命令打印变量和数组内容。在此，我们发现 `text` 数组在实际文本后面填充了**空字符**。

```
(gdb) print text
$1 = "Hello, world\000\000\000\000\000\000\000"
(gdb) print x
$2 = 3
```

13. 继续执行。当程序在最后一步退出后，我们可以使用 quit 退出 GDB：

```
(gdb) next
12              printf("%s\n", text);
(gdb) next
Hello, world
13              printf("y = %d\n", y);
(gdb) next
y = 117
14              return 0;
(gdb) next
15         }
(gdb) next

Watchpoint 2 deleted because the program has left the
block in which its expression is valid.
__libc_start_main (main=0x555555555145 <main>, argc=1,
argv=0x7fffffffdbe8,
    init=<optimized out>, fini=<optimized out>, rtld_
fini=<optimized out>,
    stack_end=0x7fffffffdbd8) at ../csu/libc-start.c:342
342       ../csu/libc-start.c: No such file or directory.
(gdb) next
[Inferior 1 (process 14779) exited normally]
(gdb) quit
```

12.2.3 它是如何工作的

我们刚刚学习了所有 GDB 的基础知识。通过这些命令，我们可以做大量调试工作。还有一些更多的东西需要学习，但是我们已经演进了一大步。

我们用 loop 程序启动 GDB 程序。为了防止 GDB 运行整个程序而不观察它，我们使用 break 命令设置一个断点。在示例中，我们使用 break 1 命令在单行设置断点。也可以在 main() 这样的特定函数上设置断点。我们可以使用 break main 命令实现这一点。

一旦断点就绪，我们可以使用 run 运行程序，随后使用 watch 观察 y 变量。我们使用 next 命令一次执行一条语句。我们还学习如何使用 print 命令打印变量和数组。

为了让这一切成为可能，我们必须为 GCC 使用 -g 选项来编译程序。这将打开调试符号表。但是，为了在 GDB 中查看实际代码，我们还需要源代码文件。

12.2.4 更多

GDB 有一些好的内置帮助。不需要启动程序直接启动 GDB，然后在（gdb）提示符下键入 help，这将为你提供不同类别的命令列表。如果想阅读更多关于断点的信息，请输

入 `help breakpoints`，这会为你提供一大段断点命令列表，例如 `break`。要了解有关 `break` 命令的更多信息，请键入 `help break`。

12.3　使用 GDB 进入函数内部

当我们在程序中基于函数使用 `next` 命令时，它简单地执行程序并前移。但是，有另外一个名为 `step` 的命令，该命令将进入函数，在其中单步执行，然后再次返回 `main()`。在本范例中，我们将考察 `next` 和 `step` 之间的差异。

了解如何在 GDB 中单步进入函数将有助于调试整个程序及其函数。

12.3.1　准备工作

对于本范例，你需要 GDB 工具、GCC 编译器、在 12.2 节中编写的 Makefile，以及 Make 工具。

12.3.2　实践步骤

在本范例中，我们将编写一个仅仅只有一个函数的小程序，随后在 GDB 中使用 `step` 命令单步进入该函数。

1. 在单个文件中编写如下代码，并保存为 `area-of-circle.c`。该程序将圆的半径作为参数并打印其面积：

```c
#include <stdio.h>
#include <stdlib.h>
float area(float radius);

int main(int argc, char *argv[])
{
    float number;
    float answer;
    if (argc != 2)
    {
        fprintf(stderr, "Type the radius of a "
            "circle\n");
        return 1;
    }
    number = atof(argv[1]);
    answer = area(number);
    printf("The area of a circle with a radius of "
        "%.2f is %.2f\n", number, answer);
    return 0;
}

float area(float radius)
{
    static float pi = 3.14159;
```

```
        return pi*radius*radius;
    }
```

2. 使用 Makefile 编译程序：

```
$> make area-of-circle
gcc -g -Wall -Wextra -pedantic -std=c99    area-of-
circle.c   -o area-of-circle
```

3. 在使用 GDB 单步执行之前，我们试着运行它：

```
$> ./area-of-circle 9
The area of a circle with a radius of 9.00 is 254.47
```

4. 使用 GDB 对程序进行单步执行。使用 area-of-circle 程序开始 GDB：

```
$> gdb ./area-of-circle
```

5. 对 main() 函数设置断点：

```
(gdb) break main
Breakpoint 1 at 0x1164: file area-of-circle.c, line 9.
```

6. 运行程序。为了在 GDB 中为程序指定一个参数，我们在 run 命令中设置参数：

```
(gdb) run 9
Starting program: /home/jack/ch12/code/area-of-circle 9

Breakpoint 1, main (argc=2, argv=0x7fffffffdbd8) at area-
of-circle.c:9
9            if (argc != 2)
```

7. 使用 next 命令移动一步：

```
(gdb) next
15           number = atof(argv[1]);
```

8. 正如我们在前一步所见，下一个要执行的命令是 atof() 函数。这是一个标准库函数，因此我们没有任何相关调试符号表或者源文件，不能观察任何函数内部信息。但我们仍然可以单步进入其中。一旦我们进入该函数，就可以使用 finish 命令让其执行并完成。这将告诉我们函数的**返回值**，非常方便：

```
(gdb) step
atof (nptr=0x7fffffffdfed "9") at atof.c:27
27       atof.c: No such file or directory.

(gdb) finish
Run till exit from #0  atof (nptr=0x7fffffffdfed "9") at
atof.c:27
main (argc=2, argv=0x7fffffffdbd8) at area-of-circle.c:15
15           number = atof(argv[1]);
Value returned is $1 = 9
```

9. 现在我们执行另一个 next 命令，这将让人们来到 area 函数。我们希望单步进入 area 函数，因此在此使用 step。这将告诉我们它是以 9 为参数被调用的。由于在 area 函数中除了返回之外没有做其他事情，因此我们可以输入 finish 来获取它的返回值：

```
(gdb) next
16          answer = area(number);
(gdb) step
area (radius=9) at area-of-circle.c:25
25          return pi*radius*radius;
(gdb) finish
Run till exit from #0  area (radius=9) at area-of-
circle.c:25
0x00005555555551b7 in main (argc=2, argv=0x7fffffffdbd8)
at area-of-circle.c:16
16          answer = area(number);
Value returned is $2 = 254.468796
```

10. 现在，我们可以使用 next 遍历函数的余下部分：

```
(gdb) next
17           printf("The area of a circle with a radius of
"
(gdb) next
The area of a circle with a radius of 9.00 is 254.47
19           return 0;
(gdb) next
20       }
(gdb) next
__libc_start_main (main=0x555555555155 <main>, argc=2,
argv=0x7fffffffdbd8,
    init=<optimized out>, fini=<optimized out>, rtld_
fini=<optimized out>,
    stack_end=0x7fffffffdbc8) at ../csu/libc-start.c:342
342    ../csu/libc-start.c: No such file or directory.
(gdb) next

[Inferior 1 (process 2034) exited normally]
(gdb) quit
```

12.3.3 它是如何工作的

使用 step 命令，我们单步进入一个函数。但是，来自标准库的函数没有任何调试符号表或者可用源代码，因此我们不能看到函数内部发生了什么。如果希望看到其中发生了什么，我们可以获得它的源代码并以调试符号表的方式编译。Linux 以及其他开源软件可以这么做。

即使我们不能看到函数内部发生了什么，单步进入函数仍然是可以的，因此我们可以使用 finish 得到其返回值。

12.4 使用 GDB 观察内存

通过 GDB，我们可以学到更多关于程序如何运行的知识，例如字符串。**字符串**是以空字符结尾的字符数组。在本范例中，我们将通过 GDB 观察字符串数组，并查看空字符如何结束一个字符串。

在遇到奇怪的 bug 时，了解如何使用 GDB 来观察内存是非常方便的。不用去猜测或者在 C 中循环遍历每一个字符，我们可以直接在 GDB 中观察。

12.4.1 准备工作

对于本范例来说，你需要 Makefile、GCC 编译器和 Make 工具。

12.4.2 实践步骤

在本范例中，我们编写一个简单的程序，该程序以字符 x 填充一个字符数组。然后，我们复制一个新的、更短的字符串到它的前面，最后打印该字符串。仅仅打印新复制的字符串，而 x 字符仍然留在那里。通过 GDB，我们可以确认这个事实。

1. 在文件中编写如下代码，并保存为 `memtest.c`:

```
#include <stdio.h>
#include <string.h>
int main(void)
{
    char text[20];
    memset(text, 'x', 20);
    strcpy(text, "Hello");
    printf("%s\n", text);
    return 0;
}
```

2. 使用 12.2 节中的 Makefile 编译程序:

```
$> make memtest
gcc -g -Wall -Wextra -pedantic -std=c99    memtest.c   -o
memtest
```

3. 运行程序:

```
$> ./memtest
Hello
```

4. 用 `memtest` 程序启动 GDB:

```
$> gdb ./memtest
```

5. 我们使用 GDB 来观察 `text` 数组中到底包含了什么。首先，我们在 `main()` 上面设置断点，然后运行程序并在程序中使用 `next` 进行单步执行，直到 `strcpy()` 函数被执行。然后，我们在 GDB 使用 `x` 命令（`x` 表示 eXamine）观察**内存**。我们也需要告诉 GDB 观察 20 个字节，并以十进制打印内容。这样 `x` 命令将是 `x/20bd text`。要将十进制转换为字符，请参考第 2 章中提到的 ASCII 表，该文档位于 `https://github.com/PacktPublishing/B13043-Linux-System- Programming-Cookbook/blob/master/ch2/ascii-table.md`。

```
(gdb) break main
Breakpoint 1 at 0x114d: file memtest.c, line 6.
(gdb) run
Starting program: /mnt/localnas_disk2/linux-sys/ch12/
code/memtest

Breakpoint 1, main () at memtest.c:6
warning: Source file is more recent than executable.
6               memset(text, 'x', 20);
(gdb) next
7               strcpy(text, "Hello");
(gdb) next
8               printf("%s\n", text);
(gdb) x/20bd text
0x7fffffffdae0: 72   101  108  108  111  0    120  120
0x7fffffffdae8: 120  120  120  120  120  120  120  120
0x7fffffffdaf0: 120  120  120  120
```

12.4.3　它是如何工作的

为了使用 GDB 查看内存，我们使用 x 命令。20bd 表示我们希望读取的长度是 20 个字节，并且希望以字节为分组 (b) 来展示它，并使用十进制 (d) 打印其内容。通过这个命令，我们得到一个易于查看的表，该表向我们展示数组中的每一个字符，并以十进制数字进行打印。

内存内容 (当转换为字符时) 为 Hello\0xxxxxxxxxxxxxx。空字符将字符串 Hello 与其他 x 字符分开。使用 GDB 来观察运行时内存有很多东西需要学习。

12.4.4　更多

不仅可以以十进制打印内容，也可以以常规字符（c）、十六进制（x）、浮点数（f）以及其他方式打印。格式字符与 printf() 相同。

12.4.5　参考

你可以在 GDB 中输入 help x 来学习如何使用 x 命令。

12.5　在运行期间修改变量

通过 GDB，甚至可能在运行期间修改变量。这对于实验来说非常有用，不用修改源代码并重新编译程序，你可以通过 GDB 修改变量并观察会发生什么。

了解如何在运行期间修改变量和数组将能够提升你调试和进行实验的速度。

12.5.1　准备工作

对于本范例，你需要前一范例中的 memtest.c 程序，12.2 节中的 Makefile、Make 工具，以及 GCC 编译器。

12.5.2　实践步骤

在本范例中，我们继续使用前一范例中的程序。在此，我们将第 6 个字符中的**空字符**替换为另一个字符，并且最后一个为空字符：

1. 如果你还没有编译前一范例中的 memtest 程序，现在就编译它：

```
$> make memtest
gcc -g -Wall -Wextra -pedantic -std=c99    memtest.c   -o
memtest
```

2. 使用刚刚编译的 memtest 程序启动 GDB：

```
$> gdb ./memtest
```

3. 在 main() 设置断点并运行程序。使用 next 单步运行到 strcpy() 函数之后：

```
(gdb) break main
Breakpoint 1 at 0x114d: file memtest.c, line 6.
(gdb) run
Starting program: /home/jack/ch12/code/memtest

Breakpoint 1, main () at memtest.c:6
6               memset(text, 'x', 20);
(gdb) next
7               strcpy(text, "Hello");
(gdb) next
8               printf("%s\n", text);
```

4. 在修改数组前，我们先用前一范例中的 x 命令打印它：

```
(gdb) x/20bd text
0x7fffffffdae0: 72    101   108   108   111   0     120   120
0x7fffffffdae8: 120   120   120   120   120   120   120   120
0x7fffffffdaf0: 120   120   120   120
```

5. 现在我们知道其内容是什么了，我们可以在第 6 个字符的位置（实际上是第 5 个字符的位置，因为从 0 开始计数）将空字符替换为 y。我们也将最后的位置替换为空字符。在 GDB 中设置**变量**和数据位置是通过 set 命令来完成的：

```
(gdb) set text[5] = 'y'
(gdb) set text[19] = '\0'
(gdb) x/20bd text
0x7fffffffdae0: 72    101   108   108   111   121   120   120
0x7fffffffdae8: 120   120   120   120   120   120   120   120
0x7fffffffdaf0: 120   120   120   0
```

6. 让我们继续运行程序的余下部分。不必使用 next 来每次单步前进，我们可以使用 continue 命令让程序运行至结束。注意 printf() 函数将打印字符串 Helloyxxxxxxxxxxxxxx：

```
(gdb) continue
```

```
Continuing.
Helloyxxxxxxxxxxxxxx
[Inferior 1 (process 4967) exited normally]
(gdb) quit
```

12.5.3 它是如何工作的

在 GDB 中使用 set 命令，我们成功地在运行期间修改了 text 数组的内容。通过 set 命令，我们删除第一个空字符并在结尾处插入了一个新的空字符，使它成为一个有效长字符串。由于我们删除了 Hello 后面的空字符，因此随后的 printf() 打印了整个字符串。

12.6 在新创建的程序中使用 GDB

使用 GDB 来调试新创建程序将自动跟踪**父进程**，就像普通非新创建程序一样。但是也可以跟踪**子进程**，这是本范例中将要学习的。

在调试过程中，能够跟踪子进程很重要，因为很多程序会创建子进程。我们并不希望将自己局限于非分支程序。

12.6.1 准备工作

在本范例中，你需要 12.2 节中的 Makefile、Make 工具，以及 GCC 编译器。

12.6.2 实践步骤

在本范例中，我们将编写一个创建子进程的小型程序。我们在子进程中放置一个 for 循环来确定进程是位于子进程还是父进程中。在 GDB 中第一次运行时，我们将像往常那样运行整个程序。这将使得 GDB 跟踪父进程。在下一次运行时，我们将跟踪子进程：

1. 在单个文件中编写如下代码，并保存为 forking.c。代码类似于第 6 章中编写的 forkdemo.c：

```
#include <sys/types.h>
#include <unistd.h>
#include <sys/wait.h>

int main(void)
{
    pid_t pid;
    printf("My PID is %d\n", getpid());
    /* fork, save the PID, and check for errors */
    if ( (pid = fork()) == -1 )
    {
        perror("Can't fork");
        return 1;
```

```
    }
    if (pid == 0)
    {
        /* if pid is 0 we are in the child process */
        printf("Hello from the child process!\n");
        for(int i = 0; i<10; i++)
        {
            printf("Counter in child: %d\n", i);
        }
    }
    else if(pid > 0)
    {
        /* parent process */
        printf("My child has PID %d\n", pid);
        wait(&pid);
    }
    return 0;
}
```

2. 编译程序：

```
$> make forking
gcc -g -Wall -Wextra -pedantic -std=c99    forking.c   -o
forking
```

3. 在 GDB 中运行程序之前，我们先试试它：

```
$> ./forking
My PID is 9868
My child has PID 9869
Hello from the child process!
Counter in child: 0
Counter in child: 1
Counter in child: 2
Counter in child: 3
Counter in child: 4
Counter in child: 5
Counter in child: 6
Counter in child: 7
Counter in child: 8
Counter in child: 9
```

4. 在第一次通过 GDB 运行时，我们将像往常那样运行它。这将使得 GDB 自动跟踪父进程。以 forking 程序启动 GDB 来开始实验：

```
$> gdb ./forking
```

5. 在 main() 设置断点并运行。然后，我们将使用 next 命令单步运行，直到看到"Counter in child"文本。这说明我们真的处于父进程中，因为我们从没有单步进入 for 循环。注意，GDB 提醒我们程序已经创建子进程并从子进程中分离（意味着我们处于父进程中）。GDB 还打印子进程的 PID：

```
(gdb) break main
Breakpoint 1 at 0x118d: file forking.c, line 9.
(gdb) run
```

```
Starting program: /home/jack/ch12/code/forking

Breakpoint 1, main () at forking.c:9
9           printf("My PID is %d\n", getpid());
(gdb) next
My PID is 10568
11          if ( (pid = fork()) == -1 )
(gdb) next
[Detaching after fork from child process 10577]
Hello from the child process!
Counter in child: 0
Counter in child: 1
Counter in child: 2
Counter in child: 3
Counter in child: 4
Counter in child: 5
Counter in child: 6
Counter in child: 7
Counter in child: 8
Counter in child: 9
16          if (pid == 0)
(gdb) continue
Continuing.
My child has PID 10577
[Inferior 1 (process 10568) exited normally]
(gdb) quit
```

6. 再次运行程序。但是这次我们让 GDB 跟踪子进程。像上次一样用 forking 程序启动 GDB：

```
$> gdb ./forking
```

7. 与上次一样，我们在 main() 设置断点，然后使用 set 命令来让 GDB 跟踪子进程。这次，我们设置名为 follow-fork-mode 的参数，将其设置为 child。然后运行程序：

```
(gdb) break main
Breakpoint 1 at 0x118d: file forking.c, line 9.
(gdb) set follow-fork-mode child
(gdb) run
Starting program: /home/jack/ch12/code/forking

Breakpoint 1, main () at forking.c:9
9           printf("My PID is %d\n", getpid());
```

8. 现在，使用 next 命令单步执行两次。程序将创建子进程，GDB 将向我们提示它正在连接到子进程，并从父进程分离。这意味着我们现在处于子进程中：

```
(gdb) next
My PID is 11561
11          if ( (pid = fork()) == -1 )
(gdb) next
[Attaching after process 11561 fork to child process
11689]
```

```
[New inferior 2 (process 11689)]
[Detaching after fork from parent process 11561]
[Inferior 1 (process 11561) detached]
My child has PID 11689
[Switching to process 11689]
main () at forking.c:11
11            if ( (pid = fork()) == -1 )
```

9. 再次向前移动，直到我们最终处于 for 循环，该循环位于子进程中：

```
(gdb) next
16            if (pid == 0)
(gdb) next
19                printf("Hello from the child process!\n");
(gdb) next
Hello from the child process!
20                for(int i = 0; i<10; i++)
(gdb) next
22                    printf("Counter in child: %d\n", i);
(gdb) next
Counter in child: 0
20                for(int i = 0; i<10; i++)
(gdb) next
22                    printf("Counter in child: %d\n", i);
(gdb) next
Counter in child: 1
20                for(int i = 0; i<10; i++)
(gdb) next
22                    printf("Counter in child: %d\n", i);
(gdb) continue
Continuing.
Counter in child: 2
Counter in child: 3
Counter in child: 4
Counter in child: 5
Counter in child: 6
Counter in child: 7
Counter in child: 8
Counter in child: 9
[Inferior 2 (process 11689) exited normally]
```

12.6.3 它是如何工作的

通过 set follow-fork-mode，我们能够告诉 GDB，当程序创建子进程时跟踪哪一个进程。这对于调试新创建的守护进程是有用的。你可以设置 follow-fork-mode 为 parent 或者 child（默认是 parent）。我们没有跟踪的进程将继续运行。

12.6.4 更多

follow-exec-mode 参数告诉 GDB，程序启用 exec() 函数时到底跟踪哪一个进程。

更多关于 `follow-exec-mode` 和 `follow-fork-mode` 参数的信息，可以在 GDB 中使用 `help set follow-exec-mode` 和 `help set follow-fork-mode` 命令。

12.7 在多线程中调试程序

使用 GDB 可以查看程序中的线程，也可以在**线程**之间跳转。了解如何在程序中的线程之间跳转将使得线程化程序更易于调试。编写线程化程序可能是困难的，但是使用 GDB 更易确保其正确运行。

12.7.1 准备工作

在本范例中，我们使用第 11 章中的 `first-threaded.c` 程序。在本章 GitHub 目录中有一个源码副本。

你还需要 GCC 编译器。

12.7.2 实践步骤

在本范例中，我们使用 GDB 查看 `first-threaded.c` 程序中的线程：

1. 编译程序：

```
$> gcc -g -Wall -Wextra -pedantic -std=c99 \
> first-threaded.c -o first-threaded -lpthread
```

2. 在通过调试器运行程序之前，首先运行它：

```
$> ./first-threaded 990233331 9902343047
........
990233331 is not a prime number
.....................................................
.....................
9902343047 is a prime number
Done!
```

3. 现在我们知道程序如何工作了，在 GDB 中启动它：

```
$> gdb ./first-threaded
```

4. 在 `main()` 设置断点，然后以同样的两个数字来运行它：

```
(gdb) break main
Breakpoint 1 at 0x11e4: file first-threaded.c, line 17.
(gdb) run 990233331 9902343047
Starting program: /home/jack/ch12/code/first-threaded
990233331 9902343047
[Thread debugging using libthread_db enabled]
Using host libthread_db library "/lib/x86_64-linux-gnu/
libthread_db.so.1".

Breakpoint 1, main (argc=3, argv=0x7fffffffdbb8) at
first-threaded.c:17
17          if ( argc != 3 )
```

5. 使用 next 命令来向前移动。一旦线程被创建，GDB 将以文本"New thread"来提示我们：

```
(gdb) next
23          number1 = atoll(argv[1]);
(gdb) next
24          number2 = atoll(argv[2]);
(gdb) next
25          pthread_attr_init(&threadattr);
(gdb) next
26          pthread_create(&tid_progress, &threadattr,
(gdb) next
[New Thread 0x7ffff7dad700 (LWP 19182)]
28          pthread_create(&tid_prime1, &threadattr,
(gdb) next
[New Thread 0x7ffff75ac700 (LWP 19183)]
30          pthread_create(&tid_prime2, &threadattr,
```

6. 使用 info threads 命令打印当前线程的信息。注意，这也会告诉我们线程正在执行哪个函数。每一行 Thread 单词前的数字是 GDB 的线程 ID：

```
(gdb) info threads
  Id    Target Id
Frame
* 1     Thread 0x7ffff7dae740 (LWP 19175) "first-threaded"
main (argc=3, argv=0x7fffffffdbb8)
    at first-threaded.c:30
  2     Thread 0x7ffff7dad700 (LWP 19182) "first-threaded"
0x00007ffff7e77720 in __GI___nanosleep
    (requested_time=requested_time@entry=0x7ffff7dacea0,
    remaining=remaining@entry=0x7ffff7dacea0) at ../
sysdeps/unix/sysv/linux/nanosleep.c:28
  3     Thread 0x7ffff75ac700 (LWP 19183) "first-threaded"
0x000055555555531b in isprime (
    arg=0x7fffffffdac8) at first-threaded.c:52
```

7. 切换到线程 3，该线程当前正在执行 isprime 函数。我们通过 thread 命令切换线程：

```
(gdb) thread 3
[Switching to thread 3 (Thread 0x7ffff75ac700 (LWP
19183))]
#0  0x000055555555531b in isprime (arg=0x7fffffffdac8) at
first-threaded.c:52
52              if(number%j == 0)
```

8. 在线程中时，我们可以打印变量的内容，使用 next 命令前移，以及执行其他操作。在此，我们还看到其他线程正在启动：

```
(gdb) print number
$1 = 990233331
(gdb) print j
$2 = 13046
(gdb) next
.[New Thread 0x7ffff6dab700 (LWP 19978)]
```

```
47            for(j=2; j<number; j++)
(gdb) next
.52              if(number%j == 0)
(gdb) next
.47            for(j=2; j<number; j++)
(gdb) continue
Continuing.
.........
990233331 is not a prime number
[Thread 0x7ffff75ac700 (LWP 19183) exited]
.............................................................
......................
9902343047 is a prime number
Done!
[Thread 0x7ffff6dab700 (LWP 19978) exited]
[Thread 0x7ffff7dad700 (LWP 19182) exited]
[Inferior 1 (process 19175) exited normally]
```

12.7.3 它是如何工作的

正如能够跟踪子进程那样，我们也可以跟踪线程。对于线程来说，有一些不同的方法，但是仍然可行。一旦每个线程启动，GDB 会通知我们。随后我们可以使用 info threads 命令打印当前运行线程的信息。该命令告诉我们每个线程的 ID、它的地址，以及当前位于什么栈帧或者函数。然后我们使用 thread 命令跳转到线程 3。一旦处于线程中，我们就可以打印 number 和 j 变量的内容，在代码中移动，以及执行其他操作。

12.7.4 更多

在 GDB 中，线程还可以做更多事情。要找到更多关于线程的命令，你可以在 GDB 中使用如下命令：

❑ help thread
❑ help info threads

12.7.5 参考

在 https://www.gnu.org/software/gdb 上有很多关于 GDB 的信息，你可以查看它以获得更深入的信息。

12.8 使用 Valgrind 找到一个简单的内存泄漏

Valgrind 是用于查找**内存泄漏**以及其他内存相关 gug 的简洁程序。它甚至可以告诉你是否在已经分配的区域中放置了太多数据。如果没有 Valgrind 这样的工具，要找到这些 gug 是困难的。即使程序泄漏内存或者将太多数据放到某个内存区，它仍然能正常运行很长时间，这是这些 bug 难于发现的原因。但是通过 Valgrind，我们能够检查程序中所有与内存相关的问题。

12.8.1 准备工作

在本范例中，你需要将 Valgrind 工具安装到计算机中，安装过程可以遵循 12.1 节中列出的指南。

你还需要 Make 工具、GCC 编译器，以及 12.2 节中的 Makefile。

12.8.2 实践步骤

在本节中，我们编写一个程序，该程序使用 calloc() 分配内存，但是从不使用 free() 释放它。然后我们通过 Valgrind 运行程序并查看该工具给出了什么提示：

1. 编写以下程序并保存为 leak.c。首先，我们创建一个指向字符的指针，然后使用 calloc() 分配 20 个字节的内存，并返回它的地址到 c。然后我们复制一个字符串到该内存中，并使用 printf() 打印内容。但是，我们从不使用 free() 释放内存。该程序如下：

```c
#include <stdio.h>
#include <stdlib.h>
#include <string.h>

int main(void)
{
    char *c;
    c = calloc(sizeof(char), 20);
    strcpy(c, "Hello!");
    printf("%s\n", c);
    return 0;
}
```

2. 编译程序：

```
$> make leak
gcc -g -Wall -Wextra -pedantic -std=c99    leak.c   -o
leak
```

3. 运行程序。一切都运行正常：

```
$> ./leak
Hello!
```

4. 现在，我们用 Valgrind 运行程序。在 HEAP SUMMARY 下面，工具将告诉我们：当程序退出时，仍然有 20 个字节处于分配状态。在 LEAK SUMMARY 下面，我们也看到有 20 个字节最终丢失了。这意味着我们忘记使用 free() 释放内存：

```
$> valgrind ./leak
==9541== Memcheck, a memory error detector
==9541== Copyright (C) 2002-2017, and GNU GPL'd, by
Julian Seward et al.
```

```
==9541== Using Valgrind-3.14.0 and LibVEX; rerun with -h
for copyright info
==9541== Command: ./leak
==9541==
Hello!
==9541==
==9541== HEAP SUMMARY:
==9541==     in use at exit: 20 bytes in 1 blocks
==9541==   total heap usage: 2 allocs, 1 frees, 1,044
bytes allocated
==9541==
==9541== LEAK SUMMARY:
==9541==    definitely lost: 20 bytes in 1 blocks
==9541==    indirectly lost: 0 bytes in 0 blocks
==9541==      possibly lost: 0 bytes in 0 blocks
==9541==    still reachable: 0 bytes in 0 blocks
==9541==         suppressed: 0 bytes in 0 blocks
==9541== Rerun with --leak-check=full to see details of
leaked memory
==9541==
==9541== For counts of detected and suppressed errors,
rerun with: -v
==9541== ERROR SUMMARY: 0 errors from 0 contexts
(suppressed: 0 from 0)
```

5. 打开 leak.c，并在 return 0 之前添加 free(c)。然后，重新编译程序。

6. 重新在 Valgrind 中运行程序。这次程序退出时不再丢失任何字节，也不使用任何字节。我们还看到有两次分配，并且都被释放了：

```
$> valgrind ./leak
==10354== Memcheck, a memory error detector
==10354== Copyright (C) 2002-2017, and GNU GPL'd, by
Julian Seward et al.
==10354== Using Valgrind-3.14.0 and LibVEX; rerun with -h
for copyright info
==10354== Command: ./leak
==10354==
Hello!
==10354==
==10354== HEAP SUMMARY:
==10354==     in use at exit: 0 bytes in 0 blocks
==10354==   total heap usage: 2 allocs, 2 frees, 1,044
bytes allocated
==10354==
==10354== All heap blocks were freed -- no leaks are
possible
==10354==
==10354== For counts of detected and suppressed errors,
rerun with: -v
==10354== ERROR SUMMARY: 0 errors from 0 contexts
(suppressed: 0 from 0)
```

12.8.3　它是如何工作的

虽然我们仅仅分配一块内存，但是 Valgrind 表示有两次分配，这是因为程序中其他函数也分配了内存。

在 Valgrind 输出的最后，我们还看到文本"All heap blocks were freed"，这意味着我们已经使用 free() 释放了所有内存。

Valgrind 并不严格需要调试符号表。我们可以仅仅测试任何程序内存泄漏的问题。例如，我们可以运行 valgrind cat leak.c，Valgrind 将检查 cat 内存泄漏。

12.8.4 参考

使用 Valgrind 可以做很多事情。请使用 man valgrind 检出它的手册页。在 https://www.valgrind.org 也有大量的有用信息。

12.9 使用 Valgrind 找到缓冲区溢出

Valgrind 还能帮助我们找到缓冲区溢出。这是指我们在缓冲区中放置了超过它能容纳的数据。缓冲区溢出是内存安全 bug 的原因，并且难以发现。但是通过 Valgrind，就容易多了。它并不是在所有情况下都 100% 准确，但是它真的是好助手。

了解如何找到缓冲区溢出将使你的程序更安全。

12.9.1 准备工作

在本节中，你需要 GCC 编译器、Make 工具，以及 12.12 节中的 Makefile。

12.9.2 实践步骤

在本节中，我们将编写一个小程序，该程序复制太多数据到缓冲区中。我们将通过 Valgrind 运行程序，并看看它如何指出问题：

1. 在单个文件中编写如下代码并保存为 overflow.c。程序使用 calloc() 分配 20 个字节，复制一个 26 个字节的字符串到缓冲区，然后使用 free() 释放内存：

```c
#include <stdio.h>
#include <string.h>
#include <stdlib.h>

int main(void)
{
    char *c;
    c = calloc(sizeof(char), 20);
    strcpy(c, "Hello, how are you doing?");
    printf("%s\n", c);
    free(c);
    return 0;
}
```

2. 编译程序：

```
$> make overflow
gcc -g -Wall -Wextra -pedantic -std=c99    overflow.c
-o overflow
```

3. 运行程序。大多数情况下，我们不会看到任何问题。程序将正常运行。这是为什么
这种类型的 bug 难以发现：

```
$> ./overflow
Hello, how are you doing
```

4. 通过 Valgrind 运行程序，并看看工具会提示什么：

```
$> valgrind ./overflow
```

由于命令前面的输出有几页长，因此本书将其省略。注意，在最后，Valgrind 说"no
leaks are possible"。这是因为所有内存都被释放了，这是应该的。但在输出的更后
面，我们看到"14 errors from 4 contexts"。在进一步的输出中，我们发现许多文本
块如下所示：

```
Invalid write of size 8
at 0x109199: main (overflow.c:9)
Address 0x4a43050 is 16 bytes inside a block of size 20
alloc'd
at 0x4837B65: calloc (vg_replace_malloc.c:752)
by 0x10916B: main (overflow.c:8)
Invalid write of size 2
at 0x10919D: main (overflow.c:9)
Address 0x4a43058 is 4 bytes after a block of size 20
alloc'd
at 0x4837B65: calloc (vg_replace_malloc.c:752)
by 0x10916B: main (overflow.c:8)
```

这清晰地展示溢出了缓冲区 c，尤其是文本"4 bytes after a block of size 20 alloc'd"。
这意味着我们在分配的 20 个字节之后写入了 4 个字节的数据。有更多这样的行，它
们都向我们指出溢出问题。

12.9.3　它是如何工作的

由于程序将数据写在分配内存之外，Valgrind 将它检测为无效写和无效读。我们甚至可
以跟踪有多少字节写入分配内存及其地址之后。这将更容易找到在代码中的问题。我们可
能已经分配了几个缓冲区，但在这里我们清楚地看到，是 20 个字节的缓冲区溢出了。

12.9.4　更多

要得到更详细的输出，你可以添加 -v 参数到 Valgrind。例如，valgrind -v ./
overflow。这将输出数页详细数据。

推荐阅读